LE CANAL DE SUEZ

PAR

VOISIN BEY

INSPECTEUR GÉNÉRAL DES PONTS ET CHAUSSÉES EN RETRAITE
ANCIEN DIRECTEUR - GÉNÉRAL DES TRAVAUX DE CONSTRUCTION DU CANAL

TOME TROISIÈME

I

HISTORIQUE ADMINISTRATIF
ET
ACTES CONSTITUTIFS DE LA COMPAGNIE

DEUXIÈME PARTIE

PÉRIODE DE L'EXPLOITATION

2° DE 1883 A 1902

PARIS
Vve Ch. DUNOD, ÉDITEUR
49, Quai des Grands-Augustins, 49

—

1902

LE
CANAL DE SUEZ

TOME TROISIÈME

MONUMENT ERIGÉ A LA MEMOIRE DE F^d DE LESSEPS
A PORT-SAID
Le 17 Novembre 1899

LE

CANAL DE SUEZ

PAR

VOISIN BEY

INSPECTEUR GÉNÉRAL DES PONTS ET CHAUSSÉES EN RETRAITE
ANCIEN DIRECTEUR GÉNÉRAL DES TRAVAUX DE CONSTRUCTION DU CANAL

TOME TROISIÈME

I

HISTORIQUE ADMINISTRATIF

ET

ACTES CONSTITUTIFS DE LA COMPAGNIE

DEUXIÈME PARTIE

PÉRIODE DE L'EXPLOITATION

2° DE 1883 A 1902

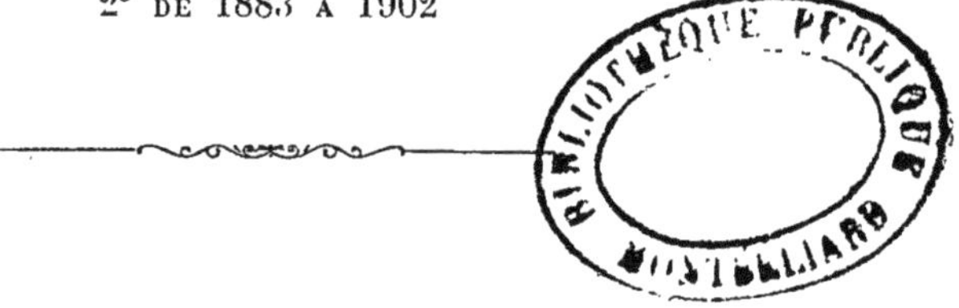

PARIS

Vve CH. DUNOD, ÉDITEUR

49, Quai des Grands-Augustins, 49

1902

LE CANAL DE SUEZ

HISTORIQUE ADMINISTRATIF
ET ACTES CONSTITUTIFS DE LA COMPAGNIE

DEUXIÈME PARTIE

PÉRIODE DE L'EXPLOITATION

(2° DE 1883 A 1902)

PROGRAMME DE LONDRES DU 30 NOVEMBRE 1883
SPÉCIFIANT LES CONDITIONS DÉSIRABLES
POUR L'ADMINISTRATION FUTURE DU CANAL

DOUBLEMENT DU CANAL. — NOMBRE DES ADMINISTRATEURS RÉTABLI A 32 ET INTRODUCTION DANS LE CONSEIL DE 7 ADMINISTRATEURS CHOISIS PARMI LES ARMATEURS ET NÉGOCIANTS ANGLAIS. — DÉTAXES SUCCESSIVES SUR LE DROIT STATUTAIRE DE TRANSIT DE 10 FRANCS JUSQU'A RÉDUCTION A 5 FRANCS DE CE DROIT DE TRANSIT.

(1883-1884)

I. *Accord provisoire du 10 juillet 1883 entre le Gouvernement anglais et la Compagnie.* — § 1er. Origines de l'idée du doublement du Canal maritime. — § 2. Avis du Contentieux du Gouvernement égyptien sur la question du monopole de la Compagnie. — § 3. Vues de la Compagnie sur la question d'établissement d'un second canal. — § 4. Accord provisoire du 10 juillet 1883.

II. *Discussions dans le Parlement anglais sur l'accord provisoire du 10 juillet 1883. — Abandon de cet accord.* — § 1er. Discussions à la Chambre des Communes. — § 2. Discussion à la Chambre des Lords.

III. *Accord intervenu dans le Meeting de Londres du 30 novembre 1883 entre la Compagnie et les armateurs anglais.* — § 1er. Rappel sommaire des précédents. — § 2. Pourparlers entre M. de Lesseps et les armateurs anglais. — § 3. Procès-verbal du Meeting de Londres. — § 4. Explications sur les divers articles du programme de Londres données par M. de Lesseps à l'Assemblée générale des actionnaires du 12 mars 1884. — § 5. Nouvelles explications données à l'Assemblée générale des actionnaires du 29 mai 1884. — § 6. Détaxe de 0 fr. 50, décidée en exécution du programme de Londres pour être appliquée à partir du 1er janvier 1893.

I. — Accord provisoire du 10 juillet 1883 entre le Gouvernement anglais et la Compagnie

§ 1er. — ORIGINES DE L'IDÉE DE DOUBLEMENT DU CANAL MARITIME

On a vu, précédemment, que la Commission instituée par le Président de la Compagnie à la fin de l'année 1882 pour l'étude du programme des travaux d'amélioration à exécuter au Canal (jusqu'à concurrence d'une dépense de 30 millions) en conformité de la Convention du 21 février 1876, avait, au cours de ses séances et dans sa délibération finale du 9 janvier 1883 où fut arrêté le dit programme, envisagé en même temps le projet de création d'une double voie maritime, dont l'idée avait été émise par les membres anglais de la Commission.

L'idée de la nécessité à prévoir, pour une époque plus ou moins rapprochée, d'une nouvelle et très notable amélioration du Canal, indépendamment des travaux de la Convention de 1876, avait déjà été sommairement indiquée par le Président de la Compagnie dans son rapport à l'Assemblée générale des actionnaires du 6 juin 1882. Le Président, en effet, dans la première partie de ce raport exposant la situation générale de l'entreprise, recommandait aux actionnaires « de ne pas oublier, dans leur prospérité, qu'ils devaient au commerce universel l'amélioration de la voie qu'ils avaient ouverte entre les deux mers »; puis, en conclusion, après avoir fait remarquer que les travaux prévus par la Convention de 1876 seraient suffisants pour un trafic de 12 millions de tonnes, double du trafic alors existant, le Président avait annoncé, pourtant, « que l'Administration ne perdrait pas de vue un développement plus grand encore du trafic, et que l'Assemblée pouvait compter sur sa vigilance attentive pour que l'œuvre fût toujours digne de ceux qui l'avaient exécutée ».

A la suite de la publication de la délibération rappelée ci-dessus du 9 janvier 1883, des nouvelles assez confuses furent répandues sur la situation et l'avenir de l'entreprise : Le canal ne devenait-il pas insuffisant, en égard au développement du transit? Les Anglais ne seraient-ils pas tentés de construire une voie concurrente? Dans le cas où la Compagnie, pour écarter cette idée ou ce projet prendrait les devants et entreprendrait elle-même les travaux, quelle en serait l'importance et la Société ne s'en trouverait-elle pas lourdement grevée?

Ces nouvelles ne manquèrent pas de peser sur les cours des titres de la Compagnie.

Pour rassurer les actionnaires au sujet de l'idée mise en avant de la nécessité d'une seconde voie maritime entre la Méditerranée et la mer Rouge, M. de Lesseps fit publier, le 22 février 1883, par le journal de la Compagnie, les explications suivantes :

Il serait matériellement impossible de creuser cette nouvelle voie en dehors du thalweg de l'isthme de Suez où la science avait pu réussir à exécuter le Canal maritime universel concédé à la Compagnie.

Or, si l'on reconnaissait la nécessité du creusement d'une seconde voie, à établir dans certaines parties du Canal pour éviter la rencontre ou l'arrêt momentané des navires, la Compagnie l'exécuterait elle-même avec l'approbation des actionnaires réunis en Assemblée générale.

Du reste, les travaux extraordinaires déjà votés par les actionnaires, en vertu d'un accord avec toutes les Puissances maritimes, pour une somme de 30 millions, dont le solde se trouvait être encore de 23 millions, étaient poursuivis suivant un programme ayant prévu l'éventualité d'une seconde voie parallèle à la première.

En conséquence, contrairement à ce qui avait été dit, les travaux en cours ne deviendraient pas inutiles le jour où le développement du trafic amènerait un pareil doublement de la voie maritime de la Compagnie.

Le 26 avril 1883, le Ministre des Affaires Étrangères de la Grande-Bretagne (Lord Granville) reçut deux députations importantes, l'une composée de délégués des Chambres de Commerce, l'autre représentant le Syndicat des armateurs. Ces deux députations venaient soumettre au Ministre des mémoires « insistant sur la nécessité de prendre des mesures pour augmenter la facilité du transit des navires de commerce entre la mer Rouge et la Méditerranée ». La députation des Chambres de Commerce demandait que le Gouvernement fît des démarches afin d'obtenir une part de contrôle dans les affaires du Canal proportionnée à l'importance du Commerce anglais; la députation des armateurs insistait sur la nécessité de créer un nouveau canal.

La réponse de Lord Granville aux desiderata formulés par les deux députations, peut se résumer de la manière suivante :

Le Ministre, après avoir constaté l'importance des questions qui lui étaient soumises, exprima tout d'abord sa satisfaction de ce que les délégués, tout en formulant certaines plaintes sur l'état du Canal et tout en étant d'accord sur les perfectionnements qu'ils croyaient nécessaires, sans cependant émettre les mêmes recommandations, s'étaient abstenus, des deux parts, de prononcer une seule parole d'hostilité déraisonnable à l'égard de la Compagnie.

Quant à sa réponse aux demandes des députations, elle se trouvait facilitée, disait-il, en ce qui le concernait, par le fait que le Gouvernement avait examiné soigneusement la question du Canal et était arrivé à une conclusion préliminaire que, quant à lui, il approuvait entièrement: Le Gouvernement — déclarait Lord Granville — pensait que les responsabilités qu'il assumait alors en Egypte ne lui fournissaient pas de motif d'engager le Cabinet, plus que dans d'autres circonstances, dans des entreprises industrielles générales.

Le Ministre se disait disposé à admettre qu'il pourrait y avoir des travaux particuliers ainsi que des circonstances spéciales qui pourraient être traitées exceptionnellement, et que le Gouvernement pourrait être appelé à prendre en considération. Il admettait cependant, qu'en pareille éventualité, les projets devaient être mûris de manière à pouvoir être soumis à son appréciation et qu'on ne demanderait pas à connaître ses vues comme devant servir de bases à appliquer, soit aux actionnaires, soit au Gouvernement égyptien.

Le Gouvernement, ajoutait le Ministre, avait examiné très attentivement la question ; mais les délégués devaient se rendre parfaitement compte des grandes complications qui s'y rattachaient. Il y avait là des questions compliquées, d'un caractère légal ; d'autres, d'ordre international ; des questions techniques, des questions concernant même les désirs des Egyptiens, comme aussi la question de savoir comment le commerce universel, dans lequel l'Angleterre prenait une si large part, pourrait être le plus avantagé.

Dans ces circonstances, disait le Ministre en terminant, le Gouvernement ne pouvait attacher trop d'importance au fait de posséder toutes les informations que des hommes au courant des affaires pratiques se rattachant au Canal étaient à même de lui fournir.

§ 2. — AVIS DES DIRECTEURS DU CONTENTIEUX DU GOUVERNEMENT ÉGYPTIEN, DU 7 MAI 1883, SUR LA QUESTION DE SAVOIR SI LA CONCESSION DE LESSEPS CONSTITUAIT UN MONOPOLE DE VOIE DE COMMUNICATION PAR EAU ENTRE LA MÉDITERRANÉE ET LA MER ROUGE.

En même temps que la question d'établissement d'un second canal était agitée en Angleterre, les Directeurs du Contentieux du Gouvernement égyptien étaient consultés sur la question suivante :

« La concession de Lesseps constitue-t-elle un monopole qui interdise à tout jamais au Gouvernement de Son Altesse la faculté d'établir une nouvelle voie de communication par eau entre la Méditerranée et la mer Rouge? »

Et ils formulèrent leur avis le 7 mai 1883, comme suit :

Considérant que l'effet des concessions est de soumettre un seul particulier ou une association à l'obligation de construire et d'entretenir à ses frais, risques et périls, un ouvrage d'utilité publique, moyennant l'abandon, pour un temps déterminé, de l'exercice de droits qui ont le plus ordinairement pour objet la perception d'un péage; que le Gouvernement ne donne donc et le concessionnaire ne reçoit, pour indemnité de ses travaux et dépenses, que l'autorisation de percevoir certaines taxes ; que ces taxes sont tout le prix de l'entreprise pour le particulier ou l'association qui s'est chargée de l'exécuter ; que, par suite, la position du concessionnaire n'est autre que celle de l'adjudicataire qui a mené à fin son entreprise, à cette différence près que celui-ci est payé par le versement de la somme stipulée, tandis que celui-là doit trouver son prix dans les produits d'une taxe à percevoir ; que, dès lors, la taxe et le droit de la percevoir, voilà ce qui reste au concessionnaire. Pour lui, tout est là. Que s'il s'agit de déterminer les garanties et la protection qui lui sont dues, c'est à ce droit, dans la nature qui vient de lui être assignée, qu'il faut se rapporter ; que s'il s'agit, au contraire, d'expliquer et de justifier les pouvoirs de protection, de conservation et de disposition attribués au Gouvernement, c'est encore à ce droit qu'il faut se rattacher ;

Considérant que l'octroi à un particulier ou à une association d'une concession dont le but est identique à une précédente concession est manifestement de nature, par le seul effet de la concurrence, à diminuer l'usage et, partant, le produit des taxes du travail d'utilité publique, c'est-à-dire à porter atteinte, par le fait du Gouvernement, aux conditions mêmes de l'entreprise ;

Considérant que, dans le silence du cahier des charges, on peut admettre qu'une concession préexistante ne met pas obstacle à une concession nouvelle réclamée par l'utilité publique, mais que ce tempérament est corrélatif aux droits essentiels et primordiaux du pouvoir souverain ; qu'il est même généralement subordonné à l'exercice de ce pouvoir, par voie législative, et qu'il ne s'applique en réalité qu'avec l'assentiment ou à la suite d'arrangements spéciaux intervenus entre le Gouvernement et les intéressés ;

Considérant au surplus que la proposition soumise à l'examen des Directeurs du contentieux ne présente aucune de ces conditions, soit qu'on considère les faits eux-mêmes, soit qu'on considère les rapports de la Compagnie universelle du Canal maritime de Suez avec le Gouvernement égyptien, rapports qui sont et demeurent régis par les principes du droit commun et notamment par les dispositions de l'article 7 du Code civil égyptien ;

Considérant que les actes constitutifs de la Compagnie universelle du Canal maritime de Suez ne laissent aucun doute sur la pensée absolue des vice-rois d'Egypte et de M. de Lesseps, d'accomplir une œuvre *unique* excluant toute idée d'entreprise rivale ; que cette pensée s'explique par la grandeur du projet et par les obstacles de tout genre qui lui étaient opposés; qu'elle devient plus éclatante encore par le concours et les concessions extraordinaires donnés par le Gouvernement égyptien; qu'ainsi il n'est jamais question de l'exécution d'un canal, mais bien de « l'exécution du *Canal maritime de Suez* » ; et, ailleurs, « du grand Canal maritime de Suez à Péluse » ; qu'il serait aisé de rapprocher plusieurs expressions du même genre, concourant toutes à témoigner de la pensée absolue d'une œuvre unique; que le firman de S. M. Impériale le Sultan a été conçu et écrit sous l'empire de cette même pensée ; que le caractère universel donné à la Société corrobore ces considérations ;

Considérant que si la concession donnée à M. Ferdinand de Lesseps n'est pas qualifiée de monopole dans les actes constitutifs, elle y est déterminée et expliquée en termes qui seraient vides de sens s'ils n'avaient point cette signification. Telle est l'incontestable portée du préambule du premier acte de concession : « Notre ami, M. Ferdinand de Lesseps, ayant appelé notre attention sur les avantages qui résulteraient pour l'Egypte de la jonction de la mer Méditerranée et de la mer Rouge par une voie navigable pour les grands navires et nous ayant fait connaître la possibilité de constituer à cet effet une Compagnie formée de capitalistes de toutes les nations, nous avons accueilli les combinaisons qu'il nous a soumises et lui avons donné par les présentes pouvoir exclusif de constituer et de diriger une Compagnie universelle pour le percement de l'isthme de Suez et l'exploitation d'un Canal entre les deux mers » ;

Considérant que la concession de Lesseps, dans les conditions particulières d'existence et de fonctionnement de la Compagnie universelle du Canal maritime de Suez, n'est pas exclusive du droit éminent de l'Etat agissant dans l'intérêt public en vue d'obtenir des travaux additionnels ou modificatifs; que ce droit est incontestable et que la Compagnie a l'obligation d'en tenir compte dans ses rapports avec l'Etat ;

Considérant que la durée de la Société et de la concession est fixée par l'article 16 de l'acte du 5 janvier 1856 ;

Estiment :

Que, dans la mesure de la réserve contenue au présent avis relativement à l'exercice du droit éminent de l'Etat dans les questions d'utilité publique, la *concession de Lesseps constitue un monopole qui interdit, pendant sa durée, la création d'une nouvelle voie de communication par eau entre la mer Méditerranée et la mer Rouge.*

§ 3. — EXPOSÉ DES VUES DE LA COMPAGNIE SUR LA QUESTION D'UN SECOND CANAL, PRÉSENTÉ PAR M. DE LESSEPS DANS SON RAPPORT A L'ASSEMBLÉE GÉNÉRALE DES ACTIONNAIRES DU 4 JUIN 1883 (Résumé).

Dans son rapport à l'Assemblée générale des actionnaires du 4 juin 1883, le Président de la Compagnie fit un exposé complet des vues du Conseil d'administration sur la question d'établissement d'un second canal.

Après avoir rappelé les termes de la délibération de la Commission des travaux du 9 janvier 1883, approuvée le même jour par le Conseil d'administration, M. de Lesseps s'exprimait ainsi :

Nous vous ferons remarquer, Messieurs, que cette délibération si complète porte la signature des trois représentants du Gouvernement de la Reine dans le sein du Conseil. Nous ajouterons, que le Conseil ayant à désigner trois de ses membres pour faire partie de la Commission des travaux, deux administrateurs anglais furent choisis.

Nous sommes heureux d'avoir à déclarer, ici, que nos relations constantes avec nos collègues anglais n'ont cessé un seul instant d'être des plus cordiales, et que c'est en plein accord que nous avons étudié, que nous étudions et que nous réaliserons les grands projets que comporte le développement progressif de l'œuvre que vous avez accomplie.

Il a été dit que le Gouvernement de S. M. Britannique voudrait, dans l'intérêt exclusif de la marine anglaise augmenter vos charges ou diminuer vos revenus, en essayant de vous imposer, soit des travaux d'amélioration excessifs, soit des diminutions de taxes. A ceux qui, de l'autre côté du détroit, ont osé, dans l'intérêt de leurs manœuvres déplorables, insinuer que le Gouvernement anglais irait jusqu'à favoriser une violation flagrante de vos droits, nous répondrons par une citation d'un journal anglais, le *Times*, qui disait au mois de décembre dernier :

« Il ne faut jamais oublier, quand on parle des rapports de l'Angle-
« terre avec la Compagnie, qu'elle est gouvernée par un traité, au nom
« de Sa Majesté, et que, tant qu'il n'est pas déchiré — et il n'est pas
« au pouvoir de l'une ou l'autre des parties de le déchirer — c'est
« précisément au Gouvernement anglais, si le traité était en danger,
« qu'incomberaient le droit et le devoir de le défendre. »

Ce traité, Messieurs, qui porte la signature des représentants autorisés de la Reine d'Angleterre ; qui, par l'intervention du Gouvernement anglais lui-même, a été sanctionné par les Puissances; que vous avez revêtu enfin de votre approbation, prévoit de grands travaux, qui s'exécutent actuellement, et des détaxes de tarif qui sont en cours d'application.

Et c'est avant que ces travaux ne soient achevés, avant que les détaxes consenties ne soient terminées, lorsque nous étudions, avec le concours loyal des représentants de la Reine, des projets d'avenir, que le Gouvernement anglais favoriserait un attentat à votre droit écrit, à vos prétentions légitimes! Cela serait impossible; et, d'ailleurs, nous vous l'affirmons, cela n'est pas.

Ce traité, cette convention du 21 février 1876, est, avec notre acte de concession, notre loi.

L'acte de concession a donné à votre Président un pouvoir exclusif à l'effet de constituer et diriger une Compagnie universelle pour le percement du Canal maritime, de la mer Méditerranée à la mer Rouge. Tel est votre droit d'origine.

Le traité de 1876, dont le caractère est international, a fixé les dépenses d'amélioration à votre charge; il a arrêté les décroissances de tarif ; il a ainsi constitué définitivement les conditions de votre exploitation.

Mais, dans la plénitude de votre droit, et à la condition qu'on le respecte, sans admettre une autre influence que celle d'une intervention loyale, amicale, ayant en vue un but universel, votre Conseil se préoccupera toujours, et dans une mesure égale, des intérêts des armateurs et des intérêts de ses actionnaires. Il a la conscience de n'avoir ailli à son mandat, ni envers les uns ni envers les autres.

Les travaux que vous exécutez en ce moment, et qui coûteront 30 millions de francs, doivent suffire, aux termes mêmes de la délibération de la Commission des travaux, à un trafic de 10 millions de tonnes. Toutefois, nous ne devions pas perdre de vue que la Commission avait exprimé, en principe, cette opinion « qu'en prévision d'un « trafic dépassant 10 millions de tonnes par an, représentant une « recette de 100 millions de francs environ, il conviendrait, dans un « avenir qui ne pouvait être actuellement déterminé, d'étudier *l'idée* « du creusement d'une double voie. »

Cette double voie, Messieurs, nous en avons poursuivi l'étude, nous sommes prêts à l'exécuter, et ce ne sont pas, vous le voyez, les agitations qui se sont produites de l'autre côté de la Manche qui ont fait avancer d'un pas la solution.....

Nous poursuivons actuellement et avec énergie les améliorations prévues du Canal maritime jusqu'à concurrence de la dépense de 30 millions de francs que vous avez approuvée ; et nous poursuivons simultanément l'étude du doublement de la voie maritime, avec la ferme intention de l'exécuter, et de l'achever *avant que le développement du trafic l'ait rendu nécessaire.*

Ce doublement de voie, nous pourrions l'exécuter simplement par nos propres ressources, sur nos propres terrains, et suffisamment ; mais, des études que nous avons faites, il résulte que le doublement de la voie, décidé en principe, pourrait être exécuté dans de meilleures conditions pour le commerce, et augmenté peut-être de travaux accessoires, dans les ports notamment, si vous aviez plus d'espace à votre disposition et si vous obteniez de légitimes compensations pour les sacrifices que vous vous imposeriez. C'est dans ce but, qu'avec le concours loyal des représentants de la Reine dans le sein du Conseil, nous avons entamé des études spéciales, et nous avons la satisfaction de pouvoir vous dire, d'accord avec nos collègues anglais, que ces études et les arrangements qui en seront la conséquence promettent une solution favorable.

Grâce à ces arrangements, nous pourrons procéder au doublement de la voie maritime d'une façon plus rapide et plus satisfaisante, et cela dans l'intérêt exclusif du commerce universel. Il ne nous resterait qu'à arrêter le programme d'exécution.

C'est là, Messieurs, un problème très important. Lorsque tous les projets de doublement de voie extérieur, intérieur, mixte, etc., seront réunis, une Commission préparera la délibération définitive qui vous sera soumise.

Il y aura lieu alors, mais alors seulement, d'examiner les moyens financiers par lesquels il sera fait face à la dépense. Les moyens suggérés par nos actionnaires, par la presse, par le public, seront examinés et le Conseil ne prendra de décision qu'après vous avoir exposé ses vues.

Pour que rien ne reste dans l'ombre après cette Assemblée, nous devons vous parler des tarifs.

Les tarifs actuels, avec leurs décroissances, sont fixés dans le traité intervenu en 1876. Nous avons dit plus haut que ce traité serait, au besoin, placé sous la sauvegarde de la Reine d'Angleterre, et nous nous empressons d'ajouter que, dans plusieurs circonstances, les représentants du Gouvernement de Sa Majesté ont reconnu, sur ce point, la plénitude de nos droits.

C'est donc dans la plénitude de nos droits et sans subir aucune pression que nous envisageons constamment cette question, en tenant compte, toujours, et de l'intérêt de nos actionnaires et de l'intérêt des marins et des commerçants.

Et, en effet, Messieurs, le 6 juin de l'année dernière, dans notre rapport à l'Assemblée, nous exposions nos principes à ce sujet ; nous vous disions :

« Les actionnaires du Canal de Suez qui, pendant vingt années et « malgré tant d'obstacles, ont poursuivi l'exécution d'une œuvre dont « le monde bénéficie aujourd'hui, sauront suffire à toutes les exigences « au fur et à mesure que l'exploitation de leur entreprise accroîtra « les revenus des capitaux qu'ils avaient courageusement engagés.

« Lorsque votre Président rendait publiques les conditions de l'ad- « pel des capitaux, il estimait que le canal coûterait 200 millions de « francs, devant être rémunérés par un trafic de 6 millions de tonnes.

« En réalité, les travaux d'exécution proprement dits du Canal n'ont « pas beaucoup dépassé le devis primitif ; mais les lenteurs suscitées « par les oppositions finalement vaincues, et les dépenses extraordi- « naires qui ont été imposées par des mesures violentes ont élevé la « dépense générale à 400 millions de francs.

« Les conditions publiques du contrat primitif ont donc été modi- « fiées, et la rémunération des capitaux engagés n'est plus représentée « dans notre esprit, et pour l'avenir, par un trafic de 6 millions de « tonnes procurant une recette de 60 millions de francs, mais par le « maximum d'un trafic de 12 millions de tonnes donnant une recette « d'au moins 120 millions de francs. »

Nous pensons et nous déclarons hautement que les actionnaires du Canal maritime de Suez ne doivent pas seulement jouir d'un brillant revenu, mais qu'ils doivent s'enrichir comme tout industriel en a le droit lorsqu'il a rendu au monde un service comparable au percement de l'isthme égyptien.

S'il en était autrement, si ceux qui jouissent du service rendu contestaient aux actionnaires de l'œuvre accomplie ce bénéfice légitime, cet enrichissement qu'ils désirent pour eux-mêmes, il en résulterait,

Messieurs, que les grandes œuvres, dont la civilisation attend et réclame l'exécution, et qui ne peuvent s'accomplir que par les finances populaires, par la collectivité des actionnaires courageux qui firent le Canal de Suez, deviendraient inexécutables, et que l'élan de progrès, dont le XIXe siècle s'enorgueillit à juste titre, se trouverait arrêté, peut-être compromis.

Tel est le principe fondamental qui nous a constamment guidé; telles sont, d'ailleurs, les promesses que nous avons faites aux actionnaires et aux armateurs.

Nous tiendrons ces promesses, comme nous avons exécuté le Canal, avec vous et par vous.

4. — ACCORD PROVISOIRE DU 10 JUILLET 1883 ENTRE LES REPRÉSENTANTS DU GOUVERNEMENT DE SA MAJESTÉ BRITANNIQUE ET LE PRÉSIDENT DE LA COMPAGNIE.

Comme on vient de le voir par le compte rendu de la communication de M. de Lesseps à l'Assemblée générale des actionnaires du 4 juin 1883 concernant le projet de doublement du Canal, la question avait été mise à l'étude.

Mais, ainsi que l'avait établi la Commission des travaux, dans sa délibération du 9 janvier 1883, la réalisation d'un pareil projet ne pouvait, « en raison de l'importance des intérêts de la marine anglaise dans la navigation du Canal », être poursuivie par la Compagnie qu'après accord avec le Gouvernement anglais.

Les bases de cet accord furent préparées avec les trois représentants de Sa Majesté britannique faisant partie du Conseil d'administration.

Le 5 juillet 1883, ces bases ayant été arrêtées, le Président de la Compagnie, conformément au désir exprimé par les Ministres de la Reine, se rendit à Londres avec son fils, M. Charles de Lesseps, pour consacrer l'accord intervenu[1].

---

1. Les ministres de la Reine avec lesquels avait à s'entendre M. de Lesseps étaient : M. Gladstone, président du Conseil; lord Granville, ministre des Affaires Étrangères; M. Chamberlain, ministre du Commerce, et M. Childers, chancelier de l'Échiquier.

Le texte définitif de l'accord fut adopté le 10 et adressé immédiatement à Paris. L'accord, devant être communiqué au Parlement anglais dans l'après-midi du 11, fut, dans la matinée même du dit jour — suivant ce qui avait été convenu avec les ministres de la Reine, — affiché au siège de l'Administration sous forme d'un résumé libellé comme suit :

Résumé de l'accord intervenu le 10 juillet 1883 entre les Représentants du Gouvernement de Sa Majesté Britannique et le Président de la Compagnie du Canal de Suez.

— Construction d'un second canal, autant que possible parallèle au canal actuel ;

— Ce second canal achevé, si cela est possible, fin 1888 ;

— Les tarifs seront réduits comme suit :

A dater du 1er janvier 1884, les navires sur lest jouiront d'une réduction de 2 fr. 50 par tonne sur le tarif du transit ;

Le 1er janvier qui suivra l'année où un revenu (intérêt et dividende) de 21 0/0 aura été distribué, la taxe de pilotage sera réduite de moitié ;

Le 1er janvier qui suivra l'année où un revenu de 23 0/0 aura été distribué, l'autre moitié de la taxe de pilotage cessera d'être perçue ;

Le 1er janvier qui suivra l'année où un revenu de 25 0/0 aura été distribué, la taxe de transit de 10 francs par tonne sera réduite de 50 centimes (9 fr. 50) ;

Le 1er janvier qui suivra l'année où un revenu de 27 1/2 0/0 aura été distribué, la taxe de transit sera réduite de 50 centimes par tonne (9 francs) ;

Le 1er janvier qui suivra l'année où un revenu de 30 0/0 aura été distribué, la taxe de transit sera réduite de 50 centimes par tonne (8 fr. 50) ;

Ensuite, il y aura une réduction de 50 centimes par tonne par chaque accroissement de revenu annuel de 3 0/0 jusqu'à la taxe de 5 francs par tonne.

— Il ne pourra y avoir dans la même année deux réductions de la taxe de pilotage et du droit de transit.

— En cas de diminution de revenu, l'année après, la taxe de transit sera relevée d'après l'échelle des diminutions susvisées ; mais il n'y aura pas deux augmentations dans la même année.

— A la première vacance de l'une des trois fonctions de Vice-Président de la Compagnie, M. Ferd. de Lesseps proposera au Conseil la désignation, à la fonction de l'une des trois vice-présidences, un des administrateurs anglais membres du Conseil.

Cette vice-présidence restera acquise à l'un des administrateurs anglais.

L'administrateur anglais qui est actuellement membre-adjoint du Comité de Direction deviendra membre effectif du Comité en cas de vacance.

Cette fonction restera acquise à l'un des administrateurs anglais.

— Les deux administrateurs anglais membres de la Commission des Finances feront toujours partie de cette Commission.

— L'emploi d'*Inspecteur de la navigation* sera confié à un officier de la marine britannique désigné par le Gouvernement de Sa Majesté.

Les fonctions de cet inspecteur seront déterminées d'accord avec les administrateurs anglais.

— A l'avenir, le recrutement des pilotes se fera, dans une proportion raisonnable, parmi les marins anglais.

— Le Gouvernement de Sa Majesté usera de ses bons offices pour obtenir la concession :

1° Du terrain nécessaire pour le nouveau canal et ses approches, et pour le canal d'eau douce entre Ismaïlia et Port-Saïd ;

2° Du prolongement de la concession primitive, de telle sorte que les quatre-vingt-dix-neuf ans de la concession commencent à partir de la date de l'achèvement du second canal maritime.

— En considération de ces concessions, la Compagnie payera annuellement au Gouvernement égyptien, à partir du commencement de la nouvelle période de quatre-vingt-dix-neuf ans, 1 0/0 des bénéfices nets totaux, après le prélèvement de la réserve statutaire.

— Le Gouvernement anglais prêtera à la Compagnie du Canal de Suez, par versements successifs, pour la construction des travaux, y compris le canal d'eau douce, la somme nécessaire jusqu'à concurrence de 200 millions de francs, moyennant un intérêt de 3 1/4 0/0, avec un amortissement calculé de façon à rembourser le capital en cinquante années. Cet amortissement ne commencera à fonctionner qu'après l'achèvement des travaux du second canal.

— Cet accord sera immédiatement communiqué à la Chambre des Communes.

Les termes en seront formulés dans une décision du Conseil d'administration dont le texte aura été arrêté d'accord avec le Gouvernement de S. M. Britannique.

Et cette décision sera communiquée au Gouvernement de Sa Majesté pour acceptation de forme et ratification par le Parlement.

II. — Discussions, dans le Parlement anglais, sur l'accord provisoire du 10 juillet 1883, et résolution finale du Gouvernement de renoncer à demander au Parlement la ratification de cet accord.

L'accord intervenu le 10 juillet 1883 entre le Gouvernement de Sa Majesté Britannique et M. de Lesseps ayant été soumis, ainsi que cela avait été convenu, à l'examen du Parlement, donna lieu à de très importantes discussions dans chacune des deux Chambres où il fut si vivement combattu, non seulement par les membres de l'opposition, mais aussi par des amis du Ministère, que le Gouvernement, au cours des discussions, crut devoir prendre le parti de renoncer à solliciter la ratification de l'accord par le Parlement. Il annonça, en même temps, qu'il n'était nullement disposé à reprendre directement, à bref délai, des pourparlers avec la Compagnie et qu'il trouvait préférable que celle-ci s'entendît tout d'abord avec les intérêts commerciaux et maritimes de l'Angleterre et, au besoin, avec les intérêts des autres pays.

Les longues discussions qui eurent lieu dans le Parlement au sujet de cette affaire ont présenté une importance exceptionnelle en ce qu'elles ont fait connaître les diverses manières de voir et surtout l'opinion dominante qui régnaient alors en Angleterre, non seulement parmi les membres mêmes du Parlement, mais aussi parmi les corporations commerciales et maritimes du pays, touchant la nature et l'étendue des droits conférés à M. de Lesseps par ses actes de concession. Elles ont formé une véritable préface explicative de l'accord intervenu quelques mois plus tard (le 30 novembre 1883) entre M. de Lesseps et les armateurs, destiné à régler définitivement les conditions d'administration future du Canal. A ce double titre nous croyons utile de présenter une analyse aussi complète que possible de ces discussions,

Rappelons que le Gouvernement était alors dirigé par un ministère ayant M. Gladstone comme premier Ministre, lord Granville comme Ministre des Affaires Étrangères et M. Childers comme Chancelier de l'Echiquier.

§ Ier. — DISCUSSIONS A LA CHAMBRE DES COMMUNES

Séance du 6 juillet 1883

M. Bourke (membre de l'opposition), ayant demandé s'il était vrai que le Gouvernement fût arrivé à un arrangement avec la Compagnie de Suez,

M. Gladstone répondit que le Président de la Compagnie était attendu le même jour à Londres sur le désir exprimé par le Gouvernement qui pensait que les choses se trouvaient parvenues à une phase où des communications personnelles avec le Président et le Vice-Président de la Compagnie seraient utiles. Il annonçait, en même temps, que des bases avaient été provisoirement établies d'accord, qui donnaient l'espoir fondé d'arriver à une conclusion satisfaisante pour toutes les parties.

Séance du 9 juillet

M. Palmer (libéral), ayant demandé si le Gouvernement était prêt à faire une déclaration concernant les négociations en cours avec la Compagnie du Canal et s'il croyait le moment venu de recevoir les appréciations et le concours du monde commercial conformément à la promesse faite le 26 juin précédent,

M. Gladstone répondit qu'il n'avait que très peu de chose à dire sur ce sujet, mais que l'on ne devait pas supposer par là qu'il reculait devant sa déclaration antérieure en tant qu'elle exprimait la croyance du Gouvernement à une réussite probable des pourparlers engagés avec M. de Lesseps; ceux-ci, toutefois, n'étaient pas encore assez avancés pour permettre de faire une communication à la Chambre.

M. Gladstone ajoutait qu'il avait reçu une lettre du représentant de Hull (M. Norwood, libéral), où celui-ci exposait ce qu'il croyait être les vues du monde commercial, et que, naturellement, les points ainsi signalés étaient ceux auxquels le Gouvernement avait principalement prêté son attention. Il déclarait d'ailleurs, que le Gouvernement n'entrerait dans aucun engagement au sujet du Canal de Suez que sous réserve de l'approbation de la Chambre.

Séance du 11 juillet

Le Chancelier de l'Echiquier ayant fait connaître à la Chambre les points principaux de l'accord intervenu,

M. BOURKE (membre de l'opposition), posa au Gouvernement les questions suivantes :

1° Il était dit que le Gouvernement anglais devait user de son influence pour obtenir des concessions. Il serait intéressant de savoir auprès de qui devrait s'exercer cette influence : la Compagnie, dans l'opinion du Gouvernement (télégramme de lord Granville publié il y avait huit ou neuf ans), était une Compagnie égyptienne et les droits que la Porte avait sur elle étaient indubitables. C'était pour cette raison que l'on désirait savoir si l'on devait entrer en pourparlers avec la Porte relativement à la politique de concession ?

2° Quelles garanties avait-on prises contre la ou les Puissances étrangères arrêtant les relations de l'Angleterre avec l'Inde, la Chine et l'Orient, viâ Canal de Suez ?

3° Serait-il dans les droits de paix de l'Angleterre de prendre des mesures militaires pour la protection du Canal ?

4° Le nouveau canal serait-il la propriété de la Compagnie actuelle ; le siège de la Compagnie serait-il encore à Paris ; les tribunaux français et égyptiens auraient-ils juridiction sur le Canal qui devait être construit, en substance, avec le capital anglais ?

5° Les deux canaux devraient-ils revenir au Gouvernement égyptien à la fin de la période à laquelle il avait été fait allusion ?

6° Les arrangements intervenus entre le Gouvernement et M. de Lesseps empêcheraient-ils une autre Société de capitalistes anglais ou autres de prendre ou de tenter d'obtenir une concession pour une autre Compagnie ?

Après tous les sacrifices qu'aurait faits l'Angleterre, devait-on comprendre que les relations de la Compagnie du Canal avec elle devraient demeurer en substance les mêmes que celles qui avaient existé jusqu'alors, et que le capital anglais dût être trouvé pour faire un nouveau canal, sur un sol étranger, sans assurer les droits souverains de l'Angleterre pour la protection du Canal et du capital qui y serait engagé ?

M. GLADSTONE, dans sa réponse, fit remarquer tout d'abord que, des six questions posées, trois se rapportaient à des points qui étaient intimement liés à l'accord intervenu, mais que les autres avaient trait à des questions de haute politique se rattachant à la position générale du Canal.

En ce qui concernait les questions politiques, il aurait évidemment, dit-il, à se concerter avec le Secrétaire d'État pour les Affaires Étrangères.

En ce qui concernait les questions relatives au Canal, M. Gladstone croyait pouvoir dire que le retour du Canal au Gouvernement égyptien resterait sans changement et que le domicile du Canal continuerait à être à Paris, mais avec des arrangements plus étendus relativement à l'introduction de l'élément britannique dans l'administration et le gouvernement du Canal.

Quant à la question de savoir si un autre canal devrait être fait, c'était là une question de haute politique ; mais M. Gladstone faisait observer qu'il n'y avait rien dans l'arrangement avec M. de Lesseps qui touchât en aucune façon à ce sujet. Il entendait parler ici, bien entendu, d'un canal différent, avec une administration séparée et représentant des intérêts séparés, constituant une affaire totalement distincte, parce qu'il devait être bien compris que la construction, dans le délai le plus rapproché possible, d'un second canal, dans le but de faciliter le trafic, était, en réalité, la base de l'arrangement qui venait d'être conclu.

Le Chancelier de l'Échiquier donna à son tour les explications suivantes :

La forme dans laquelle serait demandée l'approbation de la Chambre serait naturellement sur le vote d'une somme ne dépassant pas 8 millions de livres sterling. La question tout entière pourrait alors être soulevée.

Sur la question financière, il pouvait dire que l'argent serait obtenu d'une manière très semblable à celle dont on s'était procuré les 4 millions pour l'achat des actions. Il n'y avait aucune proposition tendant à ajouter aux impôts du pays.

Quant à la suggestion d'augmenter le nombre des administrateurs anglais, il n'y trouvait aucun avantage pour le pays, à moins que l'on n'eût insisté — chose qu'à son avis il n'aurait pas été raisonnable de faire — pour obtenir une majorité absolue dans le Conseil d'administration. L'arrangement actuel, par lequel l'Angleterre avait un nombre limité d'administrateurs, ayant les fonctions plus étendues qu'on se proposait de leur donner, était, pensait-il, bien meilleur pour elle qu'un grand nombre d'administrateurs anglais. Naturellement, quand l'Angleterre en viendrait à la jouissance de ses actions, en 1894, toute la question de la représentation des actionnaires serait différente.

Le Gouvernement n'avait aucune intention de proposer un changement de résidence. Toute division dans la direction serait, dans son opinion, extrêmement incommode.

Quant à la construction du Canal, un membre ayant demandé si le Gouvernement anglais aurait le pouvoir d'intervenir, pour le compte du pays, pour veiller à ce que l'argent fût convenablement dépensé, le Chancelier de l'Echiquier annonça que la construction du nouveau canal serait réglée d'accord avec les administrateurs anglais, dont l'un d'eux était un ingénieur très distingué. On devait être convaincu, ajouta-t-il, que le Gouvernement avait pris toute précaution nécessaire pour veiller à ce que l'argent fût convenablement dépensé.

Séance du 12 juillet

Un membre du parti libéral demande au Premier Ministre si des négociations se poursuivaient avec la Porte ou avec le Gouvernement égyptien au sujet du second canal proposé ; et si, en vue des intérêts politiques aussi bien que commerciaux de l'Angleterre, le Gouvernement obtiendrait pour le pays telle concession qui pourrait être nécessaire pour la construction d'un autre canal à travers l'isthme de Suez,

M. Gladstone, en réponse à cette question — question qu'il considérait comme très importante, parce qu'elle portait essentiellement sur la compréhension claire du récent arrangement provisoire — annonça qu'il n'y avait encore en cours aucune négociation; mais il fit observer en même temps que, sans aucun doute, pour donner effet à l'arrangement, si la volonté du Parlement était qu'il réussît, des négociations seraient nécessaires.

Suivant lui, voici quelle était exactement la situation :

M. de Lesseps était en possession de la concession d'après laquelle il était en son pouvoir d'élargir considérablement, à grands frais, le canal existant, et de fournir au commerce de plus grandes commodités autant que lui et sa Compagnie pouvaient le juger convenable, imposant alors, s'il leur semblait bon, les mêmes tarifs que ceux qu'ils percevaient déjà pour le passage des navires à travers le Canal. M. de Lesseps ferait donc cette grande amélioration dans le Canal. Mais le Gouvernement anglais avait pensé que le perfectionnement de beaucoup le meilleur et le plus efficace serait la construction d'un second canal parallèle : le trafic pourrait alors s'effectuer en passant par une voie pour l'aller et par l'autre pour le retour. Il n'était pas certain que le terrain que détenait M. de Lesseps fût suffisant pour lui permettre de faire ce second canal, auquel cas, le terrain étant la propriété du Gouvernement égyptien, la Compagnie aurait, non pas à acquérir de nouvelles concessions politiques, mais à acquérir du Gouvernement égyptien le terrain nécessaire. Ce serait là l'objet préliminaire de toutes négociations en vue de la construction du second canal. M. Gladstone ne pensait pas qu'aucun privilège d'aucune autre sorte ou aucune modification à la concession primitive fût nécessaire.

En ce qui était de la seconde partie de la question, elle allait réellement au cœur du sujet, car elle revenait à ceci : M. de Lesseps, possédait-il un droit exclusif à l'égard des canaux à travers l'isthme ; et, s'il n'en était pas ainsi, l'Angleterre prendrait-elle des mesures pour défendre la liberté de l'isthme et établir ou obtenir les moyens de faire d'autres canaux ? Or, le Gouvernement estimait qu'il ne pourrait essayer d'obtenir des concessions, par la simple raison qu'il n'y avait aucun pouvoir pour les donner, M. de Lesseps possédant, suivant lui, un *droit exclusif* de faire un canal à travers l'isthme de Suez. M. Gladstone ne disait rien de ce qui s'étendait au-delà de l'isthme; il ne parlait pas de la définition géographique de l'isthme de Suez, parce que c'était là une question sur laquelle il pourrait y avoir sujet à argumentation, bien que, peut-être, elle ne fût pas de grande importance. La nature, d'ailleurs, avait, dans une grande mesure, donné cette définition. Le Gouvernement — répéta M. Gladstone — estimait que M. de Lesseps était en possession d'un droit exclusif. Tel était l'avis que lui avaient donné ses conseillers légaux; tel était aussi l'avis donné récemment au Gouvernement égyptien. C'était sur cette supposition que tout l'argent avait été souscrit pour l'exécution du Canal existant; c'était sur cette supposition, croyait-il, que l'opinion avait raisonné jusqu'alors; c'était incontestablement sur cette supposition que l'accord tout entier conclu provisoirement par le Gouvernement avec M. de Lesseps était fondé. Si cette supposition était fausse, le Gouvernement ne pourrait certainement pas alléguer une justification pour l'accord intervenu.

Le membre qui avait posé les questions ayant demandé alors si, dans l'opinion du Gouvernement, la concession pour faire un canal à travers l'isthme comprenait la construction d'un second canal, aussi bien qu'un droit exclusif de faire un nombre quelconque de canaux à travers l'isthme,

M. Gladstone répondit qu'il n'était pas sûr que ce point eût été clairement soulevé; mais il supposait que le pouvoir de M. de Lesseps de faire tout canal parallèle serait simplement limité par le terrain possédé dans ce but, et que la seule difficulté serait la nécessité de faire une demande pour de nouveaux terrains.

Sur une question de M. Bourke (membre de l'opposition),

M. Gladstone répéta que c'était la croyance et la ferme conviction du Gouvernement, que tout l'argent qui avait été souscrit pour la construction du canal existant avait été versé sur la conviction que M. de Lesseps avait un droit exclusif de faire le Canal. Il ajouta que, bien plus, dans l'opinion du Gouvernement, c'était presque une affaire de notoriété publique et que, sans doute, cette opinion avait été partagée par le monde en général.

Séance du 13 juillet

Sur une question de M. Bourke, demandant à savoir si le Gouvernement était toujours d'avis qu'aucune concession politique n'était nécessaire, et si le nouveau canal pouvait être fait et de nouveaux droits être accordés pour lui sans une concession politique quelconque,

M. Gladstone répondit que cela lui semblait être plutôt une question de mots que de toute autre chose. Son impression avait été, la veille, que le public ou une partie du public croyait que toutes demandes que l'on ferait maintenant au Gouvernement égyptien au sujet des privilèges de la Compagnie du Canal seraient analogues, dans leur nature, à la demande primitive ; et son but avait été de dissiper cette croyance qu'il estimait erronée. Sans aucun doute, le mot « concession » était employé dans le document écrit, et il ne l'avait pas désavoué ; mais son idée avait été de faire une distinction entre une concession telle que la concession primitive et la nouvelle concession en question. La vente de nouveaux terrains à la Compagnie pourrait être appelée une concession ; l'extension de la durée pourrait, peut-être, être appelée plus proprement encore une concession, car l'autre était une transaction qui avait le caractère d'une affaire commerciale; mais, dans l'opinion du Gouvernement, elle était distinctement différente de la nature de la concession primitivement demandée, concession qui comportait des questions politiques de premier ordre et de première importance.

Sur une autre question de M. Bourke demandant à savoir si la concession pour l'obtention de laquelle le Gouvernement s'était engagé à employer ses bons offices devait être entièrement limitée à la question des terrains, et si le Gouvernement entendait que l'on se servirait de ce second canal et que l'on y percevrait des droits sans aucune autre concession, soit de la Porte, soit du Khédive,

M. Gladstone répondit qu'il n'était pas sûr que les détails légaux eussent été entièrement examinés. Il ne voulait pas entreprendre de s'engager absolument sur le point de savoir si une nouvelle concession serait ou non nécessaire pour percevoir des droits sur le nouveau canal ; mais, sans aucun doute, l'extension de la durée de la concession serait un acte politique, et, il ne pouvait exister aucun droit de percevoir des péages au-delà de l'époque où le canal retournerait au Gouvernement égyptien.

Sur une demande d'un membre désirant savoir si, à la réunion des administrateurs de la Compagnie tenue la veille à Paris, les propositions du Gouvernement avaient été acceptées; et si, cela étant, la convention n'était pas complète,

Le Chancelier de l'Échiquier répondit qu'il n'avait aucun renseignement sur la réunion de la Compagnie, mais que, même dans la supposition admise, on pouvait voir par les documents déposés que cette réunion ne pourrait aucunement terminer le contrat, puisque les arrangement détaillés devaient être réglés d'accord avec le Gouvernement anglais.

Sur une autre question, le Chancelier de l'Echiquier rappela qu'il était expressément dit dans l'accord intervenu qu'il ne serait pas demandé au Gouvernement anglais de fournir plus de 8 millions de livres sterling, et que, s'il fallait une somme supérieure, le Canal devrait être terminé aux frais de l'administration de la Compagnie qui aurait à trouver de l'argent d'une autre manière.

Séance du 16 juillet

Sur une question posée par M. Bourke, demandant à savoir quels tribunaux auraient la juridiction sur le nouveau canal, qui devait être fait avec le capital anglais, et quelle serait la garantie de l'achèvement de ce nouveau canal,

M. Gladstone répondit :

D'une part, que la juridiction sur le nouveau canal proposé, ainsi qu'il était arrêté dans l'accord, serait exactement semblable à celle du canal existant ;

D'autre part, qu'il supposait que la garantie, telle qu'elle existait déjà, reposerait sur tous les biens et propriétés de la Compagnie, avant la répartition de tous profits ; mais que, naturellement, il était au pouvoir du Parlement de demander quelque autre nouvelle spécification ou de stipuler toutes les conditions qu'il lui plairait dans l'arrangement.

Séance du 17 juillet

Un membre ayant demandé par l'intermédiaire de quel tribunal le remboursement du prêt fait par l'Angleterre à la Compagnie pourrait être imposé au cas où celle-ci faillirait à ses engagements,

Le Chancelier de l'Échiquier répondit que la Compagnie du Canal était une Compagnie égyptienne, et que, conséquemment, comme il était dit dans la dépêche du 11 décembre 1875 de lord Derby au général Stanton (agent et consul général d'Angleterre en Egypte), un procès de ce genre devrait être jugé suivant les traités qui régissaient les relations des étrangers avec les Egyptiens, c'est-à-dire, actuellement, par les tribunaux internationaux. On savait que, dans le cas de différends entre la Compagnie et ses actionnaires, les conventions et les statuts stipulaient un arbitrage avec appel à la plus haute Cour française. Mais l'Angleterre ne serait pas actionnaire par le fait du prêt proposé.

Séance du 19 juillet

Un membre ayant demandé, à propos de ce que les administrateurs anglais de la Compagnie continueraient à être, par le nouvel accord, en minorité dans le Conseil, si quelque stipulation avait été prévue pour empêcher que les comptes de la Compagnie fussent établis de manière à maintenir les bénéfices au-dessous de 21 0/0, afin, par là, d'éviter la remise, prévue au paragraphe 3 de l'accord, de la moitié des droits de pilotage qui pesaient si lourdement sur le commerce britannique,

Le CHANCELIER DE L'ÉCHIQUIER répondit que, comme les actionnaires, les fondateurs les possesseurs de parts de bénéfice 15 0/0 achetées au Gouvernement égyptien et les employés étaient tous intéressés à ce que les dividendes fussent aussi élevés que possible; et comme les comptes étaient chaque année vérifiés par des commissaires spéciaux nommés par les actionnaires et étaient au jour le jour sous les yeux des administrateurs anglais à Paris, il était persuadé qu'il y avait une ample sécurité touchant la parfaite sincérité des écritures comptables de la Compagnie.

Un membre ayant demandé si le *pouvoir exclusif* accordé à M. de Lesseps par l'acte de concession du 30 novembre 1854 de constituer et diriger une Compagnie universelle pour le percement de l'isthme de Suez lui avait été conféré pour la durée de sa vie naturelle,

M. GLADSTONE répondit que, suivant lui, les privilèges accordés à M. de Lesseps par l'acte de concession ne finissaient pas avec sa propre existence mais passaient à la Compagnie formée par lui.

Un membre ayant demandé si, avant que les points principaux de l'accord au sujet du second canal fussent arrêtés, aucune communication n'avait été faite à M. de Lesseps, au nom du Gouvernement, d'après laquelle le Gouvernement admettrait la prétention de M. de Lesseps au droit exclusif de creuser un second canal à travers l'isthme de Suez, et si, en réalité, les négociations ouvertes avec M. de Lesseps avaient été tout le temps conduites sur cette base,

M. GLADSTONE, en réponse, renouvela les assurances qu'il avait déjà données à ce sujet, à savoir, qu'il n'y avait eu aucune communication quelconque ayant la nature d'information ou d'engagement avec M. de Lesseps en ce qui concernait son droit exclusif de creuser un second canal. Les explications que lui-même avait données à la Chambre avaient été données à titre d'éclaircissement en ce qui était de l'opinion du Gouvernement touchant la base d'après laquelle il agissait pour mener à terme les négociations qu'il poursuivait. Ces explications avaient été amenées par les fortes objections au plan du Gouvernement, qui était un plan dépendant essentiellement du point de vue indiqué.

LORD FITZMAURICE (Sous-Secrétaire d'Etat pour les Affaires Etrangères), en réponse à une demande faite par un membre, déclara que la seule communication reçue d'un Gouvernement étranger depuis la conclusion de l'arrangement avait été une note adressée au Secrétaire d'Etat pour les Affaires Etrangères par l'ambassadeur de Turquie où celui-ci faisait savoir qu'il avait été chargé d'informer le Gouvernement anglais que toute modification ou extension des privilèges accordés à M. de Lesseps devait recevoir la sanction du Sultan avant de pouvoir être mise à exécution.

SUR L'ACCORD PROVISOIRE DU 10 JUILLET 1883

Séance du 20 juillet

Sir Stafford Northcote (chef de l'opposition), ayant demandé si l'attention du Gouvernement avait été attirée sur l'entrevue rapportée entre un correspondant d'un journal quotidien et M. Ch. de Lesseps, dans lequel l'écrivain disait :

Qu'en réponse à sa demande tendant à connaître comment la Compagnie avait réussi à obtenir du Gouvernement la reconnaissance explicite de ses pouvoirs exclusifs, M. Ch. de Lesseps lui avait assuré que, ni avant ni pendant les négociations pour l'arrangement, les pouvoirs de la Compagnie n'avaient été discutés par le Gouvernement anglais,

Et si la déclaration attribuée ainsi à M. Ch. de Lesseps était exacte,

Le Chancelier de l'Échiquier répondit qu'il avait lu la déclaration en question et ajouta que la question des pouvoirs exclusifs n'avait jamais été discutée avec M. de Lesseps dans le cours des négociations.

Un membre ayant demandé :

D'une part, si le terrain qui devait être maintenant demandé par le Gouvernement, d'accord avec M. de Lesseps, comme concession pour un nouveau canal, ne faisait pas partie du même terrain que le Gouvernement égyptien, par suite de la décision arbitrale de l'Empereur des Français, avait acheté à la Compagnie en 1866 ;

D'autre part, si les raisons qui avaient amené le Gouvernement à reconnaître un caractère exclusif dans la concession de la Compagnie pouvaient être exposées à la Chambre,

M. Gladstone répondit qu'il craignait de ne pouvoir dire plus que ceci, à savoir : que la Compagnie était, naturellement, divisée sur la question des terrains à demander ; que, pour le surplus, le Gouvernement se basait sur le langage de la concession. L'interprétation du Gouvernement était celle à laquelle il était arrivé sans aucun doute, et le Gouvernement pensait être appuyé dans cette interprétation par de très grandes autorités et par tous les faits qui formaient l'histoire de la question.

Séance du 23 juillet

M. Gladstone se leva pour faire une déclaration au sujet de l'accord intervenu avec la Compagnie du Canal.

La Chambre — dit-il — attendait de lui autre chose qu'un exposé aride des intentions du Gouvernement dans la circonstance, d'autant mieux que le Gouvernement n'avait rien dit encore à la Chambre en dehors de la sphère et de la limite des questions qui lui avaient été posées.

Il allait faire connaître maintenant la marche que le Gouvernement avait l'intention de suivre à l'égard de l'accord provisoire ; et l'on devait presque s'attendre à ce qu'il exposât les considérations principales dont le Gouvernement s'était inspiré pour arriver à sa conclusion.

Il voudrait, tout d'abord, rappeler à la Chambre l'origine de la transaction.

Le grand succès du Canal de Suez avait naturellement amené un état de choses qui, depuis longtemps, avait fait naître des demandes pressantes d'augmentation des facilités et d'aménagements, et le Gouvernement, étant régulièrement représenté dans l'administration du Canal, avait l'habitude de donner de temps en temps des instructions à ses administrateurs sur les points qui devaient être traités dans les réunions qui se tenaient à Paris. Pendant fort longtemps, bien qu'il s'agît de questions d'une certaine importance, il n'y avait eu que des instructions données aux administrateurs anglais. Ce n'était qu'assez récemment que la question avait pris un plus grand développement. A la suite de manifestations des plus pressantes de la part de très importantes corporations du pays, le Gouvernement avait été amené à prendre la résolution de s'associer plus directement à leurs démarches, et, en fait, à entrer en négociations en vue d'obtenir un accord distinct avec M. de Lesseps. On pouvait assigner la date du 26 avril comme l'époque où la question avait pris cette nouvelle tournure. C'était, en effet, à cette date que le Ministre des Affaires Etrangères, Lord Granville, avait reçu deux importantes députations.

A la tête d'une de ces députations, celle de l'Association des Chambres de Commerce, se trouvait M. Monk, député de Gloucester, lequel avait résumé sa requête en demandant que des négociations fussent ouvertes entre le Gouvernement et la Compagnie, que des efforts fussent tentés en vue d'obtenir que quelque chose fût fait par la Compagnie, qui jusqu'alors, disait-il, n'avait presque tenu aucun compte de l'influence que devrait avoir la Grande-Bretagne ;

L'autre députation, représentant la Chambre de Navigation, était présidée par M. Laing, lequel, au nom de l'intérêt maritime, avait, en premier lieu, signalé également au Gouvernement la nécessité de prendre des mesures pour accroître les facilités du transit à travers l'Egypte ; en second lieu, appelé son attention sur les avantages qui résulteraient d'une seconde voie de communication entre la Méditerranée et la mer Rouge.

Ces députations avaient nettement exprimé les vœux du monde commercial de l'Angleterre. Leur démarche auprès du Gouvernement constituait un événement sérieux qui, à peine rendu public, avait attiré l'attention des Chefs de l'administration du Canal à Paris. Dès le 30 avril, en effet, des ouvertures de M. Lesseps avaient été communiquées au Gouvernement en vue d'entamer les négociations suggérées par les deux députations.

Peu de temps après, vers le 10 ou 12 mai, le Gouvernement s'engageait dans cette voie qui devait aboutir finalement à l'arrangement intervenu.

Le Gouvernement n'avait pas été sans comprendre qu'il entreprenait une affaire sérieuse, une affaire peut-être en dehors des attributions ordinaires d'un Gouvernement. Diverses objections pouvaient évidemment être faites contre la conduite de transactions de ce genre par les mains d'un Gouvernement : d'une part, les considérations commerciales immédiates se rattachant à une question très compliquée et difficile étaient éminemment aptes à se trouver mêlées à des considérations de partis politiques, et ces considérations pouvaient augmenter matériellement les difficultés de traiter les questions de cette nature d'une manière satisfaisante ; en outre, dans beaucoup de cas, et d'une façon toute particulière sans doute dans le cas présent, la discussion de pareilles questions, en corrélation avec le caractère politique qui était attaché à une administration, était une affaire d'une grande importance et nécessitait la plus grande attention dans la façon de procéder, à cause des intérêts internationaux et peut-être même de l'irritation internationale que pouvait tendre à provoquer tout insuccès dans les négociations.

Toutefois, examinant cette affaire avec tout le soin dont il était capable, le Gouvernement avait pensé qu'il était de son devoir de devenir, autant que cela lui serait possible, l'organe et l'agent de ce qu'il sentait être un désir et une demande légitime de la part du monde commercial de l'Angleterre. Mais, en même temps, tout en poursuivant cette affaire, le Gouvernement entendait bien ne pas essayer de résoudre aucune question de sa propre autorité ou d'engager, soit lui-même, soit le Parlement, à autre chose qu'un compte rendu de ce qu'il pourrait proposer ou ce qu'il serait enclin à recommander, après que ses pourparlers avec la Compagnie du Canal seraient arrivés à leur conclusion. M. Gladstone rappelait à ce sujet, qu'à une date déjà ancienne, en réponse à une question qui lui avait été posée à la Chambre, il avait déclaré que le Gouvernement estimait ne pouvoir faire autre chose que rédiger un arrangement provisoire en y exprimant ses vues et en sollicitant le jugement que le Parlement et le pays pourraient être disposés à prononcer. C'était ainsi qu'un arrangement avait été élaboré. Naturellement, c'était un arrangement par lequel, d'un côté, le Gouvernement donnait, et, de l'autre, recevait. Le Gouvernement estimait que ce qui avait été donné et ce qui avait été obtenu était considérable ; et, pour le montrer, M. Gladstone en faisait le bref exposé suivant :

On pouvait calculer que, dans un nombre d'années limité, le trafic du Canal, qui était maintenant de 6 millions de tonnes, atteindrait

12 millions; et que, quand ce chiffre serait atteint, le dividende de la Compagnie se trouverait élevé au point que la réduction des tarifs équivaudrait à la suppression d'une charge sur les navires transitant par le Canal dépassant 1 million de livres sterling par an. Cela était évidemment un point considérable.

Bien que le Gouvernement n'eût pas pris comme principal objet dans ses négociations d'essayer de donner une grande force numérique dans le Conseil d'administration aux administrateurs anglais, il pensait cependant que les arrangements pris auraient conduit à une augmentation très notable de l'influence pratique des Anglais sur la direction et l'administration du Canal.

La Compagnie n'avait pas absolument besoin de l'aide de quiconque pour contracter un emprunt; mais le Gouvernement lui fournissait une aide pécuniaire sérieuse en lui prêtant à un taux très bas qu'il lui serait impossible d'obtenir autrement. Le Gouvernement ne voulait pas dissimuler que le prêt consenti avait soulevé des objections au point de vue de la grande extension des relations pécuniaires avec la Compagnie du Canal.

Une autre considération très importante, qu'on ne devait pas dissimuler non plus, était la prolongation d'un droit exclusif quelconque qui avait été conféré à M. de Lesseps par la concession originelle; mais il fallait considérer en même temps les immenses avantages, à la fois dans la commodité et dans les tarifs de passage, que l'accord aurait assurés à l'Angleterre.

Naturellement, la question que la Chambre avait à considérer, et le pays avant la Chambre — sur le simple aperçu de l'accord — était de savoir si les avantages obtenus en échange de ce que donnait l'Angleterre étaient suffisants.

Venait ensuite la question — sur laquelle M. Gladstone croyait devoir maintenant brièvement insister — celle de la position actuelle du Gouvernement vis-à-vis de M. de Lesseps et de la Compagnie, et, l'on pouvait presque le dire, de la nation française, car la Chambre savait bien, se rappelant l'histoire première de cette question, que ce n'était pas seulement une question entre certains intérêts commerciaux, d'une part, et une Compagnie possédant certains privilèges, de l'autre ; mais que c'était également une grave question entre la nation anglaise et la nation française.

Ces deux grandes nations étaient heureusement alliées depuis si longtemps qu'il était à espérer que le Gouvernement ne ferait jamais rien pour affaiblir cette alliance. Le devoir du Gouvernement avait été de se rendre compte du terrain sur lequel il se trouverait à Paris au sujet de l'arrangement. Il n'y avait eu aucun engagement à soumettre entre les parties; mais l'accord avait été élaboré en vue d'être soumis au Parlement; et, pour qu'il n'y eût aucune surprise d'un côté comme de l'autre, le Gouvernement avait donné, le 19 juillet, à sir Rivers Wilson, l'un des administrateurs anglais, l'ordre de se rendre à Paris, non dans le but, comme on l'avait supposé, de reprendre tel ou tel point des négociations, mais de s'assurer si le Gouvernement avait le champ tout à fait clair et libre devant lui — il n'était nullement question de la liberté du Parlement et du pays — de manière à pouvoir apprécier d'une manière tout à fait impartiale les graves questions qui lui étaient maintenant présentées.

Sir River Wilson avait fait connaître le résultat de ses pourparlers avec la Compagnie dans une lettre dont M. Gladstone donna lecture en substance à la Chambre. Cette lettre, ajoutait M. Gladstone, était accompagnée d'une lettre fort importante de M. de Lesseps [1].

Il ressortait de ces documents que M. de Lesseps avait déclaré d'une manière formelle qu'il comprenait parfaitement la situation et que, en ce qui le concernait, il ne regardait nullement le Gouvernement comme engagé, dans les circonstances présentes, pour insister auprès du Parlement en faveur de l'arrangement; que, cependant — et cela

---

1. *Lettre du 20 juillet 1883, de M. de Lesseps à M. Gladstone:*

MON CHER ET HONORABLE AMI,

Vous savez avec quelle cordiale loyauté le Conseil d'administration de la Compagnie du canal de Suez et les représentants du Gouvernement de la Reine dans le sein de ce Conseil n'ont cessé de se préoccuper jusqu'ici, dans les limites du droit, des intérêts légitimes des actionnaires de la Compagnie et des clients du canal maritime universel.

Cet accord constant venait de se traduire par une entente écrite qui donnait à ce double intérêt les satisfactions que comportaient, d'une part, les obligations d'une Compagnie jouissant du monopole exclusif, pour quatre-vingt-dix-neuf années, de tout creusement de canal maritime dans l'isthme égyptien, et, d'autre part, des armateurs dont les flottes utilisent l'œuvre accomplie après tant de dépenses et d'efforts.

Cette entente, étudiée et concertée avec les Ministres de la Reine, visait nos principales intentions communes, en assurant, dans le plus bref délai, le creusement d'une voie maritime parallèle à la voie actuelle, et prévoyant les diminutions de taxes conformes aux promesses faites solennellement, jadis, aux actionnaires et aux armateurs.

En France, l'opinion publique, oubliant le passé, a unanimement applaudi à cet accord; en Angleterre, il me semble qu'une partie de l'opinion publique, qui s'est peut-être prononcée hâtivement, n'a pas compris toute la portée de l'arrangement équitable intervenu; et il en est résulté entre les deux nations amies des discussions fâcheuses, susceptibles, je le crains, de nuire profondément, et pour longtemps, aux sentiments nécessaires de forte amitié qui unissaient les deux peuples.

Je serais désolé, personnellement, que l'œuvre de paix exécutée en Egypte par les capitaux français, dans l'intérêt des échanges universels, devînt un prétexte de discorde, et que l'Europe assistât au développement, dans le

introduisait une nouvelle mais très intéressante question sur laquelle M. Gladstone sollicitait l'attention particulière de la Chambre — il y avait deux points dont M. de Lesseps annonçait son intention de proposer l'adoption aux actionnaires malgré l'abandon de l'accord s'il était décidé : tout d'abord, la Compagnie prendrait immédiatement des mesures pour qu'un second canal, sur la plus grande partie de la longueur, pût être rapidement construit dans la limite des terrains concédés, quoiqu'elle pût en temps opportun s'adresser au Gouvernement égyptien pour obtenir une concession supplémentaire de terrain aux endroits où la largeur actuelle serait insuffisante ; en outre, la réduction proposée des droits avec l'augmentation des bénéfices serait maintenue. Quant à tous les autres arrangements prévus par l'accord, les deux parties redeviendraient libres.

Le Gouvernement anglais ne serait donc plus dans l'obligation d'user de ses bons offices en vue d'obtenir pour la Compagnie une extension de sa concession au-delà de 1968 ou tous autres privilèges.

Parlement d'Angleterre, et sous votre ministère libéral, d'une erreur d'appréciation fatale au droit.

Dans l'intérêt de la paix générale, dans l'intérêt de l'alliance franco-anglaise, indispensable à la civilisation du monde, je vous prie de ne pas vous considérer comme lié envers les armateurs et envers moi-même, par les termes de l'accord que nous avons signé.

Notre Conseil d'administration tient des statuts de la Compagnie les pouvoirs suffisants pour décider le creusement d'une seconde voie maritime et pour arrêter les tarifs à percevoir ; et nos actionnaires sont en situation de nous fournir les moyens de creuser le second canal. En conséquence, tenez pour déclaré, qu'alors que notre accord serait suspendu, ou même retiré, le creusement du second canal maritime sera immédiatement exécuté et que toutes les diminutions de taxes prévues dans cet accord seront appliquées.

Et nous continuerons en paix, sans trouble, comme jusqu'ici, d'accord avec les représentants du Gouvernement de la Reine dans le Conseil, à exploiter et à améliorer le Canal maritime, suivant les exigences d'une œuvre faite pour demeurer librement ouverte, et facile, aux flottes de toutes les nations, « sans exclusion ni faveur » suivant les termes de notre concession.

Réponse de M. Gladstone du 23 juillet 1883

Mon cher Monsieur de Lesseps,

J'ai l'honneur, en mon nom, et au nom de mes collègues, de vous accuser réception de votre lettre du 20 courant. Je tiens à vous remercier de nous avoir informés en termes si francs et si amicaux que, en ce qui vous concerne, vous ne nous considérez en aucune façon comme tenus, dans les circonstances actuelles, de hâter la discussion de la convention du Canal de Suez dans le Parlement.

Je dois aussi vous remercier d'avoir fait connaître d'une façon semblable, au Parlement et au pays, l'action indépendante et spontanée que vous vous proposez de soumettre à vos actionnaires dans le but d'augmenter les moyens de communication à travers l'isthme de Suez.

Ces questions étaient soumises à la considération de la Chambre.

Quant à sa propre impression, M. Gladstone exprimait l'avis que le temps convenable pour une discussion utile viendrait lorsque l'on aurait tous les documents sous les yeux et quand on serait en état de formuler une motion; mais il estimait que l'affaire ne pouvait en rester là, et il témoignait le désir que, pour la convenance de toutes les parties, la discussion fût du caractère le plus calme et le plus régulier.

Un membre ayant demandé si la Chambre devait comprendre, avec la proposition qu'elle avait à examiner, si le Gouvernement avait l'intention de continuer les négociations avec la Compagnie et de prendre en considération les différentes questions d'un caractère international,

M. Gladstone répondit que le Gouvernement, du moment où il se retirait de l'accord, ne songeait certainement pas à une action immédiate quelconque. Ce serait de son devoir, pensait-il, d'informer la Chambre aussi complètement que possible des vues exprimées par ceux qui étaient principalement intéressés et qui étaient très compétents pour juger l'affaire tout entière, avant de faire de nouvelles propositions.

. . . .

Il avait la ferme conviction que ceux qui condamnaient l'arrangement, ainsi que ceux qui demandaient du temps pour l'examiner, étaient dans la même situation, les uns demandant et les autres conseillant de ne pas donner suite à cet arrangement dans les circonstances actuelles. Le Gouvernement n'avait donc pas l'intention de demander au Parlement de sanctionner l'accord, et cela pour plusieurs raisons: la première était, sans nul doute, qu'il n'existait pas cette entente générale que le Gouvernement, dans un cas de cette nature internationale aussi bien que commerciale, jugeait nécessaire pour justifier sa présentation; la seconde était la demande qui était formulée, bien probablement dans la pensée générale qu'un ajournement pourrait amener quelque arrangement meilleur.

M. Gladstone signalait, à ce sujet, que, parfois, la demande de délai avait été accompagnée de recommandations conseillant, dans beaucoup de cas, la nomination d'une Commission royale pour examiner la question. Il n'avait nullement l'intention de donner, pour le moment, son opinion sur ce point.

Une suggestion plus hardie avait été faite, non nouvelle, mais, suivant lui, de petite portée et impliquant de nombreux points à examiner: c'était que la solution juste et définitive pour le grand passage de la Méditerranée à la mer Rouge ne pourrait être trouvée que lorsque le Canal, au lieu d'être la propriété d'une Compagnie privée quelconque, serait placé sous l'administration d'une Commission internationale. Il y avait beaucoup à dire sur l'importance et les difficultés d'une pareille solution. M. Gladstone ne songeait pas à émettre une opinion à son sujet.

L'opinion commerciale était qu'il fût donné plus de temps à l'examen de la question. Dans l'état actuel des choses, M. Gladstone estimait qu'une lutte hostile entreprise à propos de l'accord intervenu, vu la relation dans laquelle il se trouvait vis-à-vis du sentiment international, ne pourrait se produire sans faire naître de sérieux embarras ; qu'une pareille lutte serait plutôt de nature à affaiblir qu'à fortifier la position de l'Angleterre dans toutes communications ultérieures sur le sujet.

Enfin, après avoir rappelé que les pourparlers qui avaient eu lieu n'engageaient que le Gouvernement seul, M. Gladstone exposa, qu'après la manière franche et cordiale dont le Gouvernement avait été traité pendant toutes les négociations, il ne se croirait pas justifié d'écarter le sujet sans quelques paroles sur le point suivant : il estimait qu'il était du devoir du Gouvernement de rendre justice, autant qu'il était en son pouvoir, à la grande Compagnie du Canal et à son éminent et énergique promoteur. Il devait donc essayer de faire savoir et sentir dans le monde anglais que tous deux avaient des droits sur lui, non pas des droits au sacrifice d'un intérêt précieux, mais des droits au respect et à l'honneur ; qu'ils avaient procuré un grand bienfait à l'humanité, et ce, par des travaux immenses, au milieu de grands dangers et de difficultés incomparables, malheureusement dues, en quelque sorte, à l'action fâcheuse de l'Angleterre dans les temps passés. Il devait aussi, pour sa part, désavouer au nom du Gouvernement, tout rapprochement de sentiment avec ceux qui semblaient affirmer une sorte de suprématie anglaise sur la voie maritime de l'isthme, et déclarer hautement que le Gouvernement ne participerait en rien à ce que l'influence, qui pouvait s'attacher et justement s'attacher à la position temporaire et exceptionnelle de l'Angleterre en Egypte, fut employée en vue d'obtenir une violation ou une diminution d'aucun droit légitimement exercé. Enfin, et tout en rappelant qu'il ne parlait que pour le Gouvernement même, et sans chercher à engager personne avec lui, il désirait faire connaître que le Gouvernement ne pouvait entreprendre de faire aucun acte incompatible avec l'aveu indubitable et sacré à ses yeux que le Canal avait été fait pour l'avantage de toutes les nations en général et que les droits qui s'y attachaient étaient des affaires d'un intérêt commun à toute l'Europe.

En terminant, M. Gladstone annonça que tous les documents utiles allaient être communiqués à la Chambre et qu'il ne proposait aucune motion. Il n'avait aucune idée, dit-il, sur le point de savoir si la Chambre serait disposée, ou non, à soulever une discussion immédiate. Il admettait comme possible que, puisque des questions importantes, qui étaient nouvelles, avaient été soumises à la Chambre dans quelques parties de son explication, on pouvait avoir le désir de prendre du temps et d'examiner les documents; et il déclara que, dans ce cas, lorsque la Chambre se montrerait prête à discuter la question ou la conduite du Gouvernement, il fournirait toutes facilités en son pouvoir pour une pareille discussion.

Sir Strafford Northcote (chef de l'opposition), à la suite du discours du Premier Ministre, présenta à son tour sur la question les considérations suivantes :

Il fit savoir, d'abord, que lorsque la proposition avait été soumise à la Chambre, il avait donné avis de son intention de demander le rejet de l'arrangement provisoire. Cela était inutile maintenant, puisque le Gouvernement avait résolu de retirer quant à présent cette convention à l'action et à l'examen du Parlement et paraissait n'avoir pour le moment aucune intention de prendre d'autre mesure à propos de l'affaire. Toutefois, sir S. Northcote se disait un peu inquiet de ce que pourrait être ultérieurement l'attitude du Gouvernement, et il était d'avis que la Chambre ne devrait pas laisser échapper une occasion, qu'elle pourrait saisir maintenant d'une manière toute naturelle, ou mieux encore lorsqu'elle serait en possession des documents, de discuter les questions très graves qui avaient été soulevées par la convention.

Rien, suivant lui, ne s'était passé dans les pourparlers qui avaient eu lieu qui eût un caractère international. Si la Chambre n'était pas satisfaite de l'arrangement elle avait parfaitement le droit de le repousser, et il ne lui semblait pas qu'il y eût là de quoi provoquer de terribles conséquences. Il serait certainement très fâché que quelque chose arrivât qui pût donner ombrage ou produire un mauvais sentiment, qu'il ne pouvait imaginer, entre les deux nations ; il serait également très fâché que l'on fît inutilement une offense quelconque à M. de Lesseps et aux promoteurs de la grande entreprise. Personne n'avait plus d'admiration que lui pour le caractère, l'énergie et les travaux de M. de Lesseps, dont il était l'ami depuis de longues années, et pour qui il avait le plus profond respect. Mais ce n'était pas là une raison pour céder à des prétentions exorbitantes.

Il était un point surtout, qui était le cœur de toute la question, et sur lequel il importait de s'entendre complètement : c'était la limite du droit de M. de Lesseps. Il était du devoir de la Chambre, et du Gouvernement agissant pour elle, de ne pas compromettre le pays dans une constatation qu'il n'était pas disposé à admettre. Si l'affaire était conduite convenablement et avec calme, et d'une façon qui montrât que l'Angleterre n'avait d'autre désir que celui de s'assurer ses droits légitimes aussi bien que ceux de toutes les nations intéressées au passage, il pensait que cela ne pouvait amener aucun mal et pouvait produire au contraire un grand bien. Il désirait faire remarquer que, bien que l'Angleterre eût un intérêt énorme dans le Canal, en raison du grand usage qu'elle en faisait, cependant la question intéressait aussi toutes les autres nations ; que, dès lors, l'Angleterre n'avait pas le droit, par aucun acte qui lui fût propre, de donner corps à une prétention qu'elle pourrait ne pas être prête à admettre, mais qui pourrait avoir son appui contre les autres nations.

Séance du 24 juillet

Le Sous-Secrétaire d'État pour les Affaires Etrangères, sur une question qui lui était adressée tendant à savoir si la prétention de M. de Lesseps à un droit exclusif de route par canal à travers l'isthme de Suez avait été soulevée et considérée, soit avant la Commission internationale qui, en 1873, à Constantinople, avait autorisé la surtaxe, soit pendant les négociations pour l'achat des actions du Canal par le Gouvernement anglais en 1875; et si, en fait, la prétention en question avait toujours été émise par M. de Lesseps ou si elle avait été reconnue de quelque façon par un gouvernement anglais, répondit que la question ne paraissait pas avoir été soulevée dans l'une ni dans l'autre des deux circonstances mentionnées, et, à sa connaissance, n'avait pas été l'objet d'une correspondance officielle dans les dernières années.

Sir S. Northcote, qui était inscrit à l'ordre du jour pour interpeller le Premier Ministre sur le point de savoir si, après le retrait de l'accord avec la Compagnie, en conséquence du mécontentement général soulevé par ses conditions, le Gouvernement maintenait l'opinion que M. de Lesseps avait un titre bien fondé au monopole de la communication par canal entre la Méditerranée et la mer Rouge, exposa que, depuis qu'il avait déposé son interpellation, la veille, il lui avait paru préférable, au lieu de poser cette question, de formuler l'avis suivant :

Il proposerait, dit-il, à la séance du 30 juillet, si le Premier Ministre voulait bien lui accorder ce jour, ou à tel autre jour qui lui conviendrait, la résolution suivante :

« Une humble adresse sera présentée à Sa Majesté pour la prier, dans toutes négociations ou démarches ayant trait à la Compagnie du Canal de Suez dans lesquelles Sa Majesté serait partie, de vouloir bien, tout en respectant les droits indubitables de la Compagnie quant à sa concession, refuser de reconnaître toute prétention de sa part à un monopole qui exclurait la possibilité de la concurrence de telles autres entreprises conçues en vue d'ouvrir une communication maritime entre la Méditerranée et la mer Rouge. »

M. Gladstone, après avoir annoncé qu'il fixerait le plus prochainement possible le jour où pourrait être discutée la résolution proposée, dit qu'il croyait devoir faire à la question antérieurement posée la réponse qu'il avait préparée.

Il fit remarquer tout d'abord que la question contenait une assertion tout à fait erronée, et sans doute intentionnellement erronée ; c'est que le Gouvernement adhérerait à cette opinion que M. de Lesseps avait un droit bien fondé à un monopole exclusif au sujet des communications par canal entre la Méditerranée et la mer Rouge. Il déclarait qu'aucune opinion dans ce sens n'avait jamais été émise à aucune époque par le Gouvernement.

En ce qui touchait le fond même de la question qui, supposait-il, voulait réellement s'appliquer à l'isthme de Suez, il tenait à dire que le Gouvernement n'avait jamais dans aucune communication relative au Canal, donné aucune interprétation sur l'instrument de la concession ; — et, par communication, il n'entendait pas parler de ce qui avait été dit dans la Chambre, mais de communications avec des personnes de l'étranger. — Il n'avait jamais donné aucune interprétation de l'instrument de la concession au sujet de tout droit ou prétention exclusifs, jamais fait quoique ce fût qui pût engager le pays par aucune opinion particulière sur la concession.

La question posée demandait si le Gouvernement avait changé d'opinion. Le Gouvernement n'avait pas vu qu'il y eût lieu pour lui de modifier l'opinion exprimée devant le Parlement qui se trouvait enregistrée au procès-verbal. M. Gladstone faisait observer, pour être plus clair, que le pouvoir exclusif auquel on avait fait allusion plusieurs fois, au cours des débats, était un pouvoir donné pour empêcher d'autres personnes de percer l'isthme par un canal et n'affectait en aucune façon la question distincte et séparée de savoir si la Compagnie actuelle du Canal était autorisée, sans une nouvelle concession, à faire un nouveau canal.

Séance du 26 juillet

Un membre ayant demandé si le Gouvernement avait laissé ou laisserait passer, sans la contester, la déclaration suivante contenue dans la lettre du 20 juillet de M. de Lesseps au Premier Ministre :

« Qu'un accord constant venait de se manifester par une convention écrite qui donnait satisfaction à ce double intérêt compatible, d'une part, avec les obligations de la Compagnie jouissant d'un monopole exclusif de 99 ans pour le creusement de canaux maritimes dans l'isthme de Suez » ;

Et affirmant ainsi que la Compagnie du Canal avait un monopole exclusif, pour 99 ans, de creuser tout canal à travers l'isthme de Suez.

M. Gladstone répondit qu'il ne voyait aucun motif de contester ou d'entrer en discussion sur le point en question. On devait en effet, suivant lui, reconnaître que ce point n'admettait pas de contestation, puisque, tout ce qu'il affirmait, c'était que l'accord était compatible avec une certaine manière de voir sur les droits de la Compagnie du Canal. Mais, à son avis, l'accord était compatible avec un point de vue quelconque que pouvait prendre des droits de la Compagnie l'une ou l'autre des parties. Il ne voyait donc pas de possibilité pour lui de discuter qu'il fût compatible avec des vues particulières. Il ne pouvait contester le dire de M. de Lesseps que la convention était compatible avec son opinion d'un monopole exclusif. Ce n'était pas de son devoir d'entrer en controverse à ce sujet avec M. de Lesseps.

Un autre membre ayant demandé si l'attention du Gouvernement avait été appelée sur l'article 4 de la convention du 22 février 1866 et sur l'article suivant de l'acte de concession du 5 janvier 1856 :

« Art. 3. — Le Canal approprié à la grande navigation maritime sera creusé à la profondeur et à la largeur fixées par le programme de la Commission scientifique internationale. »

Et si, considérant les restrictions de ces deux articles, M. de Lesseps ou la Compagnie pourrait ou élargir le canal actuel ou faire un second canal dans les limites du terrain appartenant à la Compagnie, sans l'autorisation du Gouvernement égyptien.

M. Gladstone répondit que la question soulevait, par rapport aux droits de la Compagnie, un point judiciaire de grande importance sur lequel il ne lui appartenait pas de formuler une opinion.

Sur une question qui lui fut posée relativement aux limites géographiques de l'isthme qu'il avait dit être « bien définies »,

M. Gladstone répondit qu'il y avait une autorité suffisante pour dire que l'isthme de Suez était déterminé par la vallée du Nil, dont il était séparé à l'ouest, et par une partie du désert arabique, à l'est. Assurément, ce n'étaient pas là, absolument, des divisions de frontières faites par une ligne absolue ; mais il estimait qu'elles justifiaient l'appréciation qu'il en avait donnée de « frontières assez bien définies ». Voici, ajoutait-il, ce qu'il avait en vue : Si l'on prenait le cas de l'isthme de Panama, par exemple, entouré des deux côtés par une large mer, il pourrait être difficile de préciser ; mais quand il s'agissait d'un isthme comme celui de Suez, s'ouvrant d'un côté sur une mer étroite, on avait naturellement une plus grande facilité pour le définir.

En ce qui concernait la question géographique, un membre ayant demandé à sir S. Northcote quelles étaient les limites géographiques qu'il entendait comprendre dans sa motion.

Celui-ci répondit que lesdites limites faisaient, toutes, partie de l'Egypte, s'étendant entre la Méditerranée et la mer Rouge, soit l'isthme de Suez, soit toute autre partie.

Sir S. Northcote ayant demandé au Premier Ministre s'il était à même de fixer le jour où pourrait être discutée sa motion,

M. Gladstone lui répondit que le Gouvernement était tout disposé à se mettre, le 30 juillet, à sa disposition. En agissant ainsi, dit-il, il désirait faire connaître nettement l'attitude et les vues du Gouvernement, sans aucun argument sur le sujet. C'était par respect pour le très honorable membre et pour la position qu'il occupait comme représentant d'une portion considérable de la Chambre qu'il acceptait la discussion, et non parce que le Gouvernement pouvait voir quel avantage public résulterait maintenant de toute discussion d'un caractère futur concernant les affaires se rattachant au Canal de Suez. Il désirait aller au delà, spécialement pour resserrer et non pour élargir les points sur lesquels on différait. Examinant la motion, il pouvait dire que, quant à la proposition qui y était contenue, c'est-à-dire, « qu'il ne devait pas y avoir de reconnaissance des droits supposés ou prétendus de la Compagnie » dans les termes qui y étaient inscrits, le Gouvernement était complètement d'accord avec l'honorable membre.

M. Gladstone ajouta que le Gouvernement considérait comme désirable, dans l'état des choses, après le retrait de l'arrangement, qu'il fût accordé du temps aux grands intérêts commerciaux et maritimes du pays pour étudier avec soin la question sous ses divers aspects, en tenant compte des nombreux sujets complexes qui s'y rattachaient, les uns, du domaine des questions économiques, les autres, de la politique. Il ne prévoyait dès lors, en aucune façon, la probabilité d'entamer prochainement de nouvelles négociations pouvant porter sur la question des prétentions de M. de Lesseps et de la Compagnie du Canal.

Mais, après avoir dit que le Gouvernement était d'accord avec la proposition formulée dans la motion, M. Gladstone croyait devoir déclarer qu'il voyait réellement de graves objections au vote d'une semblabe motion par la Chambre, vote dont on aurait à attendre de très graves inconvénients d'ordre public. Sa ligne de conduite consisterait donc — et cela sans préjudicier en rien à sa manière de voir au sujet de la proposition contenue dans la motion — à appuyer l'amendement présenté par M. Norwood. Cet amendement était ainsi libellé :

M. Norwood (libéral) proposait de décider :

« Que la Chambre désire maintenir son entière liberté de jugement en ce qui regarde toutes les affaires ayant trait à la communication par eau entre la Méditerranée et la mer Rouge ; et, qu'en conséquence, la Chambre refuse de prendre une résolution quelconque quant à des négociations ou démarches futures concernant cette question. »

Séance du 27 juillet

Rien d'important.

Séance du 30 juillet

Sir Strafford Northcote prononça un long et important discours à l'appui de sa motion. (Les arguments invoqués par lui étant rappelés en grande partie dans les discours ci-après par lesquels a été combattue la motion, il a semblé inutile de les reproduire ici).

M. Norwood prit ensuite la parole pour expliquer son amendement. Il avait cherché, dit-il, à découvrir quels étaient le véritable but et la vraie signification de la motion de Sir S. Northcote. Il s'était posé à lui-même la question de savoir pourquoi la Chambre serait appelée à donner un conseil à Sa Majesté sur un état de choses qui n'existait pas et qui n'existerait probablement pas, contre une prétention qui n'avait jamais été formulée. Quand et où, en effet, M. de Lesseps avait-il affirmé son droit exclusif de créer une communication par eau entre la Méditerranée et la mer Rouge? Sans aucun doute, il réclamait le droit exclusif de construire un canal à travers l'isthme de Suez; mais il ne réclamait pas le droit de faire un canal par Alexandrie ou par la Palestine. L'orateur était disposé à admettre la vérité d'une grande partie de ce qu'avait dit l'auteur de la motion, et son propre amendement cherchait des résultats semblables, mais par des moyens différents. La grande distinction à faire entre la motion et l'amendement consistait en ce que, alors que la motion demandait à la Chambre de faire quelque chose, l'amendement demandait de ne rien faire.

L'orateur représentait une corporation de marchands et d'armateurs, et le but qu'il poursuivait était principalement un but commercial. Son amendement demandait en réalité de laisser le temps de respirer aux classes commerciales des deux pays, afin d'examiner à nouveau leur situation et d'écarter tous malentendus. C'était pourquoi il demandait à la Chambre de s'abstenir d'exprimer une opinion quelconque.

L'auteur de la motion avait dit que la question était très délicate et devait être abordée avec beaucoup de soin, et, pourtant, il avait fait une dissection historique et critique même des origines de la négociation. L'amendement déclarait que ce n'était pas le moment d'aborder des points de discussion.

L'orateur fit remarquer qu'il ne méritait pas le reproche d'inconséquence qui avait été formulé contre lui, car il avait soigneusement évité d'exprimer une opinion sur les droits de M. de Lesseps, aussi bien dans son amendement que lorsqu'il avait été à la tête de la députation.

Contrairement à l'assertion de l'auteur de la motion, la Chambre n'était nullement compromise, puisqu'elle n'avait jamais exprimé une opinion sur le sujet et que le Gouvernement n'avait pas soumis à son appréciation une mesure prise.

Il y avait, suivant l'orateur, grand intérêt à ce que la Chambre s'abstînt de prendre une décision sur la question. Sans doute, un sentiment de grande irritation s'était élevé sur cette question, à Paris; mais cela tenait à une impression tout à fait erronée sur l'attitude de la marine marchande. On parlait comme si la controverse n'affectait que la marine et les armateurs; mais on devait se rappeler que les charges imposées ne tombaient pas finalement sur les marchands et les manufacturiers, mais sur les consommateurs. Lorsque le premier désappointement concernant l'accord s'était manifesté, un ton très peu judicieux avait été adopté par certains personnages et commerçants. Il y avait eu deux réunions dans la cité de Londres auxquelles il voulait se reporter spécialement : un langage très vif avait été employé ; et même le digne Alderman siégeant pour la Cité de Londres s'était exprimé dans des termes qu'il avait dû regretter depuis ; des références avaient été faites dans ces réunions à la position que l'Angleterre occupait en Egypte, comme si cette position pouvait justifier pour elle la confiscation ou l'embarquement d'un corps sur un steamer de la Compagnie Péninsulaire et Orientale pour prendre possession des biens de la Compagnie du Canal. Il répudiait quant à lui tout désir de la part des marchands et armateurs d'acquérir un contrôle sur le Canal autrement que par des moyens droits et honnêtes.

Lorsqu'une députation de marchands et d'armateurs s'était rendue chez Lord Granville, les armateurs étaient allés plus loin que les marchands et avaient exprimé le désir qu'un second canal fût construit avec des fonds anglais. Lord Granville avait répondu, alors, que si jamais un projet définitif était soumis au Gouvernement, il l'examinerait. Les armateurs avaient convoqué immédiatement une réunion, nommé un Comité et voté 10.000 livres sterlings avant d'avoir pris une seule mesure ; puis, ils avaient trouvé nécessaire de déterminer la position précise de M. de Lesseps, et le cas avait été soumis à un conseil éminent qui avait exprimé l'avis que M. de Lesseps n'avait aucun droit exclusif de percer un canal à travers l'isthme. A ce moment, le bruit ayant couru que le Gouvernement était en pourparlers avec la Compagnie du Canal, l'orateur avait adressé des questions au Premier Ministre, lui demandant si le bruit était fondé et le priant de lui donner l'assurance formelle qu'aucune mesure ne serait prise sans un examen préalable par qui de droit et sans obtenir l'approbation de la Chambre.

Dès que la réponse du Premier Ministre avait été connue des armateurs, ceux-ci s'étaient abstenus de toute action ultérieure. Sans doute, lorsque la décision du Gouvernement avait été soumise à la Chambre et au pays, un vif sentiment de désappointement avait été généralement exprimé par tout le monde commercial ; mais ce sentiment n'avait pas eu le caractère qu'on lui avait attribué : A Liverpool, par exemple, la Chambre de Commerce avait fait valoir l'opportunité de rouvrir les négociations en vue d'assurer de meilleures conditions ; et des résolutions semblables avaient été prises par les Chambres de Commerce d'Edimbourg, de Wolverhampton, de Birmingham et de Newcastle.

Il avait été dit que la conclusion de cette affaire par le retrait de l'accord était maintenant amèrement regrettée par les armateurs ; mais l'orateur était, quant à lui, d'un avis complètement différent. Il pensait même que le Gouvernement avait montré une grande sagesse dans le parti qu'il avait adopté et aussi une grande dignité dans la façon dont il avait annoncé sa décision.

Le Gouvernement avait pris sa position avec l'assentiment général des hommes de commerce. Mais il s'était compromis dans le discours à la Chambre où il avait manifesté sa croyance que M. de Lesseps avait un droit exclusif en ce qui était de l'isthme de Suez. Toutefois le Gouvernement avait pu penser que l'Angleterre était plus intéressée que tout autre pays au maintien de la bonne foi, et que l'on devait s'y montrer extrêmement soigneux lorsque l'on avait à examiner la validité de documents. Dans d'autres pays, les Anglais possédaient des concessions de grande importance données par écrit ; et le Gouvernement pouvait avoir pensé qu'il gagnerait moins en obtenant une victoire temporaire sur la Compagnie du Canal qu'en tenant haut le principe le plus élevé de la moralité commerciale.

L'Orateur estimait qu'il y avait une force considérable dans cette opinion. On pouvait cependant la désavouer entièrement. En définitive, c'était une opinion qu'en tant qu'homme privé il ne pouvait exprimer ou demander à la Chambre d'adopter. Il désirait que la Chambre se réservât une liberté complète dans la question.

Suivant l'orateur, il eût été plus sage au Gouvernement de ne pas négocier par l'intermédiaire des administrateurs anglais et de consulter quelques hommes éminents choisis dans le monde commercial.

L'orateur ne croyait pas que la position commerciale de l'Angleterre au sujet des affaires en question fût tout à fait d'un caractère non satisfaisant et sans espoir. Il estimait que les négociations et le débat même à la Chambre dissiperaient tout malentendu et tendraient à amener une entente équitable et honorable.

On ne devrait pas être entièrement sans espoir, même dans le cas où le droit exclusif de M. de Lesseps et de sa Compagnie serait maintenu. Il y avait trois sortes de projets pour la communication entre la Méditerranée et la mer Rouge : l'un était le projet partant d'Alexandrie et aboutissant à la mer Rouge ; l'autre partant de Damiette ; et le troisième, que l'Orateur était porté à favoriser, établirait une communication à travers la Palestine, d'Acre à Akaha. Sans doute le Canal actuel était d'une merveilleuse commodité pour le commerce de l'Orient ; mais en ce qui concernait les colonies d'Australie, dont le commerce se développait énormément, on pourrait, avec des stations suffisantes pour l'approvisionnement du combustible, les atteindre aussi facilement par la voie du Cap. Lorsque l'on aurait ces stations de charbon et une catégorie appropriée de navires avec les machines voulues, il serait parfaitement possible — la différence entre les deux routes étant seulement de 200 à 300 milles -- d'effectuer les communications sans traverser le Canal de Suez. La marine anglaise n'était donc pas, autant qu'on le supposait, à la merci du Canal. Toutefois l'orateur n'avait pas perdu tout espoir qu'un arrangement rationnel et satisfaisant pût être conclu avec la Compagnie.

L'orateur estimait, en dernière analyse, que personne n'était plus capable que M. de Lesseps de comprendre l'avantage qui résulterait de la coopération de l'Angleterre. Il faisait remarquer que si l'on disait à M. de Lesseps : « Nous respectons votre génie ; nous admirons votre résolution et votre ténacité qui ont surmonté de grandes difficultés ; nous admettons que l'honneur de l'initiative du Canal doit appartenir à la France ; nous reconnaissons que nous avons refusé de nous unir à elle ; ne nous forcez pas à prendre une autre voie que le commerce britannique saura et devra trouver si on ne lui fait pas les concessions nécessaires ; laissez-nous seconder vos efforts, poser une autre couronne sur votre front ; admettez-nous entièrement comme associés ; donnez-nous la moitié de l'administration et de la responsabilité » ; et que cela fût fait, on serait enchanté.

Finalement, l'orateur, pensant avoir clairement exposé sa cause, exprimait l'espoir que la Chambre, conformément à son amendement, refuserait d'être liée dans la question.

M. Palmer (libéral) appuya l'amendement. Tout en déclarant accepter presque la motion de sir S. Northcote ainsi que son discours, il ne pouvait pourtant pas, dit-il, aborder la question au même point de vue, parce que l'auteur de la motion s'était efforcé d'introduire dans le débat un sentiment de parti.

L'orateur estimait que le retrait de l'accord ne pouvait pas être regretté. Il était tout à fait persuadé que l'on serait mieux sans l'accord, parce que la prolongation de la concession était un point très sérieux. L'Angleterre n'avait pas été admise, dans la direction du Canal, à une part correspondant aux intérêts qu'elle y avait. S'il y avait une réduction des charges onéreuses qui pesaient sur la navigation, il y aurait indubitablement un grand accroissement dans la masse du commerce passant par le Canal. A l'époque de l'ouverture du Canal, il n'avait été soulevé aucune question au sujet du droit de tout autre de construire un autre Canal. Le seul privilège exclusif réclamé à cette époque avait été celui de former la Compagnie pour construire le Canal qui venait d'être achevé.

Il avait été dit que l'on devait prendre garde de blesser les susceptibilités de la France. Le pays était très désireux de rester en termes amicaux avec la nation française ; mais jusqu'à quel point cette considération devait-elle peser sur la marine anglaise ? Quant aux susceptibilités françaises, si l'Angleterre adoptait le système français de primes protectrices aux bâtiments doublant le Cap, elle causerait des dommages matériels au Canal. L'orateur croyait que la Compagnie avait soulevé un très vif mécontentement dans l'ouest de la France par l'énormité des taxes imposées. La seule manière d'éviter toute question de susceptibilité de la part de la France ou de toute autre nation serait d'établir une sorte d'accord international pour l'administration future de la Compagnie, solution qui pourrait être réalisée si la Compagnie renouvelait l'offre faite jadis par elle de vendre le Canal pour une somme déterminée.

M. Gladstone, prenant alors la parole, déclara tout d'abord qu'il était complètement d'accord avec les deux derniers orateurs quant à la ligne de conduite qu'ils conseillaient au Gouvernement de suivre en la circonstance ; il pensait que la manière dont ils avaient exposé leur cause et que les arguments qui avaient amené leurs conclusions pèseraient d'un grand poids sur la Chambre.

Mais le Gouvernement jugeait utile de mettre en lumière d'autres aspects de la question.

Avant tout, le Premier Ministre croyait devoir relever l'opinion qui avait été exprimée par le député de Hull (M. Norwood), que le Gouvernement avait eu tort, dans ses négociations, de se servir de l'entremise des administrateurs anglais de la Compagnie. Il ne jugeait pas devoir entreprendre la discussion de cette opinion, mais il serait vivement contrarié, dit-il, que l'on pût supposer un seul instant, qu'en émettant cette opinion, le député de Hull avait eu l'intention de déprécier les services, le caractère ou l'habileté des administrateurs anglais. Le fait était que ceux-ci, depuis sept ans qu'ils étaient nommés, avaient eu à remplir des devoirs très délicats et très importants et qu'ils s'en étaient toujours acquittés de manière à avoir tous les titres au respect et même à la reconnaissance du Gouvernement. M. Gladstone ajoutait que l'on eût certainement rencontré des difficultés en choisissant un autre concours.

Passant alors à l'examen de la motion de Sir S. Northcote, M. Gladstone présente les considérations suivantes :

Il se plaisait à reconnaître que l'auteur de la motion avait fait tout son possible pour écarter de son discours tout sujet irritant, autant que le lui avaient permis la nature de la question et le but de son argumentation. Néanmoins, il ne pouvait quant à lui que persister dans l'opinion qu'il avait émise précédemment, que les inconvénients résultant d'une discussion de cette nature étaient beaucoup plus grands que les avantages qu'on en pourrait retirer. L'auteur de la motion ne pouvait imposer aux autres la réserve dont lui-même avait fait preuve devant la Chambre; il avait émis l'opinion qu'il n'y avait aucun danger dans la discussion qu'il désirait; qu'il ne s'agissait pas là d'une discussion internationale, mais simplement d'une discussion entre le Gouvernement britannique et une Compagnie privée. Mais, en était-il vraiment ainsi? N'avait-il été rien dit, rien été fait dans un ordre d'idées tout différent? Lors de l'acquisition des actions en 1875, avait-on dit que ce n'était qu'une opération purement commerciale? Lord Salisbury, dans des circonstances récentes, n'avait-il pas dit, au contraire, sans protestation, que Lord Beaconsfield avait déclaré, au moment de l'acquisition des actions, que cette transaction avait un but plutôt politique que commercial? Que devenait dès lors l'assertion qu'il ne s'agissait dans le cas actuel que d'une simple transaction entre le Gouvernement anglais et une Compagnie privée? L'auteur de la motion supposait-il que le Gouvernement anglais eût un *pouvoir exclusif* en cette matière, le pouvoir d'intervenir dans des transactions avec une Compagnie privée au nom d'intérêts politiques, et de poser néanmoins la doctrine qu'un autre Gouvernement ne pût intervenir? Une pareille doctrine était évidemment insoutenable.

Au sujet des paroles prononcées en Angleterre, propres à éveiller les susceptibilités du pays et des gouvernements étrangers, M. Gladstone s'en référait encore au récent discours de lord Salisbury, dans lequel se trouvait exposée une doctrine revenant à ceci : que, au nom d'intérêts commerciaux, s'il convenait d'unir des points quelconques séparés par une langue de terre, les nations intéressées dans le commerce du monde pourraient ne tenir aucun compte des droits territoriaux, et que ces intérêts justifieraient une invasion qui abolirait les droits du Gouvernement et du peuple habitant le pays en question [1].

Ce n'était pas tout : Lord Salisbury semblait dire encore que la question rencontrait actuellement en Egypte des complications diplomatiques. Ce n'était certes pas là, relativement à la situation de l'Angleterre en Egypte, un langage propre à calmer les susceptibilités des gouvernements étrangers.

Enfin, il y avait la déclaration que l'Angleterre pouvait, à l'aide de capitaux anglais, s'assurer un canal anglais d'une mer à l'autre. Or, il n'y avait de canal anglais que sur le territoire anglais.

En présence du langage tenu très inconsidérément et très malheureusement par lord Salisbury, il ne pouvait y avoir le moindre doute que le Gouvernement avait les plus fortes raisons d'agir dans la circonstance avec la plus extrême prudence.

Examinant maintenant la motion en elle-même, M. Gladstone faisait remarquer qu'il existait une grande contradiction entre cette motion et le discours de son auteur : En effet, la motion tendait à faire refuser

---

1. Voir, plus loin, les débats à la Chambre des Lords, séance du 17 juillet.

à la Compagnie du Canal la reconnaissance d'une prétention à un monopole excluant, non pas la possibilité d'un canal à travers l'isthme de Suez, ni d'un canal d'Alexandrie à Suez, mais à un monopole excluant toute possibilité de concurrence de la part d'une autre entreprise projetée dans le but d'ouvrir une voie de communication par eau entre la Méditerranée et la mer Rouge; de telle sorte que le monopole que rejetait la motion était le monopole affirmant de la part de la Compagnie du Canal un droit exclusif sur la communication par eau entre la Méditerranée et la mer Rouge. La conséquence de l'adoption de la motion serait celle-ci : c'est qu'un Gouvernement qui admettrait la possibilité d'établir une communication à travers la Palestine, mais qui accorderait à M. de Lesseps et à sa Compagnie le droit exclusif à travers l'isthme de Suez, et toute la basse Egypte satisferait aux termes de la motion. En résumé, à supposer que la motion fût adoptée par la Chambre, rien n'aurait été fait pour soutenir l'argumentation de son auteur, laquelle visait la prétention à un droit exclusif sur l'isthme de Suez, alors que la motion elle-même laissait la question en suspens pourvu qu'on laissât une porte ouverte à une communication entre la Méditerranée et la mer Rouge.

L'auteur de la motion estimait que les concessions accordées à M. de Lesseps devaient être interprétées en ce sens qu'elles lui conféraient un droit exclusif de former une Compagnie universelle; mais il y avait lieu de faire observer à ce sujet, d'une part, que le Khédive n'avait aucun pouvoir de donner ce droit exclusif; d'autre part, que M. de Lesseps, comme toute autre personne, d'ailleurs, pouvait former une Compagnie universelle sans l'autorisation du Khédive. Si l'opinion de Sir S. Northcote avait de la valeur, elle ferait du droit conféré à M. de Lesseps un droit purement fictif; les importantes concessions accordées à celui-ci seraient absolument illusoires.

M. Gladstone, après avoir rappelé que c'était en septembre de l'année précédente que M. de Lesseps, par une lettre rendue publique [1], avait limité sa prétention à un droit exclusif sur l'isthme de Suez, manifesta sa surprise d'avoir entendu l'auteur de la motion affirmer qu'aucune prétention de ce genre n'avait jamais été, auparavant, portée à la connaissance du Parlement. La réalité, dit-il, était que la prétention de M. de Lesseps à un droit exclusif, même à un droit exclusif plus étendu que celui de la prétention récemment émise, devait être à la connaissance du Gouvernement dont faisait partie l'auteur de la motion à l'époque (1875) de l'achat des actions. En 1872, en effet, un projet ayant été soumis au Khédive pour la construction d'un canal d'Alexandrie à Suez, M. de Lesseps avait protesté contre ce canal

---

1. Voir, plus loin, au chapitre de la *Convention internationale sur la liberté du canal*, la lettre au *Times*, en date du 23 septembre 1882.

comme constituant une atteinte à son monopole. Cette prétention, à la vérité, n'avait pas été admise par le Khédive; mais elle n'en avait pas moins été produite par M. de Lesseps, et elle figurait dans les archives du Ministère des Affaires Etrangères de l'Angleterre, sans avoir été jamais désavouée par son auteur, lorsque le précédent Gouvernement avait fait l'acquisition des actions. Si donc le Gouvernement actuel, dans ses récentes négociations avec la Compagnie avait estimé, mais sans toutefois manifester sa pensée, que M. de Lesseps avait un juste titre en ce qui concernait l'isthme de Suez, il avait devant lui ce fait qu'une prétention bien plus importante avait été portée devant le dernier Gouvernement lors de l'importante transaction qu'il avait induit le pays à conclure.

Arrivant à la question de savoir s'il était opportun pour le Gouvernement de faire ce que la motion l'invitait à faire et ce que l'amendement voudrait le dissuader de faire, M. Gladstone exposa qu'il ne concevait aucun vote de la Chambre des Communes formulant une opinion sur aucun des points touchant la Compagnie du Canal et ses droits qui ne dût augmenter sérieusement les difficultés du Gouvernement et diminuer gravement le ferme espoir qu'il conservait encore d'une solution favorable des négociations. L'auteur de la motion avait dit qu'il serait très désirable d'éclaircir les droits en cause; mais cela n'était pas au pouvoir de la Chambre. Il lui était loisible sans doute d'exprimer une opinion; mais la cause en elle-même n'était pas de sa juridiction. La Chambre ne pouvait résoudre la question, qui était de celles qu'il serait très malheureux de voir traiter par les Chambres législatives jusqu'au point de rendre jugement décisif. C'était là, en effet, une question de droit légal. On pouvait avoir des doutes sur la façon dont ce droit légal devait être déterminé; mais c'était assurément une matière judiciaire; et, à ce titre, on aurait peine à concevoir qu'elle pût être réglée autrement que par les tribunaux égyptiens ou par quelque tribunal international représentant les divers pays intéressés dans le Canal, considéré comme grande route maritime du monde.

M. Gladstone fit remarquer ensuite que la Chambre n'était nullement engagée par l'opinion du Gouvernement qui ne lui avait jamais été soumise; que, dans le cas même où l'accord eût été adopté, où le prêt eût été consenti, la Chambre n'eût pas été liée par l'opinion, toute de sentiment, exprimée par le Gouvernement, puisqu'il ne se trouvait aucune expression de ce sentiment dans l'accord, et que l'accord lui-même ne l'impliquait en aucune façon. C'était principalement en raison de l'attitude de la Chambre que l'accord avait été retiré. Aucune conclusion ne paraissait pouvoir être tirée de l'affaire en cause. En toute hypothèse, si une conclusion était possible, elle ne serait certainement pas une confirmation du droit de M. de Lesseps. En résumé, la Chambre demeurait complètement et absolument dégagée. La motion était donc tout à fait inutile.

Mais ce n'était pas par le seul motif de son inutilité que M. Gladstone demandait à la Chambre de ne pas adopter la motion. Il soutenait que cette motion serait préjudiciable et nuisible dans des causes nombreuses; et, à ce sujet, il présenta les nouvelles considérations suivantes :

Après avoir rappelé que les Membres du Gouvernement, ayant examiné de leur mieux les faits et s'étant appuyés sur la meilleure autorité à leur disposition, à la fois sur le *Foreign Office*, qui était fortement armé sur le terrain de la loi, et sur ses propres jurisconsultes ainsi que sur ceux du Lord Chancelier, avaient adopté une certaine opinion quant à un droit exclusif de M. de Lesseps sur une partie du pays, et que c'était à l'encontre de cette opinion qu'était intervenue la motion par laquelle il était demandé à la Chambre d'affirmer qu'elle ne devait en aucune façon admettre un monopole s'étendant sur une partie illimitée du pays; après avoir rappelé également par quels arguments il avait combattu le texte même de la motion, M. Gladstone posa à la Chambre les questions suivantes :

La Chambre prendrait-elle sur elle de donner l'exemple à d'autres Chambres législatives de la pratique d'énoncer des opinions et des doctrines quant aux droits de la Compagnie sur l'isthme de Suez? Serait-elle sûre, alors, que d'autres Chambres n'imiteraient pas cet exemple? Et ne croyait-elle pas, qu'en pareil cas, s'il arrivait à ces autres Chambres d'exprimer des opinions différentes de celles qu'aurait exprimées la Chambre des Communes, les difficultés, déjà si sérieuses et si graves, mais nullement désespérées et insurmontables, que présentait la question, se trouveraient considérablement accrues?

On devait reconnaître que l'on aurait ainsi un tel amalgame de sentiment national, de susceptibilité nationale et d'intérêt national, que, jugé par chaque partie à des points de vue différents, il constituerait un état de choses parfaitement sans espoir et impossible à résoudre. Si jamais il y avait eu une question dans laquelle les conseils de prudence et d'équité devaient être suivis par la Chambre, c'était celle-là.

Cette question avait non seulement un avenir; elle avait aussi un passé. L'Angleterre pouvait peut-être ne penser qu'à son trafic présent et à venir; mais, dans la mémoire d'autres, il existait un vivant souvenir de ce qui était arrivé il y avait quinze, vingt et vingt-cinq ans, lorsque les hardis entrepreneurs du Canal, qui se sont acquis un nom immortel parmi les bienfaiteurs de l'humanité, luttaient avec des difficultés que l'Angleterre, par des combinaisons politiques, faisait tout ce qu'il était en son pouvoir d'accumuler sous leurs pas.

Ces choses n'étaient pas oubliées. Il n'était pas du devoir de la nation anglaise, de son intérêt, de faire revivre et de ranimer de tels souvenirs. Il était de son devoir et de son intérêt d'avoir quelque sentiment de regret pour les erreurs dans lesquelles, non pas elle-même, ni ses commerçants, mais indubitablement les autorités politiques et le Gouvernement du pays avaient été conduits par cette déplorable opposition à la grande entreprise. Sans doute, l'opposition n'avait eu lieu d'abord que de la part du Gouvernement; mais, en 1858, une motion d'appui du projet, présentée par M. Rœbuck, avait été repoussée par une grande majorité formée des deux partis politiques.

M. Gladstone était convaincu que l'on ne pouvait défendre ou fortifier les intérêts nationaux par des moyens tels que ceux qui avaient été employés dans le cours des dernières semaines.

Bien que le terrain sur lequel on se trouvait fût difficile, il n'y avait dans son esprit aucun doute ni aucune appréhension sur l'avenir de la question si l'on agissait avec prudence.

M. Gladstone se disait également convaincu qu'il y avait entre les parties union absolue d'intérêts et union substantielle de vues; et il lui semblait impossible que les immenses intérêts qu'avait l'Angleterre dans le commerce du monde ne pussent pas trouver leur voie et recevoir une juste et pleine satisfaction dans le règlement de l'importante question en cause. Il n'y avait, suivant lui, aucune raison de craindre, à condition de prendre la prudence pour guide. Dans une question comme celle dont il s'agissait, où l'on avait à se mouvoir au milieu des susceptibilités nationales les plus délicates et des intérêts les plus graves, les conseils de la prudence, lorsqu'ils étaient clairs, étaient ceux que l'on était tenu de suivre. M. Gladstone terminait en disant qu'il était sûr de n'avoir jamais vu une conclusion portant mieux l'empreinte de la vérité et de la justice que celle par laquelle il demandait à la Chambre de ne pas accepter une motion qui n'affirmait rien qu'on ne pût nier, qui mettrait en péril une liberté en ce moment absolument intacte, enfin, qui établirait un pernicieux exemple si la Chambre se laissait aller, dans un moment de faiblesse, à y donner son approbation.

Après le discours de M. Gladstone, quelques membres ayant formulé de nouveau des critiques contre la marche suivie par le Gouvernement dans les négociations avec la Compagnie et contre les déclarations apportées par lui devant la Chambre,

Le Sous-Secrétaire d'État pour les Affaires Etrangères, présenta à son tour sur la question les explications suivantes destinées à préciser l'historique des négociations.

Après avoir rappelé d'abord les conditions dans lesquelles, en février 1876, avait été conclue par le Gouvernement précédent la Convention avec la Compagnie pour l'exécution de travaux d'amélioration jusqu'à concurrence d'une dépense totale de 30 millions de francs, à raison d'une dépense d'un million par an, M. Childer fit, comme suit, l'exposé des faits et circonstances qui avaient amené le Gouvernement à l'accord provisoire :

En octobre 1882, la Compagnie avait déjà dépensé 7 millions pour les travaux de la convention de 1876, et le Gouvernement avait été prévenu par les administrateurs anglais que M. de Lesseps et les administrateurs français proposaient de dépenser à bref délai la somme restante de 23 millions. En réponse à cette communication, Lord Granville avait invité les administrateurs anglais à veiller à ce qu'une provision suffisante fût faite pour l'élargissement du Canal ; à quoi ceux-ci avaient répondu, le 7 novembre, que les moyens proposés par la Commission française d'ingénieurs pour l'amélioration du Canal n'étaient pas les seuls, et qu'ils trouveraient préférable, quant à eux, de faire résolument un second canal ; et ils avaient demandé l'autorisation de discuter cette question avec les administrateurs français. Cette autorisation leur ayant été accordée, ils avaient fait savoir, le 5 décembre, que le programme des travaux partiels d'amélioration pour la dépense de 23 millions avait été adopté ; mais que, dans le cours de la délibération de la Commission réunie *ad hoc*, ils avaient mentionné la question de creusement d'un second canal comme étant digne d'une sérieuse considération, et que la majorité des administrateurs français s'étaient montrés favorables à cette solution. M. de Lesseps s'était montré également favorable, parce qu'il regardait comme évident que le commerce du monde entier attendait avidement que quelque chose de ce genre fût fait ; mais, en même temps, il avait fait observer que si la Compagnie exécutait un travail aussi considérable, il lui faudrait avoir des compensations. Il avait été mentionné, alors, que la Compagnie désirait une extension de sa concession, et, naturellement, une extension des droits qu'elle avait obtenus en 1854.

La question, posée en ces termes, avait été étudiée attentivement par le Gouvernement qui était arrivé, alors, à cette conclusion qu'il serait sage à lui aussi bien qu'à M. de Lesseps de ne pas s'engager dans l'affaire du projet d'un second canal.

Les choses en étaient là le 9 janvier 1883, date de la délibération finale de la Commission d'administrateurs chargée d'arrêter le programme des travaux d'amélioration restant à exécuter en conformité de la convention de 1876.

A peu près à la même époque, une très forte pression avait été exercée sur le Gouvernement par les classes des commerçants et armateurs du pays, en vue de lui faire prendre des mesures plus vigoureuses :

En premier lieu, une personne proposait de construire un nouveau canal à travers l'isthme et déclarait avoir 4 millions de livres sterling pour ce projet.

Puis, des demandes successives étaient adressées au Gouvernement d'encourager la construction d'un nouveau Canal exclusivement sous le contrôle anglais : le 19 décembre 1882, par la Chambre de Navigation du Royaume-Uni ; peu de jours après, par la Société générale des armateurs ; le 29 décembre, par l'association des armateurs des steamers de la Clyde ; le 11 janvier 1883, par la Société des armateurs de North-Shields.

Un peu plus tard, Lord Napier et Lord Ettrick avaient présenté à Lord Granville des mémoires de 297 représentants de compagnies, représentant 30 millions de livres sterling de navigation employant le Canal et demandant un nouveau Canal à travers l'isthme, parallèle au Canal actuel. Ils proposaient de méconnaître complètement les prétentions de M. de Lesseps, disant que les termes employés dans la concession étaient simplement destinés à empêcher le Gouvernement égyptien de contracter d'autres engagements avec d'autres parties pendant les négociations et les travaux et n'avaient pas en vue d'empêcher la construction d'un autre Canal. Ayant été désappointés par la réponse qu'ils avaient reçue, ils étaient revenus à la charge et avaient demandé l'active intervention du Gouvernement en faveur de ce Canal rival.

Le 26 avril, Lord Granville avait reçu deux députations : l'une de l'Association des Chambres de Commerce qui déclarait ne pas prendre de position d'antagonisme à l'égard de la Compagnie, mais demandait seulement une plus grande part dans la direction et de plus grandes facilités pour la traversée du Canal ; l'autre, de la Chambre de Navigation, demandant un autre Canal.

M. de Lesseps avait eu connaissance des rapports des meetings commerciaux et des députations et avait déclaré qu'il lui semblait que la situation était tout à fait changée et qu'il était disposé à la reprise des négociations sur les bases de la discussion entre les administrateurs français et anglais, ajoutant, pour la première fois, qu'il était prêt à faire quelques réductions de taxes en proportion de l'augmentation du trafic.

Le Gouvernement avait eu alors à se décider sur la marche à suivre. Il lui avait paru évident qu'un plus long retard devait être évité. Il avait donc, soit à passer par dessus M. de Lesseps et ses prétentions et sa position dans le Canal, et à suivre l'avis, non seulement de la Chambre de Navigation, mais aussi, sauf une seule exception, de tous les représentants des intérêts maritimes qui s'étaient adressés à lui, c'est-à-dire à entreprendre de faire un nouveau Canal sous le contrôle anglais ; soit de suivre la marche recommandée par l'association des Chambres de Commerce, c'est-à-dire de négocier avec la Compagnie du Canal. Le Gouvernement n'avait eu, quant à lui, aucun doute sur la marche qu'il devait suivre. Il avait estimé que le *pouvoir exclusif* l'empêchait de construire un nouveau Canal à moins que M. de Lesseps ne fût déchu de ses droits au sujet de ce nouveau Canal ; que les ouvertures qui lui avaient été faites le 30 avril lui fournissaient une nouvelle occasion d'intervenir ; et, après avoir bien pesé et examiné la position exacte des choses, il s'était décidé à offrir à la Compagnie de l'aider à obtenir le terrain nécessaire et la concession pour le canal d'eau douce, si, d'autre part, elle voulait construire un second Canal d'une profondeur appropriée aux besoins actuels et futurs du commerce, et si elle voulait aussi réduire les droits et taxes et donner à l'Angleterre une plus grande part dans l'administration du Canal. Toutes les négociations à ce sujet se trouvaient complètement relatées dans les documents communiqués à la Chambre.

Parmi les critiques formulées contre l'accord, on avait demandé au Gouvernement pourquoi il n'avait pas menacé M. de Lesseps de la construction d'un Canal rival, pourquoi il avait rejeté la seule arme en sa possession ? La raison pour laquelle le Gouvernement ne s'était pas servi de cette arme, c'était, en premier lieu, qu'elle était déloyale ; en second lieu, que cela n'eût pas été pratique, le Gouvernement sachant très bien que la première tentative de menace de ce genre eût amené la rupture des négociations.

On avait aussi demandé au Gouvernement pourquoi il avait dit qu'il se présentait comme un acheteur pressé d'acheter vis-à-vis d'un vendeur insouciant de vendre? Mais c'était là véritablement la position dans laquelle le Gouvernement s'était trouvé, ainsi que l'on en pouvait juger par cette citation du rapport des administrateurs anglais :

« S'ils (M. de Lesseps et la Compagnie) consentaient à entreprendre cet important nouveau travail, ce serait entièrement par déférence envers les désirs du Gouvernement de Sa Majesté et pour satisfaire aux demandes expresses des négociants et armateurs anglais ».

Enfin, parmi les critiques, il avait été expressément dit que, dans le cours des négociations, le Gouvernement s'était prononcé sur le droit exclusif de M. de Lesseps. Or, il n'en avait rien été. Le Gouvernement connaissait parfaitement les vues de M. de Lesseps, mais il n'avait jamais laissé échapper un mot à leur sujet. Son unique souci avait été d'obtenir les conditions les plus favorables possibles aux intérêts du pays.

L'Avocat général, à son tour, répondit à celles des critiques formulées par les adversaires de l'acccord provisoire qui reprochaient aux officiers légaux de la Couronne de ne pas oser se présenter devant la Chambre et les sommaient de s'expliquer.

Il croyait, dit-il, devoir répondre à cette sommation, parce que son silence aurait pu paraître justifier le reproche.

Il faisait remarquer tout d'abord que le motif de la discussion qui avait lieu en ce moment était le fait de la présentation à la Chambre d'une motion sans signification et incolore, dont les termes n'avaient jamais été contestés par le Gouvernement ni par M. de Lesseps lui-même, qui, au contraire, dans une déclaration faite en décembre de l'année précédente, avait dit « qu'en ce qui concernait la construction d'un canal maritime, on pouvait choisir tout autre point que l'isthme de Suez. »

Passant alors à l'examen de la valeur légale de la concession, l'Avocat général présentait les considérations suivantes :

D'après les opposants, la concession de 1854 aurait été exclusive à M. de Lesseps. Mais ne savait-on pas que lorsqu'il s'agissait de la création d'une Compagnie de la nature de celle du Canal de Suez, il était de règle d'accorder la concession à quelque personne au nom de la Compagnie et que le bénéfice de la concession revenait à la Compagnie dès sa constitution. A chaque ligne de la concession de 1854, il y avait un don fait à la Compagnie; cette concession avait été exécutée, observée et reconnue dans toute discussion avec le Gouvernement égyptien et la Compagnie, et elle formait la base de la Compagnie. La clause 4 portait « que les travaux seraient exécutés aux frais de la Compagnie exclusivement ». De quelle compagnie s'agissait-il ? Incontestablement de la compagnie qui serait formée. Un autre article déclarait que la durée de la Compagnie serait de 99 ans. Cela pouvait-il s'entendre de la durée de la vie de M. de Lesseps ? Plus loin, dans un autre article, il était déclaré qu'à l'expiration du délai ainsi accordé, la Compagnie devait livrer le Canal et les travaux en bon état d'exploitation au Gouvernement égyptien. Cette disposition pouvait-elle se comprendre avec une concession accordée personnellement à M. de Lesseps seul ?

L'orateur tenait, disait-il, à discuter la question d'une manière plus large qu'on ne l'avait fait jusqu'alors.

On devait, suivant lui, examiner cette question conformément aux principes régissant la loi anglaise. Ce qui s'était fait en Egypte n'était pas autre chose que ce qui se faisait toujours en Angleterre, c'est-à-dire une concession de la couronne en faveur d'un sujet pour faire ce que celui-ci n'aurait pu entreprendre sans l'appui de la Couronne. C'était, en réalité, un droit de franchise ; la Couronne se trouvait, en pareil cas, dans l'impossibilité de procurer à un autre de nouveaux avantages dans la même proportion. C'était un cadeau en compensation et non un cadeau volontaire.

En ce qui était de l'interprétation légale de la concession accordée à M. de Lesseps, il lui paraissait que le Gouvernement égyptien avait dit à la Compagnie du Canal : « Nous vous demandons d'exécuter certains travaux ; construisez ce Canal à vos frais ; dépensez des millions pour cette œuvre ; vous la tiendrez en bon état pendant quatre-vingt-dix-neuf ans, et, à l'expiration de ce délai, vous nous l'abandonnerez à nous, Gouvernement égyptien. » En échange, la Compagnie devait recevoir les péages pendant ces quatre-vingt-dix-neuf ans. C'était juste, car, si le Canal ne réussissait pas, la Compagnie ne recevrait rien. Ces péages devaient-ils être retirés maintenant que le Canal était un succès ? Et si la prétention de ceux qui s'opposaient maintenant au pouvoir de la Compagnie était correcte, ils devraient l'exprimer dans le langage qui aurait dû, en pareil cas, être employé à l'origine et qui eût été celui-ci : « Nous nous adressons à vous qui êtes sur le point de répondre à l'appel de la Compagnie pour la souscription de son important capital ; nous nous adressons à vous pour construire le Canal, pour courir les risques que des ingénieurs éminents déclarent devoir être très considérables et pour consentir à la cession de cette entreprise à la fin de la période fixée ; mais nous vous déclarons que, si le Gouvernement se décide à donner à un autre la construction d'un nouveau Canal, il accordera à cette nouvelle entreprise des pouvoirs aussi étendus que ceux qu'il vous concède à vous-mêmes. N'était-il pas évident que, si l'on avait dit cela, personne n'eût été assez insensé pour souscrire la moindre somme en faveur du Canal ? Si les Anglais avaient devancé les autres nations dans cette entreprise et avaient obtenu la concession, qu'auraient-ils dit si les Français avaient fait des démarches pour obtenir une nouvelle concession ? Qu'aurait dit le Gouvernement anglais, dans de pareilles circonstances, au Gouvernement égyptien ?

Rien, faisait observer l'orateur, n'avait été dit par le Premier Ministre en ce qui concernait le pouvoir de M. de Lesseps de construire maintenant un second Canal ; rien, relativement au pouvoir du Khédive, dans certaines circonstances, de créer un Canal ; rien, non plus, au sujet de ce que pourrait être le nouvel état de choses si les propriétaires du Canal actuel venaient à faillir dans l'accomplissement de leurs devoirs. La situation était celle-ci : La nation anglaise était-elle en état d'appuyer les prétentions d'une nouvelle Compagnie s'adressant au Khédive pour lui demander une concession dans les limites mêmes de l'isthme de Suez, en vue de la construction d'un Canal côte à côte, aussi rapproché que possible du Canal actuel et avec le pouvoir de percevoir les trois cinquièmes du péage ? Le Gouvernement croyait-il pouvoir déclarer que M. de Lesseps ne possédait pas un pouvoir exclusif pour repousser de pareilles prétentions. Or, c'était de ce pouvoir exclusif, seulement, que le Premier Ministre avait parlé ; c'était à l'égard de cette prétention, seule, et non des autres auxquelles il avait fait allusion, qu'il considérait M. de Lesseps comme ayant un pouvoir exclusif. On devait agir d'après les choses existantes et non en prévision des circonstances qui pourraient se produire ; et c'était parce qu'il considérait comme inopportun de parler des circonstances qui pourraient naître dans l'avenir, que l'orateur préférait l'amendement à la motion.

Dans le cours des dernières semaines, dit en terminant l'orateur, lui et ses expérimentés collègues avaient reçu plus que des critiques. Il espérait, qu'une fois l'émotion calmée, le moment de la réflexion viendrait, et il était sûr qu'alors l'appréciation des commerçants serait d'accord pour l'adoption de l'amendement. Ceux-ci savaient bien, en faisant le commerce avec des nations étrangères, qu'il était des points qui les plaçaient en meilleure situation que de rapides communications ou des abaissements de taxes. Ils savaient bien que, dans les affaires, si minimes qu'elles soient, le crédit et l'honneur de la nation à laquelle ils appartiennent était un plus grand bienfait pour eux que des avantages pécuniaires. Ils eussent été les premiers à le blâmer, lui et ses collègues, s'ils s'étaient mis à l'œuvre avec le dessein de découvrir des défauts que leur sens commun ne pouvait reconnaître. Les officiers légaux de la Couronne, en donnant leur avis, qui avait été suivi par le Gouvernement dans la mesure indiquée, estimaient encore avoir fait leur devoir, non seulement envers ceux qui sollicitaient leur opinion, mais aussi envers ceux dont les intérêts matériels étaient le plus engagés.

Après une courte réplique de Sir S. Northcote, concluant par une protestation « contre les prétentions formulées par M. de Lesseps au nom de la Compagnie du Canal et que le Gouvernement avait si aisément acceptées », la Chambre passa au vote sur la motion, qui fut repoussée par 282 voix contre 183 ; majorité contre, 99 voix.

L'amendement de M. Norwood fut ensuite adopté.

Nonobstant ce vote, la question donna encore lieu à de nouveaux débats dans les *séances de la Chambre des Communes des* 2, 9, 10, 13, 14, 20 *et* 21 *août* 1883.

Les demandes d'explications et de renseignements qui furent adressées au Gouvernement au cours de ces séances, et les réponses qu'il y fit peuvent se résumer de la manière suivante :

Un membre ayant demandé si le Gouvernement avait répondu à la dépêche du 14 septembre 1872, par laquelle le colonel Stanton disait, au sujet de la prétention de M. de Lesseps au droit exclusif de communication maritime entre la Méditerranée et la mer Rouge, « que c'était une prétention que le Khédive, toutefois, n'était nullement disposé à admettre, soutenant — à juste titre, pensait l'auteur de la lettre, — qu'aucune interprétation semblable ne pouvait être donnée aux termes de la concession de M. de Lesseps, et qu'il ne pouvait exister aucun doute au sujet de son propre droit de faire des canaux ou d'exécuter quelque autre travail public dans le territoire égyptien »,

M. GLADSTONE répondit qu'aucune réponse quelconque n'avait été faite à la lettre en question, le Gouvernement n'ayant alors aucune mesure à examiner en ce qui concernait le Canal de Suez ou l'acquisition d'un intérêt quelconque dans cette entreprise.

Le CHANCELIER DE L'ECHIQUIER, interrogé à son tour sur le point de savoir s'il avait lu la dépêche mentionnée avant de recevoir, le 13 juillet, la députation des armateurs; si, relativement au monopole réclamé par M. de Lesseps, il avait dit que le Gouvernement en était arrivé à la conclusion « que M. de Lesseps ou sa Compagnie avait un droit exclusif de communication par eau à travers l'isthme, aboutissant au golfe de Suez », et s'il adhérait encore à cette déclaration,

Répondit que, lorsqu'il avait reçu la députation d'armateurs, il avait connaissance de la correspondance de 1872 relatant une prétention que l'on supposait avoir été émise par M. de Lesseps au monopole de toutes les routes par eau entre la Méditerranée et la mer Rouge, à l'égard tant du Khédive que de toute autre Compagnie; que la question discutée avec la députation n'avait pas été celle du pouvoir du Khédive de faire des canaux gouvernementaux en Egypte, mais de son pouvoir d'accorder à une Compagnie anglaise une concession pour un Canal parallèle à travers l'isthme sur lequel insistaient plusieurs députations et mémoires d'armateurs; enfin, que c'était en référence à cette proposition qu'il avait employé les termes rappelés par la demande d'explications et qu'il ne voyait aucune raison de revenir sur cette déclaration.

Un membre ayant demandé si l'attention du Gouvernement avait été appelée sur un télégramme paru dans presque tous les journaux du 9 août, annonçant que le Conseil d'administration de la Compagnie du Canal, dans sa séance mensuelle de la veille, avait donné son approbation sans réserve à la lettre de M. de Lesseps à M. Gladstone en date du 20 juillet[1]; si les trois administrateurs anglais, qui assistaient à ce Conseil, avaient participé à cette approbation sans réserve d'un document prétendant que la Compagnie devait jouir pendant 99 ans du

---

1. *Extrait de la délibération du Conseil d'administration de la Compagnie dans sa séance du 8 août* 1883 (publié dans le *journal de la Compagnie*, du 12) :

Le Conseil approuve dans tous ses termes la lettre écrite le 20 juillet à M. Gladstone, par M. Ferdinand de Lesseps, et il adopte, à l'unanimité, comme délibération, le dernier paragraphe de cette lettre ainsi conçu :

« Nous continuerons en paix, sans trouble, comme jusqu'ici, d'accord avec les représentants de la Reine dans le Conseil, à exploiter et à améliorer le Canal maritime, suivant les exigences d'une œuvre faite pour demeurer librement ouverte et facile aux flottes de toutes les nations « sans exclusion, ni faveur », suivant les termes de notre concession. »

monopole exclusif de creuser tout Canal maritime à travers l'isthme égyptien; et, s'il en était ainsi, si le Gouvernement avait pris des mesures quelconques pour montrer à la Compagnie que cette expression d'opinion de la part des administrateurs anglais n'impliquait pas nécessairement sa propre adhésion,

M. GLADSTONE exposa, en réponse, que ce qui avait été proposé au Conseil d'administration de la Compagnie, c'était une approbation de la lettre en général, laquelle approbation à ce qu'il comprenait, ne s'appliquait pas à autre chose qu'au but général de la lettre; mais qu'une approbation spéciale avait été demandée pour le dernier paragraphe, lequel n'avait aucun rapport avec une question contestée ou contestable et se référait uniquement à l'intention de donner un surcroît de commodité sur toute la ligne du Canal actuel; enfin, que l'acceptation, sans protestation, de la proposition par les administrateurs anglais n'avait pu engager le Gouvernement anglais, dont les opinions et engagements ne devaient être tirés que de ses propres déclarations écrites ou verbales. M. Gladstone rappela, d'ailleurs, que, dans le cours des discussions précédentes, il avait dit qu'il croyait que le pouvoir exclusif auquel il avait fait allusion était le pouvoir d'empêcher autrui de percer l'isthme et n'affectait pas, soit affirmativement, soit négativement, la question de savoir si la Compagnie était autorisée à faire un second canal.

Le même membre, insistant sur la question, demanda alors jusqu'à quel point le Gouvernement pourrait laisser la Compagnie sous l'impression que l'approbation générale de la lettre contenant les mots cités avait l'adhésion des administrateurs anglais. Il demanda également si des mesures seraient prises, conformément à l'assurance donnée par le Secrétaire d'Etat à la Guerre, pour que les administrateurs anglais fussent avertis de ne pas se mêler de questions politiques.

M. GLADSTONE répondit que le Gouvernement donnerait de temps en temps aux administrateurs anglais telles instructions qui pourraient lui sembler nécessaires. Il ne regardait pas d'ailleurs comme exacte la supposition que tous les arguments et expressions de la lettre avaient été adoptés par le Conseil d'administration de la Compagnie. Si, en effet, faisait-il remarquer, tel était le cas, la distinction entre l'approbation générale donnée à la lettre en général et l'approbation spéciale donnée au dernier paragraphe disparaîtrait complètement et serait sans valeur.

Le même membre, insistant encore, demanda si les trois administrateurs anglais, qui avaient été chargés des négociations avec la Compagnie et qui, dans leurs négociations, s'étaient engagés à conserver le monopole de M. de Lesseps et de la Compagnie, avaient le droit après la décision de la Chambre et après l'expression générale de sentiment dans les Chambres et le pays, de se joindre même à une approbation générale de la lettre :

M. Gladstone répondit que les administrateurs anglais n'avaient aucun caractère de négociateurs quelconques et qu'il ne voyait pas qu'ils eussent fait, en acquiesçant à l'acceptation du but général de la lettre, quoique ce fût qui engageât le Gouvernement. Il jugeait d'ailleurs utile de faire une distinction entre leur caractère comme administrateurs et leur caractère comme négociateurs, tout au moins en ce qui était de l'effet politique de leur action comme négociateurs. Si l'on croyait voir des difficultés à faire cette distinction, c'était là un point qu'il eût été bon d'examiner à l'époque où ils avaient été nommés administrateurs et où avait été fait l'arrangement primitif.

Dans la séance du 20 août, Sir S. Northcote demanda au Premier Ministre si des négociations quelconques se poursuivaient avec M. de Lesseps ou la Compagnie au sujet de l'amélioration du transit par le Canal ou de la construction d'un second Canal, et si le Gouvernement avait l'intention de faire une communication quelconque au Parlement avant de conclure un arrangement avec la Compagnie à ces effets.

M. Gladstone répondit qu'aucunes négociations ne se poursuivaient avec M. de Lesseps ou avec la Compagnie, et que le Gouvernement, après ce qui s'était passé, n'avait aucun désir de les reprendre à bref délai. Il pensait qu'il y avait des mesures intermédiaires que l'on pourrait adopter avec avantage. Quant à l'engagement qui lui était demandé, il déclara ne pouvoir prendre l'engagement de faire une déclaration avant de conclure un arrangement avec la Compagnie, attendu que les trois administrateurs anglais pouvant avoir besoin des instructions du Gouvernement sur toute question se rapportant à l'administration de la Compagnie, — ce qui pourrait être interprété comme un arrangement entre le Gouvernement et la Compagnie, — il était aisé de voir que l'engagement en question semblerait signifier que toute l'action des administrateurs anglais dût être paralysée pendant un laps de temps indéterminé. On devait comprendre, d'ailleurs, qu'il était très difficile au Gouvernement, par des motifs de convenance générale, de prendre un engagement de cette nature. M. Gladstone déclarait cependant, en même temps, que le Parlement pouvait tenir comme bien assuré que le Gouvernement n'avait nulle disposition à se lancer dans une action isolée dans laquelle il penserait pouvoir engager les intérêts du pays ou l'autorité du Parlement.

Faisant ensuite allusion à un autre point qu'il avait lui-même mentionné à la Chambre, M. Gladstone exposa que ce que désirait et espérait le Gouvernement — et il croyait que ce serait la meilleure marche à suivre en vue d'une solution satisfaisante de la question — c'est qu'il y eût des communications entre les autorités de la Compagnie et les représentants des intérêts commerciaux de l'Angleterre et, si cela était nécessaire, de ceux des autres pays. Il estimait qu'un échange de vues entre ceux qui étaient directement intéressés serait probablement extrêmement utile, et il serait heureux de le voir se produire comme une mesure préliminaire, antérieure, probablement, à l'action plus directe du Gouvernement. Il avait d'ailleurs quelque raison de croire que ce désir était partagé par les autorités de la Compagnie.

Sir S. Northcote ayant alors demandé s'il se faisait quelque chose dans le sens indiqué ou s'il ne s'agissait que d'une simple suggestion,

M. Gladstone répondit que ce n'était pas seulement une suggestion qui lui fût propre, à lui ou au Gouvernement, mais qu'elle avait été mentionnée par les autorités de la Compagnie dans leurs conversations. Il ne croyait pas que quelque arrangement eût déjà été fait, mais il comprenait que l'on en avait la suggestion en vue et le désir.

Enfin, un membre ayant rappelé au Premier Ministre que le Secrétaire d'Etat à la Guerre avait donné récemment l'assurance qu'il se consulterait avec ses collègues sur le point de savoir si des instructions ne pourraient pas être données aux administrateurs anglais pour leur prescrire de ne faire aucune déclaration qui engageât le pays en ce qui concernait le monopole réclamé par M. de Lesseps, et demandé si une communication de cette nature avait été faite,

M. Gladstone répondit que le Gouvernement n'avait fait aucune communication aux administrateurs, mais que l'on pouvait être assuré que ceux-ci, mis pleinement en garde à ce sujet, seraient très prudents quant à faire une déclaration du genre de celle indiquée.

La séance de clôture de la session, qui eut lieu le 21 août, mit naturellement fin aux discussions qu'avait provoquées l'arrangement provisoire préparé d'accord entre le Gouvernement et la Compagnie et soumis à l'examen de la Chambre.

Dans cette séance, le chef de l'opposition, Sir Strafford Northcote, passant en revue les principaux évènements de la session, revint encore sur la question du Canal de Suez.

Après avoir rappelé la défaveur qu'avait rencontrée l'arrangement, tout à la fois auprès de la Chambre et dans le pays, et qui avait été telle, dit-il, que le Gouvernement avait cru devoir retirer l'arrangement avant toute discussion à son sujet, Sir S. Northcote rappela ensuite qu'une discussion s'était alors ouverte sur ce que pourrait être l'action future du Gouvernement, la question soulevée portant sur les engagements qui avaient été pris — très imprudemment, croyait-il, — par le Gouvernement, ainsi que sur les reconnaissances qu'il avait très inconsidérément faites dans le cours des négociations et contre lesquelles le côté de la Chambre où il se trouvait avait jugé nécessaire de protester. Des membres de l'autre côté de la Chambre, ajouta-t-il, même ceux qui désapprouvaient le plus vivement l'arrangement, ne s'étaient pas cru libres, en la circonstance, de rompre avec leur parti. Mais, quoi qu'il en fût, un point parfaitement clair était celui-ci : c'est qu'il était fortement senti par les grands intérêts du pays, politique à part, qu'il était mauvais pour le Gouvernement d'admettre et qu'il serait mauvais de sanctionner une prétention telle que celle sur laquelle l'attention avait été attirée dans le cours de la discussion. Que, par suite de l'échec de l'arrangement et par suite du vote de la Chambre sur un autre point qui avait surgi — dit, en terminant, Sir S. Northcote — on laissât maintenant dormir la question, ou que l'on fît un réel effort pour satisfaire les besoins du pays et pour rectifier et améliorer l'arrangement tenté et qui avait échoué d'une façon tellement significative, c'était là un point que la Chambre était en ce moment tout à fait incapable de juger.

M. Gladstone, en réponse, après avoir dit qu'il estimait, qu'en total, le travail du Gouvernement supporterait une comparaison tout à fait favorable avec le travail des auteurs de la motion, rappela encore une fois, en ce qui était spécialement du reproche adressé au Gouvernement d'avoir été imprudent dans l'affaire du Canal, que le Gouvernement précédent avait jugé tout à fait prudent d'acheter les actions du Canal sans aucune information sur la nature des prétentions de monopole plus considérables émises par M. de Lesseps en 1872, bien que la valeur des actions dépendît grandement de ces prétentions. M. Gladstone déclara ensuite que le désir du Gouvernement était, si cela était possible — et il le jugeait possible et nullement improbable — que les classes commerciales elles-mêmes qui, sous bien des rapports, étaient meilleurs juges de pareilles questions qu'aucun gouvernement ne pouvait l'être, pussent être et fussent, soit par ou pour elles-mêmes, mises en contact direct avec le pouvoir dirigeant du Canal. Comme la Chambre devait se trouver réunie de nouveau après un délai d'au plus cinq mois, il espérait que, dans cet intervalle, il ne se produirait rien de bien fâcheux au Canal. On pouvait être assuré, d'ailleurs, que rien ne porterait le Gouvernement à voir d'un mauvais œil toute proposition sincère et pratique qui pourrait être présentée pour améliorer, au profit du commerce du monde, la position de la grande œuvre historique du Canal.

M. Bourke, membre de l'opposition, au sujet de l'allégation du Premier Ministre disant « qu'à l'époque de l'achat des actions du Canal, le Gouvernement d'alors ne connaissait pas la prétention de M. de Lesseps à un monopole » présenta les réflexions suivantes :

Il était très difficile de dire si le Gouvernement connaissait ou non cette prétention ; mais le *Foreign Office* était alors certainement en possession des dépêches dans lesquelles la prétention était formulée, et celle-ci avait été répudiée par les représentants de ce département (le Colonel Stanton et Sir H. Elliot) qui l'avaient considérée comme absurde et indigne de l'attention du Gouvernement.

La prétention avait été émise de la façon la plus voilée par M. de Lesseps, peut-être dans le but de tenter ce que produirait la crédulité du Gouvernement; mais l'Angleterre se trouvait représentée par des agents très capables qui avaient repoussé immédiatement la prétention, et l'on n'en avait plus entendu parler.

Le Premier Ministre avait demandé pourquoi, si le monopole n'était pas réclamé, le Gouvernement avait acheté les actions du Canal ? Cette observation était, suivant l'orateur, la preuve d'un manque extraordinaire d'information sur la question. Si le Premier Ministre avait voulu s'attacher aux principes les plus élémentaires de l'achat des actions, il eût compris qu'il était impossible de soulever la question à ce moment-là. Les négociations pour l'achat des actions avaient été engagées par le précédent Gouvernement, non avec M. de Lesseps, mais avec le Khédive qui était le possesseur des titres.

L'achat avait eu lieu par des considérations politiques et cette opération avait été un grand succès, non seulement au point de vue politique, mais aussi au point de vue financier.

Au sujet de l'arrangement récent, M. Bourke estimait qu'un de ses résultats les plus regrettables était qu'il laissait dans l'état le moins satisfaisant les négociations qui pourraient être ouvertes par diverses personnes en Angleterre. Tant qu'il n'y aurait qu'un seul canal — ajouta-t-il, — et tant que ce canal resterait entre les mains de la Compagnie française, il serait impossible pour les classes commerciales de l'Angleterre et du monde entier d'obtenir justice. En fait, le seul moyen d'obtenir justice était par un second canal. En supposant que ce second canal fût décidé et que 8 ou 9 millions de livres sterling fussent avancés par l'Angleterre pour son exécution, le trafic annuel, au bout de sept années, s'élèverait à 12 millions de tonnes; 6 millions de tonnes à 5 francs la tonne produiraient 30 millions de francs ou 1.200.000 livres sterling, et si la dépense s'élevait à 300.000 livres sterling, il resterait un solde de 900.000 livres sterling formant un fonds d'amortissement qui, en quatorze ans, éteindrait le coût total du Canal.

Lord E. Fitzmaurice, Sous-Secrétaire d'État pour les Affaires Etrangères, clôturant le débat, répondit à l'argumentation de M. Bourke consistant à dire que le Premier Ministre n'était pas justifié à faire les observations qu'il avait présentées concernant les faits de 1872, parce que, comme le prouvaient les documents, la prétention formulée ladite année par M. de Lesseps avait été nettement répudiée par le Gouvernement d'alors, dans lequel M. Gladstone était, comme aujourd'hui, Premier Ministre, et que, par suite, en 1875, le nouveau Gouvernement ne s'était pas trouvé obligé de s'y arrêter. L'orateur fit remarquer que cette argumentation reposait sur une méprise fondamentale de ce qu'avait dit le Premier Ministre, lequel avait signalé, non pas seulement que le monopole réclamé par M. de Lesseps dans les récentes négociations avait été réclamé par lui en 1872, mais bien un monopole plus étendu, le monopole exclusif de toute communication par eau entre la Méditerranée et la mer Rouge. C'était ce grand et exclusif monopole que le Gouvernement conservateur avait trouvé repoussé en arrivant au pouvoir. Si l'opinion soutenue maintenant par l'opposition était fondée, on aurait à se demander ce qu'il faudrait penser du fait, par elle, d'avoir mis de l'argent dans une entreprise dont la valeur pouvait être anéantie par la construction d'un autre canal. L'opposition ne pouvait évidemment échapper à l'accusation d'une folie financière qu'en abandonnant le système d'argumentation qu'elle avait adopté.

§ 2. — DISCUSSIONS A LA CHAMBRE DES LORDS

Séance du 17 juillet

Lord Granville, ministre des Affaires Étrangères, donne à la Chambre, sur la question de l'arrangement provisoire, les explications suivantes :

On devait se souvenir — dit-il — que le Canal, qui avait tant servi et qui devait sa prospérité tout entière à l'Angleterre, n'avait pas été fait avec son concours, mais malgré elle et malgré l'opposition du pays. Lord Palmerston s'y était opposé par des raisons politiques dont quelques-unes n'existaient plus ; il avait considéré la Compagnie comme chimérique et envisagé d'une façon erronée les difficultés matérielles de l'entreprise. L'opposition de lord Palmerston avait eu deux effets importants : elle avait influencé les conditions de la concession faite à la Compagnie et créé en France un stimulant qui, de l'avis de ceux qui étaient au courant de l'affaire, avait vraiment seul amené le versement de sommes considérables, ce qui avait permis d'exécuter le Canal. Pendant dix années, le Canal n'avait été rien moins qu'un succès commercial ; mais, depuis quatorze ans, il avait été non seulement un grand succès, mais encore il promettait une prospérité croissante. La Chambre reconnaîtrait certainement que les hommes engagés dans une semblable spéculation, accompagnée de tant de risques, avaient bien le droit de recevoir pour leur argent un intérêt plus élevé que ceux qui plaçaient leurs fonds dans une entreprise d'un succès presque assuré.

Les événements de l'année précédente avaient donné à l'Angleterre une position particulière en Egypte, et il y avait lieu de croire, qu'à moins pour elle de perdre sa situation relative parmi les nations de l'Europe, cette position durerait vraisemblablement. Une des conséquences immédiates du succès militaire de l'Angleterre avait été de voir s'accroître ses intérêts en Egypte, et beaucoup de capitalistes avaient porté leur esprit vers des entreprises de grande utilité pour ce pays. A tous les promoteurs de ces entreprises, le Ministre avait toujours tenu le même langage et dit que le Gouvernement se réjouissait de voir des entreprises et des capitaux employés à améliorer l'Egypte. Mais, d'un autre côté, le Gouvernement n'était nullement disposé à s'engager par lui-même dans des entreprises industrielles, économiques et commerciales, le seul fait de la situation spéciale de l'Angleterre en Egypte rendant, pour lui, de telles entreprises peu désirables. Il y avait pourtant certaines entreprises d'un caractère si excéptionnel qu'il ne pouvait les négliger. Toutefois, ce que le Gouvernement était en droit d'attendre, c'était de ne pas être appelé à donner son opinion sur un projet embryonnaire, ni à avoir à s'occuper d'un plan quelconque qui ne serait pas soumis d'une manière complète à son examen. Le Ministre pouvait dire, relativement au point spécial de l'amélioration de la traversée des navires entre la Méditerranée et la mer Rouge, qu'il avait eu sous les yeux quatre projets différents, mais qu'aucun d'eux n'avait été présenté de manière à mériter un examen.

L'accroissement du trafic dans les quatre dernière années et les difficultés des quarantaines avaient été les causes des retards qui avaient excité, pour la première fois, un grand mécontentement chez les armateurs. L'un des moyens les plus efficaces d'améliorer la situation était évidemment d'arriver à une entente avec la Compagnie du Canal ; et ce n'était pas là, seulement, l'idée du Gouvernement ; c'était aussi celle d'une grande partie de ceux qui trouvaient maintenant à redire à la manière dont elle avait été réalisée.

Il était clair que le Canal existant possédait beaucoup d'avantages : il était fait, c'était la route la plus courte, il avait été accepté par toutes les nations européennes sans exception. Le Gouvernement — il y avait quelques mois déjà — avait échangé des pourparlers confidentiels avec la Compagnie ; mais il était resté longtemps sans espérer un arrangement satisfaisant. La Chambre devait savoir que, dans ces négociations, M. de Lesseps avait une position très forte : il croyait avoir un droit exclusif et il avait en sa possession une entreprise très prospère. Le point important était de savoir si la prétention de M. de Lesseps à un droit exclusif était valable ou non. A ce sujet, le Ministre exposait qu'il n'était que légitime de sa part de croire que le précédent Gouvernement n'eût pas été assez imprudent pour s'embarquer dans une entreprise comme celle du Canal si elle avait été sujette à interruption par la création d'un second canal. Il avait donc eu quelque droit de supposer que le précédent Gouvernement avait admis l'existence d'un droit exclusif. En outre, le Gouvernement avait l'opinion de ses propres officiers légaux sur ce point. La responsabilité pesait, sans doute, sur le Gouvernement ; mais il lui avait été impossible d'adopter une vue différente de l'interprétation de l'acte de concession et de méconnaître l'avis officiel absolument approbatif qui lui était donné. Au cas même où cet avis eût été contraire, l'opinion se serait néanmoins imposée au sens commun du Ministre que le privilège exclusif allégué signifiait quelque chose en substance. Le Ministre désirait se garder de dire que la question ne pouvait pas être discutée à l'avenir si la Compagnie ne faisait rien pour faciliter les communications entre les deux mers. Si, ne faisant rien par elle-même, la Compagnie voulait pourtant empêcher les autres de faire quelque chose, cette circonstance pourrait donner droit au Gouvernement à exercer une pression diplomatique. Mais ce n'était pas là du tout l'état des choses puisque la Compagnie avait décidé déjà d'élargir et d'approfondir le Canal. Le Ministre n'avait — dit-il — aucune raison de douter qu'elle n'eût les moyens de faire un double canal, si cela lui convenait, bien que ce ne fût peut-être pas le moyen le plus avantageux de régler l'affaire sans obtenir une nouvelle concession.

La question, aujourd'hui, était de savoir si, dans les circonstances, l'arrangement intervenu était si mauvais que le Parlement dût le rejeter, comme, naturellement, il avait parfaitement le droit de le faire. Si, au contraire, cet arrangement, tout en constituant de notables avantages aux actionnaires, était reconnu comme constituant, en même temps, à l'Angleterre un sérieux avantage au point de vue politique, le Ministre ne doutait pas que la Chambre voudrait bien reconnaître qu'il valait beaucoup mieux marcher cordialement avec la France que d'être en opposition avec elle.

Le Ministre, désirant examiner encore un autre côté de la question, rappela qu'il avait fait allusion à la position actuelle de l'Angleterre en Egypte. Cette position — remarqua-t-il — eut pu être différente : l'Angleterre aurait pu retirer ses troupes et tout abandonner à l'influence diplomatique ; ou bien, elle aurait pu achever la conquête du pays. Mais, quoiqu'elle eut fait, cela n'eut affecté en aucune façon sa situation en ce qui était d'une action déloyale quelconque contre le Canal existant. Lors même que l'Angleterre eût conquis le pays, le Ministre estimait que les idées de la civilisation moderne auraient rendu impossible au Gouvernement de faire par lui-même ou d'obliger le Gouvernement égyptien à faire ce qui eût été illégal ou injuste envers une Compagnie égyptienne composée en majeure partie d'étrangers.

Le Ministre termina ses explications en témoignant le désir de savoir quelle alternative il devait y avoir. Les négociations — dit-il — avaient duré plus de trois mois ; plusieurs de ses collègues des plus compétents avaient pris part à l'étude de la question ; l'accord intervenu était tout ce qu'il avait été possible d'obtenir. Le Gouvernement venait maintenant devant le Parlement lui demander de réaliser le projet.

SUR L'ACCORD PROVISOIRE DU 10 JUILLET 1883

Lord Salisbury, chef de l'opposition, prenant alors la parole, déclara qu'il n'eût rien dit sur le sujet si le Ministre n'avait cité la conduite du précédent Gouvernement comme étant, en quelque sorte, une justification de la proposition qui était, en ce moment, soumise au Parlement.

Il avait été — dit-il — fort surpris de l'argumentation du Ministre, alléguant que c'eût été un acte imprudent de la part du précédent Gouvernement que de placer de l'argent dans un canal qui se fût trouvé sous la menace de la création d'un canal rival. Mais, en appliquant une pareille opinion à la vie privée, il en résulterait que tout le monde serait coupable d'un placement imprudent en mettant des fonds dans un chemin de fer ou un canal lorsqu'il est possible qu'une ligne ou un canal rival vienne à être construit. N'était-il pas reconnu, au contraire, que beaucoup de chemins de fer devenaient des entreprises avantageuses, là où existait la concurrence la plus large, la plus ouverte !

Le Ministre — ajoutait l'orateur — paraissait ignorer que Lord Beaconsfield avait déclaré, à l'époque de l'achat des actions, que cet achat avait un but bien plutôt politique que commercial. Cela était parfaitement compris à l'époque, et la possibilité de la construction d'un canal rival n'eut pas le moins du monde affecté les buts politiques que Lord Beaconsfield avait en vue lorsqu'il avait acheté les actions. Il était évident qu'un nouveau canal ne pouvait obtenir de l'appui avant que les bénéfices du premier canal fussent devenus suffisants pour engager les spéculateurs à prendre part à une telle entreprise.

L'orateur répudiait donc l'allégation que le précédent Gouvernement aurait donné, par interprétation, sanction à la prétention d'un monopole pour le Canal de Suez.

Quant aux considérations judiciaires sur la question, il se déclarait peu compétent pour les traiter ; mais il croyait devoir faire remarquer que les opinions légales sur le sujet étaient très divisées, et que des autorités tout aussi fortes que celles qu'avait de son côté le Gouvernement pouvaient être citées contre l'idée du monopole de M. de Lesseps sur la jonction des deux mers.

Le Ministre avait basé son opinion sur l'emploi du mot « exclusif » dans la concession de 1854 ; mais il n'avait pas fait attention que la Convention de 1854 n'avait, d'elle-même, aucune validité ou valeur, parce qu'elle n'avait jamais reçu ce qui, seul, pouvait la lui donner, c'est-à-dire la sanction de la Porte. Douze ans plus tard, la Porte avait donné sa sanction à l'accord de février 1866 ; mais toute la question portait sur ce point, à savoir, si les mots dont la Porte s'était servie en sanctionnant la concession de 1866 étaient assez larges et significatifs pour exprimer implicitement ce qu'ils n'avaient pas dit explicitement, c'est-à-dire pour impliquer la remise à M. de Lesseps et à la Compagnie de l'étrange prérogative d'exclure, pendant plus de cent ans, toutes autres industries et entreprises dans la jonction des deux mers. C'était là une affaire que le Parlement aurait à examiner avec soin. L'orateur se risquait à dire, à ce sujet, que même si, légalement, les mots n'exprimaient pas le sens dont, dans son opinion, le Gouvernement les avait très imprudemment revêtus, il doutait beaucoup de la compétence du Sultan ou du Khédive de faire une convention qui exclurait les nations du droit naturel du passage à travers l'isthme de Suez pour le commerce du monde.

A l'appui de ce dernier point de vue, l'orateur présentait les considérations suivantes :

En supposant, — dit-il, — que quelque amélioration eût été réalisée dans les Dardanelles ou le Cattégat, eût-il été au pouvoir du Gouverment du Sultan ou du Gouvernement danois de mettre une limite artificielle au passage du commerce du monde? Ceci était quelque chose de plus qu'une question légale, constituait la question bien plus haute de savoir jusqu'où allait le pouvoir sans appel des Gouvernements de conférer à des personnes des concessions qui auraient pour effet d'empêcher l'accès naturel au moyen de transit qui, comme un droit primordial, était le propre du commerce du monde. C'était un point que l'orateur recommandait à l'attention du Ministre et qui ne reposait pas seulement sur le terrain légal.

Le Ministre avait demandé ce que l'on ferait dans l'alternative. Eh bien, l'orateur avouait que les objections qu'à première vue il sentait le plus vivement contre les actes du Gouvernement étaient que ceux-ci confondaient la difficulté pratique avec la difficulté légale ; que, sous prétexte de la difficulté pratique du moment, qui pouvait être ou ne pas être réelle, ils dressaient un obstacle légal et moral qui, lorsque ces difficultés pratiques seraient écartées, subsisterait encore après elles. Il était possible qu'un autre canal pût être percé sans ces complications que le pays — ainsi que le disait le Ministre — désirait éviter. Sur ce point, l'orateur ne désirait pas exprimer un jugement. Mais il pourrait ne pas en être toujours ainsi. La difficulté pourrait disparaître dans un délai plus ou moins rapproché. Si l'accord imprévoyant soumis au Parlement n'était pas conclu, le pays se trouverait en position de pouvoir mettre à profit la première occasion qu'il pourrait saisir, et, à l'aide du capital britannique, s'assurer un canal anglais entre les deux mers... Si, au contraire, l'accord était conclu, il garantirait d'une façon pratique le monopole revendiqué par M. de Lesseps, monopole qui enlèverait toute chance du résultat avantageux signalé, quelque favorables que fussent à l'avenir les circonstances pour sa réalisation. Tel était le grand danger que redoutait l'orateur au sujet de l'arrangement. Il aurait, d'ailleurs, beaucoup à ajouter en détail sur l'imprévoyance d'un pareil arrangement ; mais ces questions viendraient en discussion lorsque la Chambre serait appelée à se prononcer à son sujet. Pour le moment, il se contentait d'exprimer le regret que, d'après les paroles prononcées dans l'autre Chambre, et certainement dans la conduite des négociations, la tendance du Gouvernement eût été de donner, sans utilité, une confirmation au monopole revendiqué par M. de Lesseps, monopole qui, suivant lui, ne pourrait être que désavantageux pour le commerce de l'Angleterre.

Le Lord Chancelier prit à son tour la parole pour protester contre les idées émises par Lord Salisbury.

Après avoir dit qu'il était d'accord avec le précédent orateur pour reconnaître que l'effet de la concession à la Compagnie du Canal, les droits de cette Compagnie et la marche convenable à suivre par le pays vis-à-vis d'elle dans les circonstances actuelles, atteignaient un domaine plus élevé que celui où lui-même ou d'autres légistes anglais avaient le droit de parler avec autorité, il présenta, en opposition avec les idées émises par Lord Salisbury, les considérations suivantes :

L'Angleterre, — dit-il, — occupait en ce moment en Egypte une position qui la mettait, à ce qu'il lui semblait, dans la plus stricte obligation de respecter elle-même, et, en tant qu'elle avait de l'influence, de ne pas en user de façon à amener le Khédive à ne pas respecter de son côté les engagements que lui et ses prédécesseurs avaient pu prendre envers les personnes avec l'argent desquelles le Canal avait été fait.

L'œuvre du Canal avait été une grande et extraordinaire entreprise, d'un succès douteux, d'une grande difficulté et demandant le débours d'un grand capital, et non sans engagements d'un caractère important et particulier. Etait-il possible de compter qu'un simple particulier se serait lancé dans une semblable entreprise ou aurait avancé un tel capital ? Le Lord Chancelier n'hésitait pas à affirmer que, s'il y avait jamais eu dans l'histoire du monde un cas où les engagements de gouvernements et de puissances souveraines vis-à-vis de particuliers devaient être considérés et traités avec la bonne foi la plus entière, c'était celui-là. Il ajoutait, qu'aucune conduite n'eût été moins honorable ou moins digne pour un pays comme l'Angleterre, que si, ayant obtenu accidentellement une supériorité de position en Egypte, — grâce aux incidents politiques auxquels elle n'avait pas été conduite volontairement, mais uniquement poussée par ses intérêts et son droit, — elle avait profité de cette position pour aller de droite et de gauche en opposition avec les devoirs privés contractés par le Gouvernement égyptien, et, plus spécialement, alors que ces droits privés étaient intimement liés aux intérêts les plus chers et les plus précieux d'une grande nation voisine dont il importait de respecter sous ce rapport la position en Egypte.

Ce n'était pas sans une réelle surprise que le Lord Chancelier avait entendu le précédent orateur faire allusion à des considérations de haute politique devant, suivant lui, primer toutes les autres dans la question. L'orateur, en effet, semblait avoir parlé comme si l'isthme de Suez, avant le percement du Canal, eût été une grande route maritime naturelle pour le commerce du monde et n'eût pas fait partie intégrante du territoire égyptien ; comme si une concession territoriale n'avait pas été nécessaire, ou comme si le Canal, une fois percé, la nature géographique du monde eût été modifiée, et que tous les intérêts territoriaux eussent à s'effacer devant la convenance des nations naviguant à travers le Canal. Le Lord Chancelier estimait que c'était là une argumentation fondée sur l'oubli de ce fait, que le canal devait son existence à cette concession et à l'argent que la Compagnie y avait dépensé. Il n'y avait aucune espèce d'analogie entre ce cas et celui des détroits du Bosphore et des Dardanelles, ou de toute autre voie maritime naturelle dans laquelle tout le monde avait intérêt. Le territoire de l'isthme de Suez appartenait encore à la même Puissance à laquelle il appartenait auparavant ; quelque pied que le commerce international eût pris sur ce territoire, il ne l'avait obtenu qu'au moyen des engagements contractés ; enfin, quelle que dut être l'interprétation de ces engagements, rien, suivant lui, ne permettrait de croire que la Chambre consentît jamais à agrandir cet intérêt international par la violence.

Séance du 23 juillet

Lord Salisbury ayant demandé si le Gouvernement avait pris quelque décision au sujet de la marche qu'il se proposait d'adopter à l'égard de l'arrangement, et, s'il en était ainsi, si le résultat pouvait être communiqué à la Chambre,

Lord Granville répondit en fournissant les explications suivantes :

Toute réflexion faite, — dit-il, — il n'avait nulle intention de rétracter, soit en son nom, soit au nom de ses collègues du Gouvernement, rien de ce qu'il avait dit précédemment et de ce qu'avait dit le Lord Chancelier.

Il pensait, en effet, pouvoir dire beaucoup de choses pour renforcer quelques-uns de ses précédents arguments, surtout en ce qui concernait l'obligation qui lui semblait incomber à l'Angleterre d'envisager, d'après des raisons de justice, de politique et de sentiment, un droit que pouvaient posséder la Compagnie du Canal et la grande nation qu'elle représentait. Estimant que telle était l'opinion de tous les membres de la Chambre, il croyait préférable, au lieu d'entrer dans une discussion inutile, d'exposer simplement la marche que le Gouvernement avait l'intention de suivre.

La Chambre comprendrait facilement, — dit-il, — que le Gouvernement s'était trouvé, la semaine précédente, dans un très grand embarras. Il avait proposé et annoncé un plan qui, après de longues négociations, lui avait paru le meilleur auquel on pût arriver. Le plan avait rencontré une désapprobation générale. Le Gouvernement pouvait se reprocher de n'avoir pas présenté à ce moment-là des documents et de plus amples informations, car il lui semblait tout à fait évident qu'un très grand changement s'était produit dans l'opinion publique; il y avait une vive opposition de presque toutes les grandes corporations représentant le commerce et la navigation ; en outre, la question avait été encore compliquée par l'opposition non seulement des *home rulers* et du quatrième parti, mais aussi du grand parti conservateur. Dans ces circonstances, le Gouvernement avait pensé qu'il était néanmoins courtois d'envoyer un des administratenrs anglais s'entendre avec M. de Lesseps, non pas dans le but d'entamer de nouvelles négociations, mais pour s'assurer de ses vues sur le sujet.

(Suivait le récit de la mission de Sir Rivers Wilson et de ses résultats, dont il a déjà été rendu compte dans l'analyse des discussions de la Chambre des Communes.)

Lord Granville, comme conclusion de ses explications, exprimait l'espoir que la Chambre ne penserait pas que le Gouvernement était mal avisé en n'essayant pas, en présence de la désapprobation qu'avait rencontrée l'accord, et alors que M. de Lesseps avait laissé au Gouvernement sa liberté d'action, de demander au Parlement la sanction de cet accord.

Lord Salisbury, prenant alors la parole, dit qu'il ne pouvait que féliciter le Ministre de la sagesse du plan qu'il venait de faire connaître ; qu'il était sûr, quant à lui, que dans tous les centres où les intérêts de commerce et de navigation étaient importants, on recevrait avec un sentiment de soulagement la nouvelle de l'abandon du projet désastreux de l'accord et de l'abstention de l'Angleterre à mettre, au progrès de son propre commerce, une barrière qui, d'après l'arrangement proposé, se serait prolongée jusqu'à une période d'un siècle.

L'orateur supposait que le Ministre déposerait sur le bureau quelques documents se rapportant au projet et à son abandon, et que, sans doute, ces documents jetteraient quelque jour sur bien des points obscurs des négociations qui avaient eu lieu; mais il y avait encore certains points sur lesquels il aurait aimé — dit-il, — à avoir des renseignements plus détaillés :

Le Ministre, notamment, avait dit que M. de Lesseps se proposait de creuser un nouveau canal, sans aide, et, — ainsi que le comprenait l'orateur, — sans l'action ou l'appui du Gouvernement anglais. Mais, pour pouvoir faire ce nouveau canal, il fallait que M. de Lesseps prît du terrain égyptien ; qu'il prît du terrain qui lui avait été concédé pour d'autres usages et dont, sans nul doute, il lui était interdit, d'après la teneur des instruments existants, de se servir sinon pour les usages mentionnés. A ces fins, il lui fallait évidemment le consentement du Gouvernement égyptien ; et ce consentement, aux yeux de bien des gens, dans les circonstances actuelles, devait être considéré comme présupposant le consentement du Gouvernement anglais. Le Ministre s'était-il formé quelque conception des conditions dans lesquelles serait donné ce consentement? Le pays serait-il préparé à donner à M. de Lesseps un autre canal sans prendre de garantie que le passage du commerce britannique serait plus libre, l'administration plus impartiale, et les facilités offertes plus complètes qu'elles ne l'étaient actuellement? Devrait-il accepter d'aussi mauvaises conditions que celles qui avaient conduit les intérêts de la navigation à une démonstration aussi significative de mécontentement qui venait d'avoir lieu?

Maintenant qu'avaient été exposées des doctrines comme celles relatives au pouvoir de percer le Canal ; que l'on avait soulevé de pareilles difficultés pour le développement futur du commerce britannique dans cette direction, le pouvoir que l'Angleterre tenait en ce moment dans l'isthme devenait pour la Chambre un objet d'un plus grand intérêt et d'une plus grande portée ; et les intentions précises du Gouvernement relativement à l'occupation de l'Egypte deviendraient, dans la pensée de l'orateur, un sujet sur lequel le Parlement exigerait d'être exactement renseigné avant sa séparation. L'échéance des six mois au bout desquels Lord Hartington avait dit à la Chambre que cesserait l'occupation britannique approchait, et il était à présumer qu'avant l'expiration du délai, le Gouvernement serait arrivé à une conclusion sur la ligne de conduite à tenir.

L'orateur aimerait aussi — dit-il — à connaître d'une façon précise ce que devenait, dans toute cette affaire, le prétendu droit de monopole que M. de Lesseps et sa Compagnie s'étaient arrogé. Il était tout à fait d'accord avec le Ministre que l'on devait traiter la Compagnie avec tout bon vouloir et équité ; mais il n'acceptait pas les raisons données. Le Ministre parlait comme si la Compagnie du Canal était, en quelque sorte, le représentant de la France, et l'orateur ne pouvait, pour un seul instant, accepter cette doctrine ; c'était, suivant lui, une Compagnie privée, et rien de plus ; une Compagnie privée dans laquelle l'Angleterre avait une part presque aussi importante que la France ; elle avait droit, comme toute Compagnie, à être traitée avec considération, justice et équité ; et, jusqu'à présent, le Gouvernement avait eu, — lui semblait-il, — une étrange idée en pensant que cette considération entraînait la reconnaissance d'un monopole, non justifié en présence des instruments que l'on possédait, non appuyé par aucune unanimité d'opinion légale et évidemment incompatible avec les intérêts les plus précieux du pays.

L'orateur, maintenant que le projet était abandonné, exprimait l'espoir qu'il en serait de même de tout ce qui s'y rapportait ; que l'on considérerait l'incident en entier comme s'il n'était pas survenu ; que toutes les graves et imprudentes déclarations faites à la Chambre des Communes seraient bannies de la mémoire comme si elles avaient été un songe ; qu'il serait bien entendu que rien de ce qui avait été dit, soit à la Chambre, soit ailleurs, impliquant l'admission d'un monopole, n'avait jamais encore été sanctionné par le pays, par les voies autorisées de l'expression de sa volonté, et que l'on ne devait pas considérer cette admission de monopole comme établie par les expressions malheureuses de certains ministres, surtout puisqu'ils avaient dit eux-mêmes que ces expressions ne leur avaient été arrachées que par les exigences du débat.

C'étaient là, — dit en terminant l'orateur, — d'importantes questions. Il ne savait pas si le Ministre donnerait spontanément de nouveaux renseignements sur les intentions du Gouvernement à leur sujet. En tous cas, lorsque l'on aurait vu les documents et que l'on serait à même d'étudier d'une manière plus détaillée l'histoire et les incidents de cette transaction diplomatique pour ainsi dire sans exemple, on pourrait juger jusqu'à quel point le devoir s'imposerait de prendre ultérieurement des mesures pour connaître les vues du Parlement ou du Gouvernement, conformément aux intérêts de l'Angleterre que ces questions, — suivant l'orateur, — avaient si gravement compromis.

III. — Accord intervenu dans le « Meeting » de Londres du 30 novembre 1883, entre M. Ch. de Lesseps, Vice-Président de la Compagnie, et l'association des armateurs anglais engagés dans le commerce de l'Orient.

§ 1er. — RAPPEL SOMMAIRE DES PRÉCÉDENTS

Pour permettre une juste appréciation des circonstances qui ont conduit à l'accord du meeting de Londres du 30 novembre 1883 entre la Compagnie et les armateurs, il est utile de rappeler d'abord, sommairement, les précédents de la question et de résumer, notamment, les principaux incidents et résultats des discussions qui ont eu lieu dans le Parlement anglais au sujet de l'accord provisoire conclu précédemment (le 10 juillet 1883) entre les représentants du Gouvernement de Sa Majesté Britannique et le Président de la Compagnie.

La Convention du 21 février 1876 avait mis fin — on se le rappelle — aux différends qui existaient entre la Compagnie et les Puissances maritimes par suite du nouveau mode d'application de la taxe de navigation conseillé par la Commission de Constantinople et imposé par la force à la Compagnie.

Il restait encore à la Compagnie à rechercher les moyens de régler également les différends avec les armateurs anglais, clients du Canal maritime, lesquels réclamaient, en vue de plus grandes facilités de transit, une importante amélioration du Canal, c'est-à-dire une augmentation des dépenses, et, en même temps, des détaxes, c'est-à-dire une diminution des recettes.

C'est en vue de concilier ces deux intérêts contraires qu'avait été préparé par la Compagnie, avec le concours des représentants du Gouvernement anglais dans le Conseil d'administration, l'accord provisoire qui avait été définitivement conclu le 10 juillet 1883 entre la Compagnie et le Gouvernement de Sa Majesté Britannique, sous réserve de la sanction du Parlement[1].

Cet accord provisoire, dès qu'il avait été connu en Angleterre, y avait rencontré une opposition presque générale auprès des représentants du commerce et des armateurs, et il avait été l'objet des plus vives critiques dans le Parlement à l'examen de qui le Gouvernement l'avait renvoyé (séances de la Chambre des Communes des 11, 12, 13, 17, 19 et 20 juillet, et séance de la Chambre des Lords du 17 juillet).

Dans cette situation, le Gouvernement avait cru devoir charger un des administrateurs anglais de la Compagnie (Sir Rivers Wilson) d'aller s'entendre à Paris avec le Président de la Compagnie sur le parti à prendre. A la suite de cette démarche, M. de Lesseps avait écrit, le 20 juillet, à M. Gladstone (Premier Ministre) pour le prier de ne pas se considérer comme lié envers lui par les termes de l'accord; il annonçait, en même temps, dans sa lettre, que si cet accord était retiré, le creusement du second canal qui y était mentionné n'en serait pas moins exécuté par la Compagnie et que toutes les diminutions de taxes prévues dans l'accord seraient appliquées[2].

Le Premier Ministre, dans la séance de la Chambre des Communes du 23 juillet, après avoir présenté un exposé des considérations principales dont le Gouvernement s'était

---

1. On rappellera que les affaires de la Grande-Bretagne étaient alors dirigées par un ministère libéral ayant M. Gladstone Comme Premier ministre, Lord Granville, comme Ministre des Affaires Étrangères, et M. Childers, comme Chancelier de l'Echiquier.

2. Voir la lettre de M. Lesseps et la réponse de M. Gladstone dans le *compte rendu sommaire de la séance de la Chambre des Communes du* 23 *juillet.*

inspiré pour arriver à la conclusion de l'accord provisoire, et après avoir fait part à la Chambre de la récente communication de M. de Lesseps, avait annoncé que le Gouvernement renonçait à présenter l'accord à la sanction du Parlement, annonçant, toutefois, qu'il se tiendrait néanmoins à la disposition de la Chambre, si elle le désirait, pour la discussion des diverses questions qu'avait soulevées le projet d'accord.

Ces diverses questions revenaient toutes, à vrai dire, à celle concernant « le droit exclusif de M. de Lesseps et de sa Compagnie à l'égard de tout canal à travers l'isthme de Suez ».

Cette question s'était trouvée posée dans les circonstances suivantes :

M. Gladstone, dans la séance de la Chambre des Communes du 12 juillet, en réponse à une question qui lui avait été posée par un membre sur la possibilité de créer un autre canal à travers l'isthme de Suez, avait formellement déclaré, de son propre mouvement, sans y avoir été en rien incité par la Compagnie du Canal, que le Gouvernement, d'accord en cela avec ses conseillers légaux, reconnaissait à M. de Lesseps un droit exclusif dans l'isthme. Quelques jours plus tard, dans la Séance de la Chambre des Lords du 17 juillet, Lord Granville avait fait une déclaration semblable, appuyée ensuite par le Lord Chancelier. Il y a lieu de noter, toutefois, que, dans sa déclaration, Lord Granville, tout en affirmant d'une manière très nette le droit exclusif de la Compagnie, avait déclaré en même temps qu'il n'entendait pas prétendre que la question ne pourrait pas être discutée à l'avenir si la Compagnie ne faisait rien pour faciliter les communications entre les deux mers. Il estimait en effet, que si, ne faisant rien par elle-même, la Compagnie voulait pourtant empêcher les autres de faire quelque chose cette circonstance pourrait donner droit au Gouvernement à exercer une pression diplomatique; mais, se hâtait d'ajouter le Ministre, tel n'était nullement, pour le moment, l'état des choses, puisque la Compagnie avait déjà décidé d'importantes améliorations au Canal existant.

Dans les longues discussions qui avaient eu lieu à la suite du retrait de l'accord, le thème de l'opposition, vigoureusement soutenu pendant de nombreuses séances, par ses principaux orateurs, dans les deux Chambres du Parlement (séances de la Chambre des Communes des 23, 24, 26, 27 et 30 juillet, 2, 9, 10, 13, 14, 20 et 21 août, et séance de la Chambre des Lords du 23 juillet), avait consisté à dénier absolument le droit exclusif de M. de Lesseps dans l'isthme, allant même, dans cette voie, jusqu'à demander au Gouvernement de profiter de la situation qu'occupait l'Angleterre en Égypte pour faire octroyer à une Compagnie anglaise la concession, à travers l'isthme, d'un canal rival de celui de la Compagnie.

Cette opinion et ces vues de l'opposition avaient été énergiquement combattues par le Gouvernement qui n'avait laissé échapper aucune occasion d'affirmer, par l'organe de ses divers membres, sa conviction, basée sur des motifs de stricte justice et d'honnêteté politique, du droit exclusif de M. de Lesseps et de sa Compagnie.

Au cours des discussions deux ordres du jour avaient été proposés :

L'un, par Sir Strafford Northcote, chef de l'opposition, ainsi conçu :

« Une humble adresse sera présentée à Sa Majesté pour la prier, dans toutes négociations ou démarches ayant trait à la Compagnie du canal de Suez dans lesquelles Sa Majesté serait partie, de vouloir bien, tout en respectant les droits indubitables de la Compagnie quant à sa concession, refuser de reconnaître toute prétention de sa part à un monopole qui exclurait la possibilité de la concurrence de telles autres entreprises conçues en vue d'ouvrir une communication maritime entre la Méditerranée et la mer Rouge. »

L'autre par M. Norwood, libéral, à titre d'amendement, et ainsi conçu :

« La Chambre désire maintenir son entière liberté de jugement en ce qui regarde toutes les affaires ayant trait à la communication par eau entre la Méditerranée et la mer Rouge; et, en conséquence, elle refuse de prendre une résolution quelconque quant à des négociations ou démarches quelconques concernant cette question. »

La motion de Sir S. Northcote, mise aux voix dans la séance de la Chambre des Communes du 30 juillet avait été repoussée par 282 voix contre 183, c'est-à-dire à une majorité de 99 voix. Puis, l'amendement de M. Norwood avait été adopté.

Le rejet de la motion de Sir S. Northcote n'avait pas mis fin aux discussions incessantes suscitées par l'opposition sur la question du droit exclusif de M. de Lesseps.

En dernière analyse, dans la séance de la Chambre des Communes du 30 août, Sir S. Northcote ayant demandé au Premier Ministre si des négociations quelconques se poursuivaient avec la Compagnie du Canal au sujet de l'amélioration du transit ou de la construction d'un second canal, et si le Gouvernement avait l'intention de faire une communication au Parlement avant de conclure un arrangement quelconque avec la Compagnie à cet effet,

M. Gladstone avait répondu qu'aucunes négociations ne se poursuivaient pour le moment et que le Gouvernement, en raison de la tournure qu'avaient prise les choses, n'avait nul désir de les reprendre à bref délai; que ce que le Gouvernement désirait maintenant et ce qu'il espérait, — pensant d'ailleurs que ce serait la meilleure marche à suivre pour arriver à une solution satisfaisante de la question — c'était qu'il y eut des communications entre les Directeurs de la Compagnie et les représentants des intérêts commerciaux de l'Angleterre et, si cela était nécessaire, de ceux des autres pays. M. Gladstone était convaincu qu'un échange de vues entre ceux qui étaient directement intéressés serait extrêmement utile et il désirait vivement le voir se produire comme mesure préliminaire à l'action plus directe du Gouvernement. Il déclarait d'ailleurs avoir quelque raison de croire que ce désir était partagé par les autorités de la Compagnie.

Enfin, dans la séance de clôture de la session du Parlement, qui eut lieu le 21 août, M. Gladstone avait renouvelé le vif désir du Gouvernement de voir les classes commerciales elles-même, qu'il considérait comme les meilleurs juges dans la question, d'entrer en relations directes avec la Direction du Canal.

Telle était la situation à la fin des longues et ardentes discussions du Parlement, où l'avenir du Canal s'était trouvé si violemment menacé par les orateurs de l'opposition et par les représentants des intérêts commerciaux et maritimes coalisés contre la Compagnie, mais, en même temps, non moins vigoureusement défendu, fort heureusement, par M. Gladstone et par tous ses collègues du ministère libéral qui dirigeait alors les affaires de l'Angleterre.

Dans cette situation, c'est-à-dire les droits et privilèges de la Compagnie ayant été pleinement reconnus et proclamés par le Gouvernement anglais, et la Compagnie pouvant sûrement considérer comme une menace vaine les projets de canaux concurrents, M. de Lesseps jugea qu'il pouvait maintenant, n'ayant à subir aucune pression et dans la plénitude de ses droits, reprendre, cette fois directement avec les armateurs, l'œuvre de bonne entente qu'il avait précédemment cherché à réaliser avec le Gouvernement.

Mais tout d'abord, et en exécution de la promesse contenue dans la lettre du 20 juillet du Président à M. Gladstone, le Conseil d'administration de la Compagnie, dans sa séance du 4 septembre 1883, décida qu'à partir du 1er janvier 1884, et jusqu'à nouvel ordre, les navires sur lest jouiraient d'une réduction de 2 fr. 50 par tonne sur le tarif du transit (c'était l'une des stipulations de l'accord provisoire du 10 juillet 1883 entre le Gouvernement anglais et la Compagnie).

Dans la même séance, le Conseil décida également, qu'à partir du 1er octobre 1883, et jusqu'à nouvel ordre, les frais de déséchouage des navires dans le Canal seraient désormais entièrement supportés par la Compagnie.

§ 2. — POURPARLERS ENTRE M. DE LESSEPS ET LES ARMATEURS ANGLAIS

Le Comité de l'Association des armateurs ayant écrit, le 30 octobre, à Lord Granville pour l'entretenir à nouveau de la question d'établissement d'un second canal, le Ministre en réponse, avait fait remarquer que toute opération en vue de la construction d'un canal dans l'isthme serait beaucoup mieux conduite par la Compagnie existante que par toute autre nouvelle Compagnie, et que le Gouvernement ne pouvait qu'engager l'Association à se mettre en rapport avec la Compagnie de Suez pour rechercher la possibilité d'obtenir par elle les facilités réclamées par le commerce britannique.

Dès les premiers jours de novembre 1883, M. de Lesseps, « répondant à de bienveillantes et amicales invitations », se rendit en Angleterre avec son fils, M. Ch. de Lesseps, vice-président de la Compagnie, « pour recueillir les vues des différents corps maritimes et commerciaux sur la situation actuelle et future du Canal et tâcher d'arriver avec eux à une entente ». Il assista à d'importants meetings organisés à ces fins à Londres, Liverpool, Manchester et Newcastle.

Dans le compte rendu des résultats de son voyage, qu'il présenta à l'Assemblée générale des actionnaires dans la réunion extraordinaire du 12 mars 1884, spécialement convoquée pour statuer sur l'accord intervenu, M. de Lesseps donnait les renseignements suivants :

Dissiper les malentendus, établir un accord, former une alliance entre les actionnaires et les armateurs, tel a été le but unique de notre voyage. Ce but a été pleinement rempli. Nous avons dû constater que les malentendus étaient nombreux, les erreurs plus nombreuses encore; nous nous sommes efforcés de rétablir la réalité des faits, de dissiper les malentendus, de rectifier les erreurs; et lorsque, au dernier meeting tenu à Londres, le 30 novembre, nous avons essayé de rédiger avec les armateurs le procès-verbal énumérant les considérations qu'il serait désirable de réaliser dans l'exploitation future du Canal, nous avons dû constater que la longue agitation soulevée en Angleterre avait enraciné, dans les esprits les plus équitables, des préjugés, disons le mot, des soupçons et, par conséquent, des craintes absolument défavorables à nos vues.

La ténacité de nos intentions, la franchise de notre attitude, la netteté de notre but, notre inaltérable patience ont fini par associer à nos vues ceux-là mêmes qui s'étaient d'abord montrés, presque de parti pris, hostiles à tout arrangement, et nous vous apportons, revêtu de la signature de tous les membres de l'Association des armateurs de navires à vapeur engagés dans le commerce de l'Orient, le procès-verbal du meeting du 30 novembre 1883, exposant un programme de l'exploitation future du Canal.

Nous vous ferons remarquer, Messieurs, que les signataires de ce document représentent la plus grande partie du tonnage anglais passant par le canal maritime; que ce sont donc bien les clients du canal maritime venant participer personnellement à votre exploitation.

En 1876, nous avons obtenu une convention qui nous a valu un accord définitif entre les Puissances maritimes et la Compagnie; en 1884, nous vous apportons une entente définitive avec les clients du Canal maritime.

L'imagination la plus pessimiste ne saurait concevoir, nous semble-t-il, comment la Compagnie exploitant le Canal maritime de Suez pourrait désormais être troublée dans l'exercice de son exploitation lorsqu'elle a, pour cette exploitation, obtenu l'assentiment des clients du Canal eux-mêmes.

Ce programme d'exploitation prévoit les trois principales questions: les améliorations progressives à exécuter, les diminutions de taxes et l'administration de la Société.

Les clients du Canal n'ont pas seulement donné leur assentiment à ce programme d'exploitation; ils se sont engagés à prêter leur concours, un concours permanent, à son exécution graduelle.

M. de Lesseps, après avoir recueilli les vues principales des armateurs anglais, quitta l'Angleterre le 24 novembre pour rentrer à Paris, laissant son fils, M. Ch. de Lesseps, à Londres, pour réunir les derniers éléments de l'enquête et arrêter les termes de l'entente avec les armateurs. L'accord fut définitivement conclu, suivant le texte ci-après, dans un dernier meeting tenu à Londres le 30 novembre 1883.

§ 3. — PROCÈS-VERBAL DU MEETING DU 30 NOVEMBRE 1883 TENU A LONDRES AUX BUREAUX DE LA COMPAGNIE DE NAVIGATION A VAPEUR PÉNINSULAIRE ET ORIENTALE

Étaient présents, sous la présidence de M. James Laing :

Les membres de l'Association des armateurs de navires à vapeur engagés dans le commerce de l'Orient;

Et M. Charles-Aimé de Lesseps, vice-président du Conseil d'administration de la Compagnie universelle du Canal maritime de Suez.

Dans cette séance, M. Ch. de Lesseps a invité les membres présents à exprimer leur opinion sur les questions se rattachant au Canal de Suez.

En suite de quoi, une discussion et un échange de vues ayant eu lieu, on est tombé d'accord que les douze points suivants constituent les conditions désirables pour l'administration future du Canal de Suez :

1. — *Pour empêcher les retards dans le transit entre la Méditerranée et la mer Rouge et* vice versa, *et aussi pour pourvoir à l'expansion du commerce, la Compagnie, ou agrandira suffisamment le Canal actuel, ou construira un second Canal, ainsi qu'il pourra être déterminé ci-après; et, pour arriver à une décision satisfaisante, quant à la voie qui sera suivie sous ce rapport, une Commission d'ingénieurs et d'armateurs sera nommée pour examiner la question, dans laquelle Commission non moins de la moitié seront des ingénieurs et des armateurs anglais*[1].

1. Par suite d'une entente ultérieure avec le Gouvernement et les armateurs anglais, M. de Lesseps a pu ne comprendre que 8 membres anglais dans la

2. — *En addition aux trois administrateurs désignés par le Gouvernement anglais, sept nouveaux administrateurs, choisis parmi les armateurs et négociants anglais, seront immédiatement admis comme membres du Conseil. Pour donner à ces 7 administrateurs le pouvoir de voter qui s'attache aux administrateurs actuels, l'Administration proposera aux actionnaires de modifier les statuts et de revenir au chiffre primitivement fixé pour le nombre des administrateurs, c'est-à-dire 32*[1].

En attendant et jusqu'à ce que les formalités nécessaires soient accomplies, l'administration invitera ces 7 administrateurs, aussitôt qu'ils auront été choisis, à assister aux séances du Conseil.

3. — *Un Comité, dit Comité consultatif, sera formé à Londres et sera composé des administrateurs anglais.*

La Compagnie établira un bureau à Londres.

Commission consultative internationale instituée par lui à la fin de mai 1884 aux fins désignées par l'article 1.

1. Le rétablissement du nombre des administrateurs à 32 a été décidé par une résolution de l'Assemblée générale des actionnaires du 29 mai 1884.

Les 8 nouveaux administrateurs, dont 7 administrateurs anglais, ont été nommés par le Conseil d'administration dans sa séance du 5 août 1884 et ont siégé pour la première fois le 2 septembre suivant.

Ces nominations ont été ratifiées par l'Assemblée générale des actionnaires du 4 juin 1885.

Liste des 8 nouveaux membres du Conseil

MM. Robert Alexander, armateur, à Liverpool;
- James Laing, armateur, président de la Chambre de Commerce de Sunderland;
- William Mackinnon, président de la Compagnie de navigation à vapeur *British India*, à Glascow:
- C.-J. Monk, membre du Parlement, ancien président de la Chambre de Commerce du Royaume Uni;
- Ch. M. Palmer, membre du Parlement, président de la Chambre de commerce de Newcastle-upon-Tyne;
- John Slagg, membre du Parlement, ancien président de la Chambre de Commerce de Manchester;
- Thomas Sutherland, membre du Parlement, président de la Compagnie de navigation à vapeur Péninsulaire et Orientale à Londres;
- Baron de Caters, ancien président du Tribunal de Commerce d'Anvers.

Des arrangements seront pris pour le paiement des droits à Londres[1].

4. — *Dans les nominations futures d'employés pour le service du transit, la Compagnie augmentera, dans une large mesure, le nombre des employés parlant anglais.*

5. — *Il est entendu que la dernière surtaxe de* 0 *fr.* 50 *disparaîtra définitivement à partir du* 1er *janvier* 1884.

6. — *Toutes les dépenses résultant des échouages ou des accidents dans le Canal seront, à l'avenir, supportés par la Compagnie*[2].

Toutefois, doivent être exceptées de cette mesure, les collisions qui pourront survenir entre les navires passant le Canal.

La Compagnie du Canal excepte aussi les avaries qui pourraient être causées au matériel et aux autres engins du Canal par les navires en transit, pourvu que les navires soient à blâmer pour ces accidents.

7. — *A partir du* 1er *juillet* 1884, *la Compagnie supprimera entièrement les droits de pilotage*[3].

---

1. La formation du Comité consultatif de Londres et la nomination de ses membres ont été décidés par le Conseil d'administration de la Compagnie dans sa séance du 2 septembre 1884. La première réunion de ce Comité a eu lieu le 10 novembre suivant.

D'autre part, tous les armateurs et courtiers maritimes d'Angleterre, clients du Canal, ont été informés, par avis individuels datés du 29 août 1884 :

1° Que la Compagnie avait ouvert à Londres un bureau de renseignements (dont l'adresse était donnée) où ils pourraient obtenir toutes informations ;

2° Que MM. N. M. Rotschild and Sons, de Londres, étaient autorisés à recevoir les versements pour droits de transit, sauf réglement définitif à Port-Saïd ou à Suez; qu'ils délivreraient, pour les versements effectués, des récépissés stipulés en francs, au change du jour, qui devraient être présentés par les capitaines ou consignataires au moment du passage des navires.

2. Le Conseil d'administration de la Compagnie, dans sa séance du 4 septembre 1883, avait déjà décidé qu'à partir du 1er octobre suivant, et jusqu'à nouvel ordre, les frais de déséchouage des navires dans le Canal seraient désormais entièrement supportés par la Compagnie.

3. La suppression des droits de pilotage à partir du 1er juillet 1884 a été effectivement décidée par le Conseil d'administration de la Compagnie dans sa séance du 12 mars 1884.

8. — *A partir du 1er janvier 1885, la Compagnie diminuera de 0 fr. 50 le droit de transit, réduisant ainsi ce droit de 10 francs à 9 fr. 50; et, dans le cas où le dividende pour 1883 s'élèverait à plus de 18 0/0, une nouvelle réduction dans le droit de transit, en sus des 0 fr. 50 ci-dessus mentionnés, sera faite à partir de la même date, c'est-à-dire à partir du 1er janvier 1885, sur la base de moitié de dividende au-dessus de 18 0/0*[1].

La Compagnie, dans la suite, partagera avec les armateurs, chaque 1er janvier suivant, dans la proportion de moitié, ses bénéfices, quel que puisse être le montant de ces bénéfices en sus du montant du dernier partage antérieur avec les armateurs, laquelle moitié devra être appliquée à une réduction de droits déterminée sur la base du tonnage qui a transité par le Canal dans l'année pour laquelle ce bénéfice est constaté. Par exemple, si les comptes de 1884 accusent un bénéfice au taux de 20 0/0, les armateurs auraient droit à une réduction de tarif égale à un bénéfice net de la Compagnie correspondant à 1 0/0, soit environ 2.800.000 francs pour l'année commençant le 1er janvier 1886, en sus de la réduction antérieure. De même, si le bénéfice sur le revenu de l'exercice 1885 est de 21 0/0, la moitié de la différence entre 20 et 21 0/0 c'est-à-dire 1/2 0/0, soit en chiffres ronds 1.400.000 francs, sera appliquée en réduction des droits à partir du 1er janvier 1887, en sus des réductions

1. Postérieurement à la signature du programme de Londres — en 1890 et 1891 — il a été entendu, d'accord entre la direction de la Compagnie et les membres anglais du Conseil représentants des armateurs, signataires dudit programme :

1° Que le terme *dividende* ou *revenu* employé dans l'article 8 devait être compris comme visant le revenu net d'impôts ;

2° Que la quotité de chaque détaxe serait au minimum de 0 fr. 50.

A la suite de la première détaxe de 0 fr. 50, appliquée à partir du 1er janvier 1885, une deuxième détaxe de 0 fr. 50, abaissant le droit de transit à 9 francs, a été appliquée à partir du 1er janvier 1893.

précédentes. Et ce partage, par moitiés, continuera jusqu'à ce qu'un bénéfice de 25 0/0 soit atteint. Au-dessus de ce bénéfice de 25 0/0, tous les bénéfices nets de la Compagnie seront appliqués en réductions de droits jusqu'à ce que ces droits soient réduits à 5 francs.

9. — *Il est entendu, dans les clauses qui précèdent, que le bénéfice sur lequel doit être calculé la réduction des droits comprendra les 5 0/0 payés en premier lieu aux actionnaires.*

10. — *La réduction déjà consentie en faveur des navires sur lest sera confirmée*[1].

11. — *En ce qui concerne la réserve statutaire, le Conseil de la Compagnie du Canal de Suez proposera que, quand cette réserve aura atteint la somme de 5 millions de francs, les déductions qui seront faites dans la suite sur les bénéfices nets, au profit de cette réserve, et qui sont actuellement de 5 0/0, n'excéderont, en aucun cas, un maximum de 3 0/0 de ces bénefices nets*[2].

12. — *Il est entendu que les calculs sur lesquels doivent être arrangées les réductions de tarif sus-indiquées sont basés sur un capital de 200 millions de francs. Dans le cas où un changement quelconque serait apporté dans le montant de ce capital-action, la base de la réduction sera déterminée à nouveau de façon que la diminution du tarif n'en soit pas défavorablement affectée.*

Ont signé :

James Laing, Président;

Tho. Sutherland (Président), Peninsular and Oriental steam navigation Company ;

---

1. Le Conseil d'administration de la Compagnie, dans sa séance du 4 septembre 1883, ayant déjà décidé qu'à partir du 1er janvier 1884 et jusqu'à nouvel ordre, les navires sur lest jouiraient d'une réduction de 2 fr. 50 par tonne sur le tarif du transit, il n'y a pas eu lieu pour lui de prendre une nouvelle décision confirmant la précédente.

2. L'Assemblée générale des actionnaires du 29 mai 1884 a effectivement décidé, sur la proposition du Conseil d'administration, que la retenue pour le fonds de réserve serait provisoirement réduite à 3 0/0.

William Mackinnon (Président), Bristih India Steam navigation Company ;

J. G. S. Anderson, Orient Steam navigation Company, limited ;

J. B. Westray (secrétaire honoraire de l'Association of steam Shipowners trading with the East), City Line, Hall Line, Glan Line, Glen Line, Shire Line, Harrisson Line, Ducal Line ;

John Glover ;

R. S. Donkin ;

Ch.-A. de Lesseps.

Après que les points ci-dessus ont été établis d'accord avec M. Ch.-A. de Lesseps, le Comité a exprimé l'opinion que les actions possédées par le Gouvernement anglais devraient obtenir de comporter une faculté de vote proportionnée à leur importance dans les Assemblées des actionnaires.

M. Ch.-A. de Lesseps, tout en réservant son opinion sur cette question au point de vue des droits et des principes en vertu desquels la Société du Canal de Suez a été constituée, répond qu'il n'est pas en situation de partager cette manière de voir.

le Président,
JAMES LAING.

Le jour même où était signé le programme de l'administration future du Canal, arrêté d'accord entre la Compagnie et les armateurs, ceux-ci communiquèrent ce programme au Gouvernement de Sa Majesté Britannique en exprimant l'espoir qu'il considérerait l'arrangement conclu comme satisfaisant.

Cet espoir fut, en effet, promptement réalisé, ainsi qu'en témoignent les deux lettres suivantes [1] :

1. Il ne sera pas sans intérêt de citer également, ici, la lettre suivante qui, bien que non officielle (et ce n'est qu'en avril 1893 qu'elle a été publiée par

Lettre de Lord Granville, Ministre des Affaires Étrangères, aux administrateurs anglais, remise par ceux-ci à M. de Lesseps, le 5 février 1884

Messieurs, le Gouvernement de Sa Majesté a eu à examiner les conditions proposées pour l'administration future du canal de Suez, sur lesquelles se sont mis d'accord, le 30 novembre dernier, les armateurs trafiquant avec l'Orient et M. de Lesseps.

Ces conditions sont exposées en douze articles dont l'exécution procurera certainement de grands avantages à la navigation et au commerce britanniques.

Eu égard toutefois au premier article, d'après lequel une Commission doit être nommée à l'effet de donner un avis à la Compagnie sur les modifications nécessaires pour le développement du transit, le Gouvernement de Sa Majesté estime que des marins expérimentés dans la navigation du Canal devraient être appelés comme membres de la Commission sur la présentation du Gouvernement de Sa Majesté.

Il pense également que les administrateurs officiels, désignés par le Gouvernement de Sa Majesté, devraient faire partie du Comité consultatif de Londres prévu dans l'article 3.

Le Gouvernement de Sa Majesté, qui possède comme actionnaire un très grand intérêt dans l'entreprise, considère que cet accord donne une solution satisfaisante aux différends qui se sont élevés entre la Compagnie et ses clients, et étant entendu qu'il ne sera pas fait de difficultés en ce qui concerne les deux points ci-dessus mentionnés [1],

---

le journal *le Canal de Suez*), permet pourtant de juger de quelle manière le Gouvernement français appréciait, de son côté, l'arrangement intervenu :

Lettre du 4 décembre 1883, de M. Waddington, ambassadeur de France à Londres, à M. Ch. de Lesseps

Monsieur, j'ai bien regretté d'être sorti quand vous êtes venu me voir avant mon départ. J'aurais été heureux d'apprendre de votre bouche les détails de la dernière phase de vos négociations ; mais je tiens surtout à vous féliciter de l'habileté, de la fermeté, de la prudence que vous avez déployées dans cette difficile affaire. Le public français ne paraît pas se douter des obstacles de toute sorte que vous aviez à surmonter et du véritable danger qu'il y avait de voir les Anglais entreprendre la construction d'un second canal. Sans doute, vous avez dû faire des concessions ; mais aucune d'elles ne porte atteinte aux œuvres vives, — si je puis m'exprimer ainsi, — de l'entreprise...

La négociation et l'accord intervenu vous font le plus grand honneur, et je tenais à vous le dire...

1. Le Président de la Compagnie, dans son rapport à l'Assemblée générale des actionnaires du 12 mars 1884, r unie extraordinairement pour statuer sur le programme du *meeting* de Londres, proposa à l'Assemblée « d'admettre en principe les vœux exprimés par le Gouvernement de S. M Britannique et acceptés par les armateurs », et cette proposition se trouva implicitement approuvée par l'approbation générale du Rapport.

il approuve le projet des mesures proposées comme mettant fin aux différends qui se sont élevés et assurant le développement de l'entreprise dans l'intérêt du commerce universel.

Je vous autorise à remettre une copie de cette dépêche à M. de Lesseps.

Lettre, du 4 février 1884, du Ministère des Affaires Étrangères du Gouvernement anglais aux Armateurs

Messieurs, dans votre lettre du 30 novembre, vous soumettiez au comte Granville un projet élaboré d'accord entre votre Association et M. Ch. de Lesseps pour l'administration future du Canal de Suez et vous exprimiez l'espoir qu'il serait considéré comme satisfaisant par le Gouvernement de Sa Majesté.

Je suis chargé par le comte Granville de vous dire que le Gouvernement de Sa Majesté, après examen attentif des clauses formulées dans ce projet, a adressé des instructions aux administrateurs anglais de la Compagnie du Canal de Suez, pour qu'ils expriment son approbation de ce projet à M. de Lesseps; et, afin que votre Association puisse être complètement informée par le Gouvernement de Sa Majesté à cet égard, je dois vous remettre ci-joint une copie de la lettre que Sa Seigneurie a adressée aux administrateurs sur ce sujet.

§ 4. — EXPLICATIONS DONNÉES PAR M. DE LESSEPS, DANS SON RAPPORT A L'ASSEMBLÉE GÉNÉRALE DES ACTIONNAIRES DU 12 MARS 1884, SUR LES DIVERS ARTICLES DU PROGRAMME DU MEETING DE LONDRES. — VOTE D'APPROBATION DU RAPPORT.

Ainsi qu'il a été déjà mentionné précédemment, une réunion extraordinaire de l'Assemblée générale des actionnaires eut lieu le 12 mars 1884 pour statuer sur le programme du *meeting* de Londres.

Le Président de la Compagnie, dans son rapport à l'Assemblée, donna, sur les divers articles de l'arrangement intervenu, les explications suivantes :

Sur l'article 1er :

Cet article prévoyait l'étude et l'exécution d'un agrandissement suffisant du Canal existant ou le creusement d'une deuxième voie.

Une Commission spéciale devait être formée pour examiner la question et le Conseil d'administration n'en délibérerait qu'après que cette Commission aurait formulé son avis.

La décision qui serait basée sur cet avis aurait une grande importance et pourrait être considérée comme inattaquable, puisque la Commission serait composée, pour moitié, d'ingénieurs et d'armateurs anglais.

Il importait de remarquer que les diminutions de taxe n'étant basées, — d'après un autre article de l'arrangement, — que sur l'augmentation des revenus, les armateurs qui feraient partie de la Commission consultative des travaux d'amélioration auraient un intérêt personnel à ne sanctionner que des projets absolument utiles, avec un minimum possible de dépenses.

D'un autre côté, l'ensemble des travaux d'amélioration que conseillerait la Commission consultative donnerait lieu, de la part du Conseil d'administration, à un examen approfondi au point de vue des moyens financiers de pourvoir aux dépenses. Deux seuls moyens se présenteraient : une augmentation de capital ou une émission d'obligations. La résolution à prendre, quelle qu'elle dût être, demeurerait naturellement soumise à l'appréciation des actionnaires.

Sur l'article 2 :

La présence des armateurs anglais dans la Commission consultative des travaux prévus à l'article 1er était, aux yeux du Président, une garantie, une sécurité à laquelle il avait attaché une grande importance. Les armateurs, en effet, intéressés presque au même degré que les actionnaires à l'accroissement des revenus, seraient un frein puissant à opposer aux exagérations possibles.

Le Président avait pensé qu'une intervention semblable, permanente, au sein de l'administration même de la Compagnie, procurerait des résultats identiques, et il avait résolu, en conséquence, d'appeler les armateurs et les négociants anglais à siéger dans le Conseil. Il ne doutait pas que, lorsque les armateurs anglais, intéressés désormais à la prospérité de l'entreprise, auraient pu, par une active collaboration, connaître et apprécier les intentions et les actes de la Compagnie, comme déjà les connaissaient et les appréciaient les trois membres anglais actuels du Conseil, ils deviendraient les défenseurs les plus zélés de l'œuvre et du droit de la Compagnie ; que, ainsi que l'avait fait le colonel Sir John Stokes en 1880, après un voyage dans l'isthme, ils constateraient la bonne organisation des services de la Compagnie, mal connus en Angleterre, calomniés quelquefois, et comme lui, encore, proclameraient « la sollicitude avec laquelle la Compagnie cherchait à faciliter la navigation ».

Le projet présenté à l'Assemblée était l'application des principes que le Président avait toujours considérés comme devant inspirer l'administration de la Compagnie dans l'accomplissement de la grande mission qui lui était confiée.

A l'origine, en effet, le Conseil d'administration avait été composé de 32 membres, représentant « les principales nationalités intéressées à l'entreprise ». L'Angleterre n'ayant pas souscrit une seule action sur la part du capital qui lui avait été réservée, les sièges au Conseil qui devaient appartenir à la nation britannique avaient été occupés par des représentants d'autres pays, dont les nationaux avaient participé, dans une certaine mesure, à la formation du capital. La longue et douloureuse lutte que la Compagnie avait eu à soutenir pour exécuter le Canal maritime avait eu pour résultat que la France avait seule fini par posséder tout le capital disponible (actions et obligations) de la Société. Les 176.000 actions jadis réservées à la nation britannique avaient été prises et gardées par le Gouvernement égyptien. A mesure que les sièges occupés par les représentants étrangers étaient devenus vides, le Conseil avait dû se préoccuper de la situation nouvelle du capital de la Société, et, dans sa réunion du 24 août 1871, l'Assemblée générale des actionnaires avait décidé que le nombre des administrateurs serait réduit de 32 à 21. En même temps, le Conseil abandonnait 1 0/0 de l'allocation spéciale que les statuts lui réservaient sur les bénéfices nets de l'entreprise.

Le Gouvernement anglais ayant repris au Gouvernement égyptien les 176.000 actions que ce dernier avait réservées, il importait de régler aussitôt la part d'administration qui devait en revenir au Gouvernement de Sa Majesté, et c'est ce qu'avait fait l'Assemblée générale des actionnaires du 27 juin 1876, en décidant que le nombre des administrateurs serait porté de 21 à 24, et que les trois places ainsi créées seraient réservées, tant que le Gouvernement de Sa Majesté resterait possesseur des actions acquises par lui, à des candidats désignés par ledit Gouvernement, présentés par le Conseil et nommés par l'Assemblée générale des actionnaires suivant les formes usitées.

Maintenant que les clients anglais du Canal devaient bénéficier de l'augmentation des revenus de la Compagnie, on se trouvait exactement dans la situation que le Président avait désirée à l'origine de la Société, c'est-à-dire en état d'alliance effective avec la nation britannique, avec les armateurs anglais.

L'article 2 du programme soumis à l'approbation de l'Assemblée rétablissait purement et simplement, en conséquence, le Conseil de 32 membres des premiers statuts, en réservant 7 sièges « à de nouveaux administrateurs choisis parmi les armateurs et les négociants anglais ».

Un vote spécial était demandé à l'Assemblée pour la modification des statuts dans ce sens.

L'approbation du Gouvernement égyptien serait ensuite sollicitée ; mais en attendant cette approbation et la nomination des personnes choisies, ces personnes seraient invitées à assister aux séances du Conseil.

Sur l'article 3 :

La présence, dans le Conseil, de ces administrateurs nouveaux, intéressés, personnellement, à voir s'accroître les revenus qui, seuls, leur assureraient des diminutions de taxes, n'avait pas paru suffisante.

Il avait semblé au Président que ces administrateurs, que ces armateurs, habitant l'Angleterre, parfaitement au courant des vues de la Compagnie, de ses intentions, de ses actes, seraient en mesure de lui éviter dans leur propre pays ces continuels malentendus, ces fausses appréciations, ces soupçons même que l'éloignement favorisait. Déjà — le Président tenait à le dire bien haut — l'intervention constante des administrateurs anglais auprès de leurs compatriotes avait épargné à la Compagnie des froissements fâcheux, des complications. Il n'y aurait certes plus de malentendus, surtout plus d'accusations possibles, lorsque les principaux armateurs de l'Angleterre, devenus membres du Conseil, seraient en mesure, d'une manière permanente, dans les ports anglais, de recueillir, pour les réfuter ou les transmettre à la Compagnie, suivant les cas, les plaintes des marins ou des négociants, et, d'autre part, à Paris, dans les séances mensuelles du Conseil, de renseigner la Compagnie sur les vœux du commerce anglais.

C'était là tout ce que l'article 3 du programme définissait sous le nom de Comité consultatif siégeant à Londres et composé des administrateurs anglais.

En même temps, cet article prévoyait l'application d'une mesure de simple administration consistant en l'établissement d'un bureau de la Compagnie à Londres et d'une organisation permettant de payer à l'avance dans la métropole britannique les droits dûs par les navires anglais appelés à passer le Canal.

Sur l'article 4 :

Cet article ne faisait que sanctionner une mesure déjà appliquée, c'est-à-dire la tendance de la Compagnie à augmenter dans son personnel du transit le nombre des agents parlant l'anglais.

Sur l'article 5 :

Cet article rappelait l'engagement pris dans l'accord intervenu avec les Puissances maritimes en 1876, de supprimer la dernière surtaxe de 0 fr. 50, le 1er janvier 1884.

Cette suppression avait été faite régulièrement.

Sur l'article 6 :

Cet article n'était également que l'application d'un engagement pris relativement aux frais faits par la Compagnie pour venir au secours des navires échoués dans le Canal ou y ayant subi un arrêt.

Il importait, pour assurer le transit le plus rapide des navires, que les capitaines, lorsque les moyens qu'ils avaient à bord devenaient insuffisants, n'hésitassent pas, à cause du remboursement des frais qui leur incombait, à réclamer le secours des engins et du personnel de la Compagnie. Désormais, pour l'envoi de ces engins et l'emploi du personnel, il ne serait plus rien réclamé aux armateurs, excepté dans les cas de collisions et lorsque les navires endommageraient par leur faute le matériel et autres engins de la Compagnie.

Sur l'article 7 :

Cet article prévoyait la suppression des droits spéciaux de pilotage à partir du 1er juillet 1884. C'était pour l'année courante, en ne supposant qu'un trafic égal à celui de 1883, une diminution totale de 2 millions de francs, qui ne serait plus forte que s'il y avait accroissement de trafic, auquel cas cet accroissement, grâce à la perception du tarif maximum de 10 francs, compenserait largement le sacrifice.

Cette taxe spéciale était la cause de nombreuses et continuelles réclamations. Basée, aux termes du règlement, sur le tirant d'eau du navire et non sur son tonnage, elle était variable, par conséquent incertaine, ce qui était un élément de trouble dans les affaires commerciales, si positives. C'était là, certainement, le premier témoignage qu'avait à donner la Compagnie de sa bonne volonté.

A partir de 1884, la suppression de cette taxe serait relative au développement du trafic puisqu'elle porterait sur le mouvement total.

En réalité, ce produit de l'exploitation représentant 6 0/0 de la recette totale, il suffirait d'une augmentation de trafic de 6 1/4 0/0 pour que le sacrifice fût récupéré.

Le mouvement du transit, les préparatifs que l'on constatait, l'augmentation pour ainsi dire déjà acquise, permettaient dès maintenant de considérer cette détaxe comme devant être largement couverte.

Sur l'article 8 :

Cet article était celui qui établissait le programme de diminution de la taxe de transit.

Au moment où le Président et les armateurs en préparaient la rédaction, la stagnation des affaires, la difficulté des échanges, l'état particulier des opérations d'armement et d'affrétement faisaient prévoir, sinon un ralentissement dans le trafic, du moins une progression relativement suspendue.

Etait-ce un effet des diminutions de taxe annoncées — comme cela avait été dit — ou bien la conséquence d'un fait normal? Quelle qu'en fût la cause, il était certain que le trafic par le Canal avait continué à progresser malgré l'état de souffrance générale des affaires et l'abaissement des frets ; que les recettes du Canal étaient en augmentation sensible malgré la détaxe de 0 fr. 50 appliquée depuis le 1er janvier, et que ce qui apparaissait, en novembre de l'année précédente, comme un sacrifice peut-être un peu lourd, allait se trouver compensé par une amélioration vraiment imprévue.

L'article 8 disait, en effet, que le 1er janvier 1885, la taxe de 10 francs serait ramenée à 9 fr. 50 quelque fût le mouvement. Or le mouvement de 1884 paraissait devoir être tel que la réduction de 0 fr. 50 à appliquer le 1er janvier 1885 produirait, sur l'ensemble des recettes, un effet semblable à celui de la réduction de 0 fr. 50 appliquée le 1er janvier 1884, c'est-à-dire un effet à peine appréciable.

Après cette réduction de 0 fr. 50 le 1er janvier 1885, qu'il fallait appeler la réduction ferme, le programme mettait immédiatement en pratique le principe du partage, entre les actionnaires et les clients du Canal, du bénéfice supérieur à 18 0/0.

L'application de ce principe n'avait pas toujours été bien comprise; elle avait été souvent exagérée, et l'on n'avait pas tenu compte, dans tous les cas, de certains éléments de faits avantageux aux actionnaires.

On avait, par exemple, considéré cette clause comme préparant un partage immédiat et entier, entre actionnaires et armateurs, du surplus de 18 0/0. Or, il n'en serait pas ainsi.

Dans le cas où le revenu des actionnaires pour 1883 dépasserait 18 0/0, soit plus de 90 francs par action, la somme représentant ce surplus ne serait pas retenue au profit des armateurs; elle serait distribuée aux actionnaires et servirait seulement de base, comme chiffre, au calcul de la détaxe à appliquer en 1885, et voici comment : La moitié de la somme totale distribuée en sus des 18 0/0 serait divisée par le nombre total de tonnes ayant transité en 1883, et le quotient serait la diminution de taxe applicable à partir du 1er janvier 1885.

Il importait de remarquer que les dividendes n'étant approuvés par les actionnaires, réunis en Assemblée, que six mois environ après la clôture de l'exercice, la diminution de taxe provenant du revenu et du tonnage d'un exercice ne serait jamais appliquée que douze mois après que ce revenu aurait été acquis; qu'en conséquence les actionnaires bénéficieraient pendant une année entière, sans réduction, de toute l'augmentation du revenu.

Une autre erreur d'appréciation avait été publiée. On avait écrit, qu'au-delà de 18 0/0 de revenu, tous les bénéfices donneraient lieu à des réductions de tarif au moyen d'un calcul annuel recommencé chaque année en prenant pour base le revenu de 18 0/0. Il n'en serait pas ainsi non plus : le calcul annuel pour la fixation de la détaxe à appliquer seulement une année après, aurait pour base le dernier revenu, 18 0/0 d'abord, 19 0/0 ensuite, 20 0/0, 21 0/0, etc.; le pourcentage de revenu réservé aux actionnaires une fois constaté leur serait définitivement acquis, 18, 19, 20, 21 0/0, etc. La détaxe ne porterait que sur les revenus annuels, successivement supérieurs au chiffre le plus élevé des bénéfices antérieurement réalisés, c'est-à-dire 18, 19, 20, 21, 22, 23, 24, et 25 0/0.

Ce ne serait que lorsque le revenu aurait atteint 25 0/0 que ce calcul cesserait et que la partie des bénéfices supérieure à 125 francs par action servirait intégralement de base à la réduction de la taxe de transit jusqu'au moment où elle serait descendue à 5 francs par tonne.

Dans la pensée du Président, et sans parler des engagements pris envers le commerce universel à l'origine de l'entreprise, le moment semblait venu pour la Société de procéder à des diminutions de taxe si elle voulait servir avec intelligence le développement de trafic qui se préparait, si elle voulait attirer au Canal les quantités considérables de marchandises que la cherté des transports retenait encore sur les marchés orientaux d'exportation.

En calculant le tonnage qui passerait le Canal alors que les revenus seraient de 25 0/0, et à en juger par l'expérience du passé, le moment serait précisément venu alors d'assurer au Canal tout le développement dont il est susceptible en arrivant le plus rapidement possible à l'établissement de la taxe de 5 francs. Alors, et ainsi, le trafic dont bénéficierait la Société serait vraiment sans limite.

Les promesses de l'origine du Canal avaient été dépassées au-delà de toute espérance ; on pouvait être assuré que, grâce aux liens d'intérêt commun qui allaient se former entre la Compagnie et ses clients, l'avenir dépasserait encore tout ce que l'on pouvait actuellement imaginer.

Sur l'article 9 :

Cet article constatait simplement, pour éviter tout malentendu, que, dans le calcul des revenus annuels, l'intérêt statutaire de 5 0/0 se trouvait compris.

Sur l'article 10 :

Cet article signalait la réduction consentie en faveur des navires sur lest.

Cette faveur, répondant aux prévisions du Président, avait donné une impulsion sensible au mouvement d'importation en Europe des marchandises orientales.

Sur l'article 11 :

Cet article fixait sagement le montant de la réserve statutaire au-delà de 5 millions de francs à un maximum de 3 0/0 des bénéfices nets.

Sur l'article 12 :

Enfin, l'article 12 stipulait que, dans le cas où la Compagnie augmenterait son capital-actions, les principes du programme demeureraient entiers, et qu'il faudrait, en conséquence et mathématiquement, réajuster les arrangements intervenus, quant au partage des bénéfices, à la modification apportée au capital, de telle sorte que le programme n'en fut pas affecté.

Après les explications détaillées qui viennent d'être reproduites ici sur chacun des articles du programme de Londres, le rapport du Président à l'Assemblée des actionnaires se terminait par les quelques considérations générales suivantes présentées en vue d'obtenir l'adhésion de l'Assemblée aux principes de ce programme :

Le programme présenté à l'Assemblée, — disait le rapport, — était revêtu de l'adhésion expresse des principaux armateurs de l'Angleterre, des principaux clients du Canal maritime.

On avait donné à tort, à ce document, le nom de contrat ou de convention.

C'était un programme que la Compagnie avait préparé, dans sa pleine indépendance, après s'être assurée qu'il donnait satisfaction aux désirs exprimés par les armateurs.

On devait remarquer, qu'à l'exception de la disposition entraînant une modification des statuts, disposition pour le règlement de laquelle les actionnaires avaient été convoqués en Assemblée extraordinaire et qui allait faire l'objet d'un vote spécial, il n'était pas un seul point du programme qui fût susceptible d'être l'objet d'un vote défini.

Les questions de tarifs étaient, en effet, aux termes des statuts, exclusivement réservées au Conseil d'administration; et, voulût-il, renonçant à ses prérogatives, abandonner à l'Assemblée des actionnaires le soin de statuer, qu'il se trouverait, dans l'impossibilité de le faire ; les statuts, en effet, dans l'intérêt des tiers, obligeaient la publication, trois mois à l'avance, des modifications de tarif exactement chiffrées ; or, les détaxes prévues dans le programme de Londres étant subordonnées aux revenus des actionnaires, les diminutions de taxe ne pourraient être arrêtées, fixées et annoncées que successivement au fur et à mesure de leur constatation.

Il en était de même des travaux d'amélioration à exécuter dans le Canal maritime. Il était impossible de parler de l'importance de ces travaux et encore moins des moyens financiers par lesquels ces travaux seraient exécutés, puisque la Commission consultative prévue au programme ne pouvait être réunie qu'après que l'Assemblée aurait fait connaître son adhésion aux principes de ce programme.

Mais cette adhésion de principe, le Président la demandait pleine et entière, non seulement comme un témoignage de la confiance de l'Assemblée, mais encore comme une force, qui lui était devenue nécessaire pour l'accomplissement des destinées brillantes d'une œuvre à laquelle il avait consacré son dévouement.

(Le Rapport rappelait alors l'opinion favorable du Gouvernement de la Reine, à qui les armateurs avaient communiqué le programme du 30 novembre, en exprimant l'espoir « que le Gouvernement de Sa Majesté considérerait l'arrangement conclu comme satisfaisant », opinion exprimée dans les deux lettres du Ministre des Affaires étrangères du 4 février 1884 dont le rapport reproduisait le texte [1]. Le Rapport continuait ensuite comme suit) :

Le Président exprimait la confiance que l'exposé sincère et complet soumis à l'Assemblée par le Conseil d'administration ferait tomber les appréhensions vivement ressenties par quelques actionnaires, appréhensions qui provenaient évidemment d'une appréciation inexacte des faits, qu'il n'avait malheureusement pas pu rectifier avant la réunion de l'Assemblée.

L'adhésion de l'Assemblée au document qui lui était soumis — disait le Rapport, — était une adhésion à un programme dont l'exécution se prolongerait d'année en année, par parties successives, au fur et à mesure du développement du trafic.

A ceux qui avaient demandé quels avantages étaient apportés par les armateurs dans le « contrat intervenu », la seule réponse à faire était qu'il n'y avait pas de contrat, qu'il ne pouvait pas y avoir de contrat, et qu'un avantage quelconque, effectif, apporté par les armateurs, eût eu pour conséquence, précisément, de transformer en contrat un simple programme d'exploitation, instrument de paix loyalement accepté de part et d'autre.

Le Président faisait remarquer qu'il n'était pas au monde d'entreprise viable qui ne proportionnât ses tarifs aux affaires, comme il n'était pas de nation grande et libre qui pût impunément violer le droit d'autrui ; et, à ce sujet, il empruntait à une importante étude de M. Léon Say, publiée dans la revue anglaise *The Fortnightly Review*, au moment même où l'agitation contre la Compagnie était la plus ardente en Angleterre, les deux définitions suivantes :

« Le respect des contrats est le fondement des gouvernements parlementaires ;

« Le mode le plus simple, qui ait encore été trouvé, de proportionner les tarifs aux affaires, c'est la participation des clients aux bénéfices dont ils sont eux-mêmes la source. »

Le programme soumis à l'Assemblée consacrait en principe « la participation des clients aux bénéfices » ; il proportionnait les tarifs aux affaires ; il était en outre, essentiellement un instrument de paix, c'est-à-dire de prospérité.

S'il en était autrement, si la Compagnie n'obtenait pas cette paix fructueuse, indispensable au progrès même de l'entreprise, si le pacte conclu dans le programme était rompu en dehors de la volonté des actionnaires, le Conseil d'administration, fort de leur confiance et de

1. Pour le texte de ces deux lettres, voir précédemment.

leur droit, maître des tarifs comme eux étaient maîtres de la fixation des dividendes et des voies et moyens d'emprunt, ressaisirait toute sa liberté d'action et serait autorisé à considérer comme nuls et non avenus tous les avantages qu'il aurait concédés.

Il n'en serait pas ainsi. Le Conseil était certain que les actionnaires auraient, et très promptement, à se féliciter du témoignage de confiance qu'ils lui auraient donné en votant l'approbation du rapport du Président, en sanctionnant les principes qui y étaient émis, dans les termes où ils étaient émis, comptant sur la vigilance du Président et du Conseil pour veiller, dans leur application successive, aux équitables effets de la communauté d'intérêts que consacraient ces principes.

L'Assemblée était appelée à voter sur les deux questions suivantes portées à l'ordre du jour :

Approbation du Rapport du Président;

Modification de l'article 24 des statuts, consistant dans le rétablissement du nombre des administrateurs à 32.

433 actionnaires, représentant 242.400 actions, assistaient à la séance.

Pour la première question, une demande de scrutin secret ayant été déposée, il y fut procédé. Il avait été entendu, d'ailleurs, de l'assentiment de l'Assemblée, que les votes auraient la signification suivante :

Oui, signifierait l'approbation du Rapport;

Non, l'ajournement de la décision à prendre.

Le résultat du scrutin fut le suivant :

Oui... 843 voix; non... 761 voix.

Le Rapport du Président était donc approuvé à la majorité de 82 voix.

Pour la seconde question, l'assemblée n'étant plus en nombre, il ne put être procédé au vote.

§ 5. — NOUVELLES EXPLICATIONS DONNÉES PAR M. DE LESSEPS, DANS SON RAPPORT A L'ASSEMBLÉE GÉNÉRALE DES ACTIONNAIRES DU 29 MAI 1884, SUR LE PROGRAMME DE LONDRES. — VOTE RETABLISSANT LE NOMBRE DES ADMINISTRATEURS A 32.

L'Assemblée générale extraordinaire du 12 mars 1884 ne s'étant plus trouvée en nombre — ainsi qu'il est dit ci-dessus — pour statuer sur le rétablissement du nombre des administrateurs à 32, la question fut de nouveau posée dans l'Assemblée générale ordinaire et extraordinaire réunie le 29 mai suivant.

Dans son Rapport à cette Assemblée, M. de Lesseps jugea utile de donner d'abord quelques explications complémentaires sur le programme de Londres pour répondre à diverses critiques auxquelles il avait donné lieu.

Ce programme — fit-il remarquer — se résumait en définitive ainsi :

1° Les armateurs ne recevraient jamais rien des revenus acquis ; ces revenus seraient toujours intégralement payés aux actionnaires ;

2° Les détaxes, subordonnées à la progression des revenus, ne seraient jamais appliquées que la deuxième année suivant celle où l'augmentation des revenus se serait produite ;

3° Le revenu de 125 francs, au-delà duquel le *surplus* acquis servirait de base au calcul des détaxes, ne serait pas un maximum, puisque ce surplus serait en entier distribué aux actionnaires et que les détaxes ne continueraient que si ce surplus se produisait au bénéfice des actionnaires.

La formule du programme pouvait, d'ailleurs, se simplifier en cette proposition exacte :

Participation des clients du Canal à ses bénéfices, sous la forme de diminutions de taxes proportionnées à l'accroissement des recettes, à partir du revenu de 90 francs par action et jusqu'au moment où la taxe de transit se trouverait ramenée à 5 francs par tonne.

Le Président pouvait — dit-il — fournir déjà des preuves évidentes des avantages de l'association des actionnaires avec les armateurs :

D'une part, d'après le programme de Londres, la Commission consultative internationale des travaux devait être composée, pour moitié au moins, de membres anglais : Comme, sur 100 navires passant le Canal, 80 étaient anglais, le Président avait pensé qu'il était utile de composer la Commission de telle sorte qu'aucune critique ne pût être élevée contre ses travaux par la majorité des marins passant le Canal ; dans la pratique des choses, les travaux publics étant généralement critiqués par ceux qui les utilisent, il avait cru devoir donner une grande importance aux ingénieurs et aux marins anglais dans la Commission. De respectables susceptibilités s'étant produites à ce sujet parmi les actionnaires, il lui avait suffi de les signaler au Gouvernement de la Reine et aux armateurs, devenus les associés de la Compagnie, pour pouvoir ne comprendre que 8 membres anglais dans la Commission consultative de 22 membres qu'il avait convoquée, et qui devait se réunir le 16 juin;

D'autre part, on n'ignorait pas que, depuis plusieurs années, le Gouvernement égyptien s'opposait à l'exécution du canal d'eau douce d'Ismaïlia à Port-Saïd. Or, par une note que les représentants du Gouvernement de la Reine dans le Conseil avaient remise officiellement à la Compagnie, ils l'informaient que « le Gouvernement de la Reine était en communication avec le Gouvernement égyptien, avec le désir de trouver une solution favorable de la question de la construction dudit canal dans des conditions qui assureraient à la ville de Port-Saïd un approvisionnement suffisant d'eau douce, tout en permettant l'arrosage des terrains entre Ismaïlia et Port-Saïd.

Au sujet de la quetion du rétablissement du nombre des administrateurs à 32, le Président crut devoir également, dans son Rapport, insister à nouveau sur les avantages qu'il voyait dans la participation des armateurs et négociants anglais à l'administration des affaires de la Compagnie.

Comme l'avaient été les représentants de la Reine dans le Conseil — dit-il, notamment — les représentants de la marine et du commerce anglais ne seraient pas seulement des individualités ayant le mandat unique de surveiller l'exécution du programme consenti ; propriétaires chacun de 100 actions inaliénables, et partageant personnellement et solidairement avec tous les autres membres du Conseil les responsabilités de leur gestion, un intérêt nouveau, favorable aux actionnaires, viendrait se joindre à leur intérêt exclusif d'armateurs et de négociants.

Intéressés à voir les recettes s'accroître, pour voir les détaxes arriver le plus rapidement possible, ils s'appliqueraient avec leurs collègues français à n'autoriser que les dépenses strictement nécessaires et à ne faire ces dépenses qu'au fur et à mesure des besoins réels ; et ils aideraient puissamment la Compagnie à augmenter ses recettes accessoires, à exécuter et à exploiter le canal d'eau douce d'Ismaïlia à Port-Saïd, à développer son domaine que les difficultés de sa situation ne lui avaient pas permis jusqu'alors d'utiliser aussi largement qu'elle l'eût désiré.

Avec ces représentants de la marine et du négoce britanniques dans le sein du Conseil, nombre de questions très importantes — comme, par exemple, celle des « perceptions différentielles » — pourraient être abordées sans trouble, sans animosité, alors que, dans l'état d'antagonisme où l'on était nécessairement, elles devenaient des sujets ou des prétextes de discorde.

Enfin, il importait de considérer que l'entreprise du Canal, qui était et devait rester purement industrielle, ne pouvait progresser que si elle était tenue en dehors des surprises de la politique. Jusqu'alors, l'intérêt universel avait protégé l'œuvre ; mais, avec l'ardeur légitime qui poussait les nations européennes à diriger leur activité vers l'Asie, il était devenu nécessaire d'éloigner du canal maritime tout ce qui pourrait susciter des conflits.

Il n'appartenait pas au Président de supputer les vues des Gouvernements européens qui, à propos des affaires d'Egypte, échangeaient pour le moment des bases d'entente ou de règlements internationaux. Mais si, dans ces règlements, la neutralité du canal, inscrite dans l'acte de concession, devait être visée, on ne pouvait méconnaître l'importance exceptionnelle de l'entente intervenue avec les armateurs anglais, approuvée par le Gouvernement de Sa Majesté Britannique, et qui avait donné à l'œuvre la consécration de son caractère exclusivement industriel et commercial, en l'écartant définitivement des discussions et prétentions qui surgissent des contrats politiques.

Enfin, après avoir rappelé la déclaration suivante faite par M. Gladstone, dans la séance de la Chambre des Communes du 30 août 1883, en réponse à une question du chef de l'opposition, Sir S. Northcote, demandant à connaître les intentions et les vues du Gouvernement sur la suite que comportait l'affaire du Canal :

« Le désir du Gouvernement était que les classes commerciales « elles-mêmes, qui, sous bien des rapports, étaient meilleurs juges de « ces questions qu'aucun gouvernement ne pouvait l'être, pussent être « et fussent pour et par elles-mêmes mises en contact direct avec le « pouvoir dirigeant du Canal. Ce que le Gouvernement espérait et « désirait, et il croyait que ce serait la meilleure marche à suivre en « vue d'une solution satisfaisante de la question, c'était qu'il y eût des « communications entre les autorités de la Compagnie et les intérêts « commerciaux de l'Angleterre, et, si cela était nécessaire, ceux des « autres pays. »

Le Président faisait remarquer que l'entrée des sept armateurs ou négociants anglais dans le sein du Conseil était la réalisation du sage désir exprimé par le Gouvernement de Sa Majesté Britannique ; que c'était là le contact direct, purement commercial, qui donnait à l'entreprise, et définitivement, son caractère exclusivement industriel et pacifique ; et il exprimait l'assurance que le Gouvernement français partageait à ce point de vue l'opinion formulée par le Premier Ministre du Gouvernement anglais.

La modification de l'article 24 des statuts rétablissant le nombre des administrateurs à 32, fut finalement votée par l'Assemblée à la majorité de 2.608 voix contre 556 et 3 bulletins blancs. (Les statuts exigeaient l'approbation des deux tiers des voix représentées à l'Assemblée, soit, un vote favorable de 2.112 voix, sur un nombre total de 3.167.)

§ 6. — DEUXIÈME DÉTAXE DE 0 fr. 50, DÉCIDÉE EN EXÉCUTION DU PROGRAMME DE LONDRES, POUR ÊTRE APPLIQUÉE A PARTIR DU 1er JANVIER 1893.

L'article 8 du programme de Londres stipule — ainsi qu'on se le rappelle — qu'après la première détaxe de 0 fr. 50 sur le chiffre statutaire de 10 francs par tonne pour être appliquée à partir du 1er janvier 1885, lorsque le revenu des actionnaires s'élèvera à plus de 18 0/0, ou 90 francs, une nouvelle réduction dans le droit de transit devra se faire sur la base de la moitié de l'excédent de ce revenu de 18 0/0.

Ce ne fut qu'en 1891 que le revenu net distribué aux actionnaires atteignit pour la première fois et même dépassa notablement 18 0/0 : Le compte des dépenses et recettes de cet exercice, accompagnant le rapport du Président de la Compagnie à l'Assemblée générale des actionnaires du 31 mai 1892, montre que le revenu brut des actionnaires pour ledit exercice se trouva être de 112 fr. 14, et le revenu net, impôts déduits, de 105 fr. 50.

En présence de ce résultat, la question d'une nouvelle détaxe, par application du programme de Londres, s'imposait à l'examen du Conseil d'administration de la Compagnie.

Le Président, dans son Rapport à l'Assemblée, donna à ce sujet les explications suivantes:

Bien que l'article 34 des statuts — disait le Rapport — attribuât au Conseil d'administration les modifications du droit de navigation, le Conseil, sans vouloir se soustraire aux devoirs qui lui étaient ainsi imposés, tenait pourtant à recueillir l'expression des opinions des actionnaires afin de maintenir entre eux et lui ces liens intimes si indispensables à la bonne marche de l'entreprise et à sa prospérité.

Depuis plus de huit ans, dans chacune des réunions de l'Assemblée, on avait entendu développer sous toutes ses faces la question de savoir si les abaissements de tarif représentaient une perte sans compensation possible, ou si, au contraire, ils concouraient à l'accroissement du trafic et, par conséquent, du revenu des actionnaires [1]. Il était, en effet, permis de se demander comment, seule parmi les entreprises basées sur le transport des marchandises, la Compagnie de Suez pourrait à la fois consolider les résultats acquis et préparer son développement en conservant ses taxes dans un état d'intégralité immuable.

Mais, en dehors des considérations économiques sur les effets d'une diminution de tarif, il en existait d'autres d'un ordre différent, dont l'importance ne saurait être méconnue, et qui devaient être soumises aux réflexions de l'Assemblée.

Il s'agissait, en effet, après la grande élévation de revenus dont les actionnaires bénéficiaient sur le dernier exercice, de prendre une décision de nature à avoir, suivant le système qui prévaudrait, les conséquences les plus graves pour l'avenir de la Compagnie ou les plus heureuses pour la consolidation, non seulement des revenus acquis aux actionnaires, mais des revenus encore plus importants que l'on avait le droit d'espérer par la suite.

Le Président ne pouvait pas ne pas se reporter à l'origine de la concession, qui, faisait-il remarquer, avait été accordée aux actionnaires dans le but de leur assurer, en cas de succès, une richesse qui fut la rémunération légitime des risques qu'ils assumaient en accomplissant

1. Depuis l'adoption du programme de Londres par l'Assemblée générale des actionnaires dans sa réunion du 12 mars 1884, un certain groupe d'actionnaires n'avait pas cessé, à chaque nouvelle réunion, de demander l'annulation de ce programme et le retour à l'ancien état de choses.

Notamment, dans l'Assemblée du 4 juin 1890, divers actionnaires s'étaient fait les interprètes des doléances et des revendications du groupe en question, prétendant que, depuis les détaxes, les recettes n'augmentaient plus avec la même rapidité que dans les périodes précédentes ; que, cependant, toutes les entreprises maritimes étaient prospères ; que la plupart des Compagnies de navigation qui alimentaient le trafic du Canal touchaient des dividendes énormes, que la valeur de leurs titres montait sans cesse, tandis que ceux de Suez restaient stationnaires ou reculaient. Finalement, il demandaient la suppression des détaxes.

M. Ch. de Lesseps, Vice-Président de la Compagnie, répondit à toutes ces allégations. Après avoir réfuté celles concernant la prospérité générale des entreprises maritimes, arrivant à la question des détaxes, il présenta les considérations suivantes :

Il posait, en principe que, quand on avait affaire à une cliente comme l'Angleterre, qui fournissait à elle seule 80 0/0 du trafic total, il était légitime de lui faire des concessions ; que cela était même utile ; que, dans le monde entier, toutes les entreprises de transports étaient entrées dans cette voie et une œuvre réputée impossible ; et, en même temps, de doter le monde d'une voie nouvelle destinée à multiplier, à faciliter, à rendre sans cesse plus accessibles les échanges entre les peuples des divers continents.

Pour tenir compte de ce double point de vue, principale raison d'être du respect dont jouissait la Compagnie et qui constituait sa force, le Conseil ne devait consentir à des diminutions de tarif qu'autant que les avantages à faire au public ne vinssent ni détruire les avantages obtenus ni paralyser le progrès ultérieur et rationnel.

Tel était — déclara le Président — l'ordre d'idées dont le Conseil se proposait de s'inspirer pour statuer, quand le moment serait venu, sur une diminution de tarif applicable le 1er janvier 1893 et équivalant à 0 fr. 50 par tonne, chiffre égal à celui qui avait été appliqué antérieurement sans empêcher le revenu de grandir jusqu'au point qu'il venait d'atteindre en 1891.

En terminant ses explications, le Président exprimait la confiance que l'Assemblée continuerait au Conseil cet appui qui lui était si nécessaire pour maintenir l'entreprise dans la voie la plus favorable aux véritables intérêts des actionnaires.

Après la lecture du rapport du Président, des oppositions s'étant produites de la part de divers membres de l'Assemblée, les unes contre la proposition même de réduction du tarif, d'autres, tout en admettant le principe des réductions,

---

que, partout, un accroissement de trafic avait correspondu à une réduction du prix des transports.

Ce n'était pas, d'ailleurs, la première fois que la Compagnie avait fait des réductions. Les réductions étaient prévues dans l'acte même de concession. Ces réductions de taxe n'avaient pas été nuisibles : après une période de stagnation, les recettes n'avaient pas cessé d'aller en croissant, si bien que, pour l'année 1889, le dividende proposé était de 91 fr. 05.

On n'avait donc pas perdu autant qu'on le prétendait à désarmer l'opposition menaçante de l'Angleterre.

L'Angleterre, d'ailleurs, de son côté, se montrait en cette affaire raisonnable et courtoise. Les armateurs anglais qui figuraient dans le Conseil d'administration l'avaient bien montré. Il avait été stipulé que nulle réduction de taxe ne serait possible tant que le dividende ne dépasserait pas 90 francs par titre. Or, cette année, le dividende était de 91 fr. 05. Allaient-ils, épiloguant sur le programme de 1883, réclamer une nouvelle réduction ? On l'eût pu craindre. Au contraire, tous spontanément, ils avaient interprété le programme en ce sens que, par 90 francs, « il fallait entendre 90 francs » nets d'impôts ».

L'Assemblée générale des actionnaires, en approuvant le rapport du Président par 1244 voix contre 200 et 30 bulletins blancs, repoussa par cela même la motion des opposants tendant à la suppression des détaxes.

contre le mode d'application resultant du programme de Londres, M. Ch. de Lesseps, Vice-Président de la Compagnie, se trouva amené à faire devant l'Assemblée un exposé complet de la question d'ensemble des taxes du Canal, exposé qui peut se résumer comme suit :

Il y avait — dit M. Ch. de Lesseps, au début de son exposé — un point de départ qu'il fallait connaître, qu'il avait eu, une fois déjà, l'occasion de signaler à l'attention de l'Assemblée, et qu'il jugeait utile de rappeler dans la séance actuelle, parce que cette séance était caractéristique, avait une importance considérable et devait régler définitivement la question des détaxes.

Ce point de départ consistait dans certaines circonstances qui avaient accompagné la concession du Canal à la Compagnie et qu'il allait rappeler.

Entre la première concession de 1854, sorte d'avant-projet de concession, et la concession de 1856, base de l'état présent de la Compagnie, le Gouvernement égyptien avait confié à deux de ses ingénieurs (MM. Linant-Bey et Mougel-Bey) le soin d'étudier toutes les questions préparatoires de la constitution de la Compagnie, de la création du Canal. Le travail produit par ces ingénieurs était un monument remarquable, où toutes les questions de construction, d'exploitation, de revenus, étaient étudiées avec une ampleur qui rendait ce document particulièrement intéressant; et l'on ne pouvait manquer d'être étonné, en le lisant, de voir que deux hommes avaient pu avoir des vues assez élevées pour comprendre ainsi, dès l'origine, toute la grandeur de l'entreprise qui allait s'exécuter. Or, voici ce que l'on pouvait lire dans ce document préparatoire, destiné à éclairer le Gouvernement égyptien :

« Nous avons une telle conviction que les évaluations précédentes « seront rapidement dépassées (ces évaluations de trafic probable « étaient quelque chose comme 3 millions de tonnes), que nous pro- « posons à la Compagnie d'insérer dans ses statuts une clause par « laquelle les tarifs seront abaissés aussitôt que le dividende dépassera « 20 0/0, afin de faire participer le commerce du monde aux avan- « tages de cette grande et belle entreprise. »

Telle était donc l'idée fondamentale exprimée par les deux agents du Gouvernement égyptien. Dans une conférence à ce sujet avec le Vice-Roi, S. A. Mohammed-Saïd, M. de Lesseps émit cette pensée, qu'il était déjà si audacieux à lui de venir présenter au public l'entreprise du percement de l'isthme de Suez comme une œuvre capable de rapporter un jour de l'argent, que l'on pourrait regarder comme une forfanterie de sa part de vouloir faire entrevoir pour l'avenir un bénéfice dépassant 20 0/0 ; et ce fut sur sa propre demande que la clause conseillée au Gouvernement égyptien par ses ingénieurs ne fut pas insérée dans les statuts de la Compagnie.

La concession du 5 janvier 1856 stipulait que la Compagnie jouirait du droit d'appliquer le tarif maximum de 10 francs, et, en même temps, l'article 34 des statuts disait que le Conseil d'administration statuerait sur les modifications de tarif.

Que signifiaient ces dispositions ? Evidemment, que le Gouvernement donnait à la Compagnie un tarif maximum pour lui permettre de vivre, de faire même de grands bénéfices ; mais, en même temps, qu'il chargeait le Conseil d'administration, qu'il s'en remettait à lui de faire des diminutions de tarif à mesure que ce serait possible, afin que tous profitassent de la nouvelle voie qu'ouvrait le Gouvernement, non seulement pour enrichir la Compagnie, mais aussi pour enrichir le monde. Telle était bien réellement l'idée de l'auteur de la concession. La Compagnie avait reçu la formule d'une mission à remplir.

Il ne fallait pas se méprendre sur les dangers qui pourraient résulter d'une politique différente de celle qui venait d'être indiquée et que le Conseil d'administration avait adoptée.

M. Ch. de Lesseps voudrait — dit-il — indiquer ces dangers à l'Assemblée sans cependant donner des arguments aux adversaires que, nécessairement, peut avoir un jour ou l'autre toute entreprise riche et prospère. Il croyait donc pouvoir remonter un peu dans l'histoire du Canal :

Il y avait eu d'abord la période de construction pendant laquelle la Compagnie, par suite de la lutte acharnée et parfois violente entreprise contre elle par le Gouvernement anglais, avait eu à supporter de si lourdes dépenses en dehors des prévisions et telles que c'était miracle que le Canal ait pu être ouvert ;

Puis, étaient venus les débuts de l'exploitation pendant lesquels, en raison du surcroît de charges résultant des excédents de dépenses, les bénéfices de la Compagnie se trouvèrent insuffisants pour lui permettre de satisfaire à ces charges, ce qui l'avait maintenue pendant un certain temps sous la menace d'une mise en faillite ;

Presque aussitôt ensuite, c'est-à-dire dès que les dangers furent conjurés et que les affaires de la Compagnie commençaient à devenir meilleures, était venue la longue lutte qu'elle eut à soutenir au sujet du mode d'application de la taxe de navigation et qui se termina par l'obligation qui lui fut imposée *manu militari* de ne faire porter cette taxe que sur le tonnage net des navires au lieu du tonnage brut qui représentait pour elle la véritable capacité de chargement. Il y avait lieu, toutefois, de rappeler à ce sujet que la mesure imposée, relative au tonnage net, avait eu pour correctif temporaire l'allocation d'une sur-

taxe de 3 francs, avec détaxes échelonnées devant, au bout d'un certain temps, ramener la taxe au taux statutaire de 10 francs ;

Enfin, étaient survenus les événements d'Egypte de 1882. Au lendemain de la victoire anglaise de Tell-el-Kébir, un cri unanime s'était élevé dans toute l'Angleterre pour détruire la Compagnie du Canal, pour l'abattre, pour avoir une Compagnie appelée à servir exclusivement, de la façon la plus économique au point de vue des tarifs, les intérêts de l'Angleterre. Le Conseil d'administration de la Compagnie avait dû constater alors que l'Angleterre, que le Gouvernement anglais, entraîné par l'opinion publique, par l'opinion publique commerciale surtout, était, quoi qu'on en pût dire, maître, pour quelque temps au moins, de l'Egypte. Comme l'Assemblée des actionnaires représentait la Compagnie, et comme elle avait à la défendre en restant d'accord avec les maîtres actuels de l'Egypte, M. Ch. de Lesseps lui demandait de marcher d'accord avec le Conseil et d'appliquer quant aux détaxes le programme de Londres.

Après ce court exposé des précédents, M. Ch. de Lesseps fit remarquer que, parmi les diverses solutions qui étaient proposées en opposition au programme de Londres, il était impossible à l'Assemblée de se prononcer sans s'exposer à commettre les plus graves erreurs. Ce dont il s'agissait en définitive — dit-il — c'était de voir si les intérêts des actionnaires étaient sérieusement menacés, ou si, au contraire, ils n'étaient pas servis et protégés par le procédé que le Conseil appliquait depuis plusieurs années et qu'il avait l'intention de continuer à appliquer. Les détaxes antérieures s'étaient toujours faites par 50 centimes. C'était là un fait. Et il y avait eu plusieurs détaxes de 50 centimes, quelques-unes de très précipitées, plus précipitées que ne l'étaient les détaxes à l'heure actuelle, et cependant les dividendes avaient toujours grandi. Mais, objectait-on, si l'on n'avait pas fait de détaxe, le dividende eût grandi davantage encore. Cela était difficile à vérifier, et, pour sa part, M. Ch. de Lesseps ne le pensait pas.

En résumé, le passé établissait que, dans le Canal de Suez, des détaxes de 50 centimes n'empêchaient pas le développement du dividende, dans un temps donné, évidemment, mais enfin ne l'empêchait pas de s'accroître ; que la diminution des tarifs et l'augmentation des revenus pouvaient marcher ensemble. L'expérience avait démontré, d'autre part, qu'une détaxe inférieure à 50 centimes n'aurait aucun avantage pour le public ; que ce serait une détaxe insuffisante pour les armateurs, pour le commerce, et que, par conséquent, la Compagnie ferait une perte sèche sans la compensation nécessaire d'un encouragement donné au développement des transports. La détaxe de 50 centimes s'affirmait donc comme la vraie base des détaxes.

On avait objecté également que l'année 1891 était peut-être une année exceptionnelle et que, cependant, la détaxe serait acquise.

A cette objection, M. Ch. de Lesseps répondit que la détaxe ne serait acquise que si la Compagnie le voulait bien. A la vérité, il croyait que, lorsqu'il s'agissait de relever un tarif, il fallait y regarder à deux fois, pratiquement, parce qu'en général, lorsque les revenus d'une entreprise de transports diminuaient, c'est qu'il y avait crise et, qu'en pareil cas, ce n'était pas travailler à faire cesser la crise que de venir augmenter encore les charges, les dépenses des clients. Toutefois, il jugeait nécessaire d'établir très catégoriquement qu'en théorie, au moins en droit, on pouvait toujours rétablir un tarif qui avait été diminué, et que ce serait une grande erreur de dire qu'un tarif diminué ne pouvait jamais être relevé. Il fallait réserver l'avenir.

M. Ch. de Lesseps croyait devoir, enfin, rectifier une opinion qui avait été exprimée par un actionnaire, lequel demandait quand serait appliquée une autre détaxe et avait émis cette idée qu'une détaxe ultérieure ne devrait pas être appliquée avant que le chiffre du revenu eût dépassé 112 francs. Il faisait remarquer à ce sujet que l'on allait appliquer une détaxe de 0 fr. 50, parce qu'il y avait une augmentation de dividende de 15 fr. 50 par rapport au dividende de 90 francs; et que, dès lors, il faudrait avoir acquis un dividende net de 122 francs pour l'application d'une nouvelle détaxe de 0 fr. 50. On avait donc du temps devant soi; et, d'ailleurs, d'autre part, si la prochaine détaxe venait à diminuer les revenus des actionnaires d'une façon inquiétante, au-dessous de 90 francs par exemple, le Conseil examinerait s'il devrait ou non relever le tarif; la question ferait alors l'objet d'une communication à l'Assemblée, et l'on verrait ce qu'il y aurait à faire.

Après ces explications sur la question de la détaxe — qui se trouvait nettement posée par le Conseil — M. Ch. de Lesseps dit à l'Assemblée qu'il fallait préciser le vote qu'elle allait émettre. Quant à ce vote, le Conseil était absolument d'accord avec les opposants. Ce n'était pas pour sa propre satisfaction qu'il revendiquait ce qu'il considérait comme une charge imposée par l'article 34 des statuts, c'est-à-dire le devoir qui lui incombait de modifier les tarifs. S'il avait agi comme il l'avait fait dans cette question des tarifs, c'est qu'il ne pouvait faire autrement, et que, s'il eût fait autrement, le Gouvernement égyptien l'eût rappelé à l'ordre. Le Conseil pouvait le regretter, au point de vue de sa tranquillité, mais il ne pouvait éviter la charge exclusive, pour lui, de décider les tarifs. Mais, en même temps, il désirait, et absolument, rester en contact avec les actionnaires, les faire participer effectivement à ses décisions. Les opposants avaient parfaitement raison de dire que, si le Conseil, seul, pouvait modifier les tarifs, l'Assemblée, seule, pouvait nommer les administrateurs. Si donc l'Assemblée pensait que les questions de tarif devaient être traitées autrement que le Conseil n'avait l'intention de le faire — et les intentions du Conseil avaient été exposées clairement, sans en dissimuler aucune — elle nommerait d'autres administrateurs.

La question se trouvait ainsi nettement posée : Le Conseil accepterait le vote sur la nomination des quatre administrateurs soumis à la réélection comme l'expression de l'opinion de l'Assemblée sur les tarifs. Si l'Assemblée était d'avis que le Conseil avait tort, elle nommerait les opposants.

L'Assemblée, en réélisant les quatre administrateurs sortants par 1406, 1409, 1411 et 1498 voix, sur 1635 votants, sanctionna les propositions du Conseil sur la question des tarifs.

Les avis de modifications de tarifs devant être publiés trois mois à l'avance, un avis publié dans le journal de la Compagnie du 2 octobre 1892, annonça que le Conseil d'administration avait décidé « qu'à partir du 1er janvier 1893, le droit de transit serait diminué de 50 centimes ». Ce droit de transit devait se trouver ainsi réduit à 9 francs.

COMMISSION CONSULTATIVE INTERNATIONALE

INSTITUÉE POUR L'ÉTUDE DES MESURES A PRENDRE EN VUE DE PERMETTRE AU CANAL MARITIME DE SATISFAIRE A UN TRAFIC DÉPASSANT 10 MILLIONS DE TONNES PAR AN.

(JUIN 1884 — FÉVRIER 1885)

Le programme de Londres, ainsi qu'on l'a vu au chapitre précédent, s'est trouvé approuvé par la résolution de l'Assemblée générale extraordinaire des actionnaires du 12 mars 1884, portant approbation du rapport du Président, avec la signification, attachée à ce vote, de l'assentiment de l'Assemblée.

On a vu aussi que la même Assemblée devait également statuer, comme conséquence de l'adoption de principe du programme, sur la proposition de rétablissement du nombre des administrateurs à 32, mais que le vote sur cette proposition avait dû, l'Assemblée ne se trouvant plus alors en nombre, être ajourné, en sorte que la résolution approbative de la proposition n'avait été prise que dans une nouvelle Assemblée générale, ordinaire et extraordinaire, réunie le 29 mai 1884.

Ce fut dans cette réunion de l'Assemblée générale des actionnaires que le Président de la Compagnie annonça qu'il avait constitué, — en exécution de l'article 1er du programme de Londres — la Commission consultative internationale appelée à donner son avis « sur les questions techniques, de travaux et de navigation, soulevées par le problème des nouvelles mesures à prendre pour que le Canal maritime pût répondre pleinement aux exigences d'un trafic dépassant 10 millions de tonnes par an ».

Cette Commission, comprenant 22 membres, était composée comme suit :

Composition de la Commission consultative internationale

ALLEMAGNE

M. Pescheck, inspecteur des voies fluviales en Prusse, attaché à l'ambassade d'Allemagne, à Paris.

AUTRICHE-HONGRIE

M. Blasius Crillanovich, capitaine du Lloyd autrichien.

ESPAGNE

M. Eduardo Saavedra, inspecteur général des Ponts et Chaussées, membre du Conseil supérieur de la Marine, à Madrid.

FRANCE

MM. Dumont, officier de la Compagnie nationale de navigation, à Marseille;
Ch. Lefébure de Fourcy, inspecteur général des Ponts et Chaussées;
Vice-amiral Jurien de la Gravière, membre de l'Institut;
Félix Laroche, ingénieur en chef des Ponts et Chaussées;
E. Larousse, ingénieur hydrographe;
Pascal, Inspecteur général des Ponts et Chaussées;
L. Tillier, lieutenant de vaisseau, officier de la Compagnie des Messageries maritimes;
Voisin Bey, inspecteur général des Ponts et Chaussées.

GRANDE-BRETAGNE

MM. Robert Alexander, armateur à Liverpool;
Captain Chitty, de la Marine royale britannique;
Major général Sir Andrew Clarke, inspecteur général des fortifications;
Sir John Coode, vice-président de l'Institut des Ingénieurs civils;
Sir Charles Hartley, membre de l'Institut des Ingénieurs civils;

MM. James Laing, constructeur et armateur, président de la Chambre de Navigation du Royaume-Uni ;

William Mackinnon, président de la Compagnie *British India ;*

Thomas Sutherland, président de la Compagnie de navigation Péninsulaire et Orientale.

ITALIE

M. Edouard Gioia, ingénieur, à Rome.

PAYS-BAS

M. J. Dirks, ingénieur en chef du Waterstaat.

RUSSIE

Capitaine E. Alexéieff, de la Marine impériale, attaché à l'ambassade de Russie, à Paris.

On voit que la Commission comprenait 8 membres anglais, 8 membres français, et 1 membre pour chacune des six autres grandes nations suivantes : Allemagne, Autriche-Hongrie, Espagne, Italie, Pays-Bas et Russie.

PREMIÈRE RÉUNION DE LA COMMISSION

La Commission tint une première réunion à Paris, au siège de la Compagnie, les 16, 19 et 20 juin 1884.

Le Président de la Compagnie et les membres du Comité de direction, le Secrétaire général, l'Ingénieur en chef des travaux en Egypte, le Chef des travaux à Paris et le Chef du service du transit et de la navigation assistèrent aux séances de la Commission.

Au début de la première séance, tenue le 16 juin, lecture fut donnée de l'exposé suivant du Président de la Compagnie à la Commission, destiné à bien définir l'objet de la mission qui lui était confiée :

Exposé du Président de la Compagnie

Messieurs, la première Commission internationale, réunie en 1856, avait eu pour mission d'examiner et de résoudre les questions d'art relatives au Canal à creuser entre la Méditerranée et la mer Rouge, et d'émettre un avis sur les conditions pratiques de l'exécution de la voie maritime et des ports.

Le Rapport de cette Commission, œuvre éminente de prévoyance, monument scientifique contre lequel aucune critique n'a pu prévaloir, est demeuré le programme de l'entreprise jusqu'à l'achèvement complet des travaux.

La première Commission internationale avait nettement pressenti l'essor que le creusement du Canal maritime de Suez allait imprimer à la grande navigation, et toutes ses délibérations, largement conduites, avaient eu pour but de rendre l'accès du Canal facile, les traversées rapides, en réservant l'avenir complètement, par une sage disposition des ouvrages des ports, par la simplicité même du plan de la tranchée sans écluses ni endiguements. L'œuvre achevée, toutes les améliorations que les développements du commerce, l'augmentation des dimensions des navires pourraient exiger dans l'avenir, se trouvaient pour ainsi dire facilitées, prévues, dans le premier programme d'exécution.

Les prévisions de la Commission internationale de 1856 étant devenues des réalités, nous devions reprendre son œuvre, aviser aux moyens de permettre le libre croisement des navires en marche sur toute la longueur du Canal.

Alors que nous vous convoquons, Messieurs, après vingt-huit ans d'intervalle, comme les représentants éclairés de la science, du commerce et de la navigation, pour vous demander votre avis sur les meilleures dispositions à adopter pour réaliser le grand progrès qui sera le couronnement de l'œuvre tracée par vos éminents prédécesseurs, nous devions leur exprimer nos sentiments de reconnaissance et d'admiration.

Et nous sommes particulièrement heureux de voir siéger au milieu de vous M. Larousse, qui fut adjoint, dès l'origine, à la Commission de 1856, et vos autres collègues, MM. de Fourcy, Pascal, Voisin Bey, Laroche, ingénieurs des Ponts et Chaussées de France, qui, depuis la première heure, n'ont cessé de nous apporter le concours de leur science éclairée.

C'est avec ces dévoués collaborateurs que notre Compagnie, depuis 1869, c'est-à-dire depuis l'ouverture du Canal à la grande navigation, a constamment, et d'année en année, amélioré la voie nouvelle.

Nous avons, successivement :

Redressé et élargi les courbes de plus faibles rayons que le type des bâtiments de la première période avait d'abord permis d'établir ;

Agrandi les gares disposées latéralement pour faciliter les croisements ;

Créé de nouveaux bassins de stationnement;

Augmenté et perfectionné le balisage, les moyens d'amarrage;

Complété l'éclairage des ports.

Nous satisfaisions ainsi, graduellement, aux exigences du développement progressif du trafic.

Ce progrès continu de la navigation, marchant de pair avec l'augmentation du volume des navires, prit de grandes proportions en 1876. Nous dûmes alors songer à consacrer aux travaux spéciaux d'amélioration des sommes plus considérables, et, conformément aux termes d'un accord intervenu le 21 février 1876, avec le Gouvernement de Sa Majesté Britannique, un programme d'améliorations successives fut arrêté pour être exécuté en 30 années, moyennant une dépense annuelle fixe d'un million de francs.

Ce programme visait principalement :

L'agrandissement des gares existantes, qui devaient être successivement portées de 500 à 750, puis à 1.000 mètres de longueur, et à 15 mètres de largeur en dehors de la ligne propre de navigation;

La création de nouvelles gares;

De nouvelles rectifications de courbes;

L'élargissement de la cuvette du Canal dans la branche de Suez;

La création de nouveaux bassins de stationnement dans les ports;

L'enrochement des berges, etc.

Le délai de 30 années assigné à l'exécution du programme se trouva bientôt beaucoup trop long relativement à l'accroissement du trafic qui se manifestait.

Le Conseil d'administration de la Compagnie, spontanément, en 1882, proposa aux actionnaires, réunis en Assemblée générale, d'exécuter sans interruption l'ensemble des travaux prévus, en y affectant le reliquat disponible de la dotation de 30 millions et dans les seuls délais de temps qu'il ne serait pas prudent de réduire sans s'exposer à créer, du fait même de ces travaux, des entraves au transit des navires dans le Canal.

En même temps, dans des conférences avec les représentants du Gouvernement de Sa Majesté Britannique dans le Conseil, la Direction recherchait et fixait le mode le meilleur par lequel l'exécution des travaux projetés satisferait, dans le Canal, à un mouvement de 10 millions de tonnes.

Et voici, dans l'ordre arrêté de leur exécution, et avec l'indication de la dépense, les travaux d'amélioration qui furent alors décidés :

(Suivait le programme détaillé de ces travaux, dont l'évaluation totale était égale au reliquat de la dotation de 30 millions, s'élevant à 22.345.531 francs).

En formulant ce programme, notre Commission de travaux exprimait l'opinion « qu'en prévision d'un développement du trafic dépas-« sant 10 millions de tonnes par an, il conviendrait dans un avenir « qui ne pouvait être déterminé, d'étudier l'*idée* du creusement d'une « double voie... »

Les nouvelles réductions de taxes approuvées en principe cette année même, annoncées à l'avance, devant préparer un accroissement de trafic allant au-delà des 10 millions de tonnes prévues, il importe que toutes les mesures soient prises pour que le Canal maritime réponde pleinement aux exigences de ce trafic développé.

C'est dans ce but, c'est pour avoir votre avis sur les questions techniques, multiples, de travaux et de navigation, soulevées par le problème lui-même, que nous vous avons convoqués.

Il s'agit donc, Messieurs, en vue d'un trafic dépassant 10 millions de tonnes, d'entendre vos avis sur les meilleures dispositions à prendre pour que la voie maritime directe, creusée entre Port-Saïd et Suez, permette le croisement des navires en marche, dans les conditions les plus satisfaisantes possibles de sécurité et de rapidité pour les armateurs, et par le minimum de dépense pour la Compagnie.

Pour répondre à ce programme, nos services compétents ont étudié les trois combinaisons sur lesquelles nous vous demandons votre avis :

A. Doublement de la voie maritime par élargissement pur et simple ;

B. Doublement de la voie maritime par élargissement avec voies séparées ;

C. Doublement mixte ou combinaison des deux premières hypothèses.

En ouvrant cette première séance, en vous priant de constituer votre bureau, je vous remercie en mon nom, au nom de mes collègues du Conseil et au nom des actionnaires pour l'empressement sympathique que vous avez mis à répondre à notre appel.

Vos délibérations, suite des travaux de la grande Commission internationale de 1856, nous permettront de satisfaire, par des décisions opportunes, aux légitimes exigences de l'intérêt universel.

Aussitôt après avoir entendu la lecture de l'exposé du Président de la Compagnie, la Commission procéda à la formation de son bureau, qui fut constitué comme suit :

BUREAU DE LA COMMISSION

MM. Lefébure de Fourcy, président (France) ;
Sir Andrew Clarke, Vice-Président (Grande-Bretagne) ;

J. Dirks, Vice-Président (Pays-Bas);
Voisin Bey, Rapporteur (France);
Laroche, Rapporteur-adjoint (France).

Dès le début de ses délibérations, la Commission avait résolu de ne prendre aucune décision formelle ni définitive sur les questions soumises à son examen avant de connaître les résultats d'une étude faite sur les lieux mêmes par une Sous-Commission choisie parmi ses membres.

Néanmoins, et comme conclusion provisoire de ses premières délibérations, la Commission tint à déclarer, et cela à l'unanimité « qu'elle inclinait en faveur de l'élargissement pur et simple du Canal sous la réserve de l'opinion qui pourrait être exprimée par la Sous-Commission après sa visite des lieux. »

Avant de clore sa première réunion, la Commission procéda à la nomination de la Sous-Commission, qu'elle pensa devoir être composée de deux membres anglais choisis par leurs collègues de la Grande-Bretagne, de deux membres français et de tous ceux des membres des autres pays qui pourraient en faire partie. La Sous-Commission se trouva finalement être composée comme suit :

MEMBRES DE LA SOUS-COMMISSION

GRANDE-BRETAGNE

Sir John Coode;
Sir Charles Hartley.

FRANCE

MM. Voisin Bey;
Tillier.

AUTRES PAYS

MM. Pescheck (Allemagne);
Crillanovich (Autriche-Hongrie);
Gioia (Italie);
Dirks (Pays-Bas).

La Sous-Commission choisit M. Dirks pour son Président, et il fut tacitement entendu que M. Voisin Bey conserverait ses fonctions de rapporteur.

DEUXIÈME ET DERNIÈRE RÉUNION DE LA COMMISSION

La Sous-Commission se réunit une première fois à Paris aussitôt après la séance de clôture de la première réunion de la Commission plénière. Le 30 juillet, sur l'invitation de son Président, elle se rendit en Hollande pour étudier les conditions de la navigation sur le Canal maritime d'Amsterdam à la mer du Nord. Ce ne fut qu'en novembre, en raison des quarantaines, qu'elle put partir pour l'Egypte, où elle séjourna dans l'isthme du 21 novembre au 3 décembre. De retour à Paris, dans des séances du 2 au 7 février 1885, elle arrêta les résolutions à soumettre à la sanction de la Commission plénière dans une deuxième et dernière réunion tenue par celle-ci les 9 et 11 février au siège de la Compagnie, à Paris.

Avis de la Commission consultative internationale

La Commission consultative internationale, s'appropriant les résolutions proposées par sa Sous-Commission, formula finalement, dans sa séance de clôture du 11 février, des conclusions dont les principales peuvent se résumer de la manière suivante :

La Commission déclarait tout d'abord donner toutes ses préférences au système d'élargissement pur et simple du Canal ;

Elle émettait ensuite l'avis,

Que le projet des travaux et l'estimation des dépenses devaient comprendre un approfondissement final du Canal jusqu'à une profondeur de 9 mètres en contre-bas, en chaque point, du niveau des basses mers de vives-eaux ordinaires; mais, en même temps, elle estimait que le programme d'exécution successive des travaux devait être arrêté en vue de réaliser d'abord une profondeur de $8^m,50$, l'approfondissement complémentaire de $0^m,50$ devant former la dernière phase d'exécution de l'amélioration projetée ;

Et qu'il y avait lieu, d'une part, de donner au Canal les largeurs suivantes mesurées à la profondeur de 8 mètres sous le niveau des basses mers de vives-eaux ordinaire, savoir :

Sur la partie du Canal comprise entre Port-Saïd et les Lacs Amers, une largeur de 65 mètres dans les parties rectilignes, avec élargissement de 15 mètres dans les courbes de moins de 2.500 mètres de rayon et de 10 mètres seulement dans les courbes de 2.500 mètres de rayon et au-dessus ;

Sur la partie comprise entre les Grands Lacs Amers et Suez, une largeur de 75 mètres dans les parties rectilignes avec un élargissement de 5 mètres dans les courbes, celles-ci ayant toutes plus de 2.500 mètres de rayon ;

D'autre part, d'approuver les profils du Canal, comportant trois phases d'exécution, tels qu'ils avaient été dressés, conformément à ses indications générales, par l'Ingénieur en chef des travaux.

La dépense des travaux était estimée par l'Ingénieur en chef à un chiffre total de 202.965.032 francs, se répartissant comme suit :

	Francs
Première phase. — Premier élargissement, de $14^m,84$ dans la partie du canal de Port-Saïd aux Lacs Amers et de 15 mètres dans la partie des Lacs Amers à Suez ; amélioration des courbes ; approfondissement à $8^m,50$.......	61.243.544
(Suivant une remarque de la Commission consultative internationale, les travaux de la première phase devaient avoir pour résultat de réaliser, sur toute l'étendue du Canal, une gare continue ayant même largeur que les gares alors existantes.)	
Deuxième phase. — Second élargissement, de $28^m,16$ dans la première partie du Canal et de 38 mètres dans la	
A reporter	61.243.544

	Francs
Report	61.243.544
seconde partie ; achèvement des rectifications de toutes les courbes	129.772.639
Troisième phase. — Approfondissement à 9 mètres	15.450.828
Total pour l'ensemble des travaux prévus	206.467.011
Dépenses diverses	1.000.521
	207.467.532
A déduire pour vente de matériel	4.502.500
Dépense totale	202.965.032

Il importe de noter, qu'au cours des délibérations sur les questions de la largeur et de la profondeur à adopter pour le Canal, le Président de la Commission avait été amené à conclure des déclarations faites à ce sujet par divers membres « qu'il devait être entendu que, lorsque la Compagnie aurait exécuté tous les travaux conseillés par la Commission, elle pourrait répondre par un *non possumus* absolu à toute demande d'amélioration nouvelle ».

Vues de la Commission consultative internationale touchant la durée de la traversée du Canal après les travaux d'élargissement

L'élargissement du Canal avait été décidé en vue d'apporter, dans les conditions du transit des navires, des améliorations indispensables, propres à produire une notable réduction de la durée de la traversée.

La Commission consultative internationale avait donc eu à rechercher quels seraient, à ce point de vue, les résultats à espérer des travaux d'élargissement projetés.

Avec le trafic d'alors (1883), d'environ 3.300 navires jaugeant net près de 6 millions de tonnes, le passage journalier dans le Canal se trouvait être en moyenne de 9 navires, et chaque navire avait à subir en moyenne 3 garages dans les gares. Pour les navires qui transitaient sans avoir leur marche entravée par des échouages et qui représentaient les 3/4 environ du mouvement total, la durée moyenne de la traversée, en raison du temps perdu dans les gares et des arrêts pendant la nuit, était d'environ 40 heures; pour l'autre quart, la durée moyenne dépassait 60 heures.

C'était cette situation si fâcheuse qui avait provoqué les plaintes et réclamations du Commerce maritime. Elle devait s'aggraver encore, et très notablement, si les choses restaient en l'état, à mesure du développement du trafic.

Ce fut naturellement la Sous-Commission qui chercha d'abord à se rendre compte des résultats à espérer des travaux d'élargissement au point de vue de la durée de la traversée.

Elle fit ressortir en premier lieu que l'un des très grands avantages de la solution de l'élargissement (au lieu d'un double canal) serait de supprimer à peu près complètement les échouages et de faire disparaître ainsi l'incertitude qui pesait alors sur les armateurs et qui ne leur permettait pas, en raison des éventualités d'arrêts plus ou moins longs causés par les échouages, de prévoir au juste la durée du séjour des navires dans le Canal.

Puis, admettant, d'après les renseignements recueillis par elle auprès des pilotes et des capitaines des navires, que les navires pourraient, dans le Canal élargi, marcher à une vitesse de 8 milles à l'heure (au lieu de 10 kilomètres ou 5 milles, 5) et se croiser en marche en ralentissant seulement cette vitesse, elle en arriva à conclure, qu'avec un trafic de 10 millions de tonnes, la durée ordinaire du passage serait d'au plus douze heures et demie, en sorte que tous les navires pourraient traverser le Canal en une seule journée ou vingt-quatre heures, compte tenu de l'arrêt pendant la nuit.

La Commission plénière, examinant à son tour la question, fut unanime à affirmer la certitude du passage, en vingt-quatre heures au plus, dans le Canal amélioré. Elle déclara que ce serait là un excellent résultat. Elle crut devoir néanmoins ajouter, comme simple indication, que ce chiffre étant compté sans marche de nuit, il était permis d'entrevoir, sinon de prévoir sûrement, l'éventualité de facilités plus grandes encore pour le transit.

En résumé, comme on le voit, ce que la Commission consultative internationale attendait de l'exécution du projet complet d'élargissement du Canal, c'était la certitude d'une durée de traversée ne dépassant pas vingt-quatre heures.

Approbation des conclusions de la Commission par le Conseil d'administration de la Compagnie.

Les conclusions de la Commission consultative internationale furent approuvées par le Conseil d'administration de la compagnie dans sa séance du 20 mai 1885.

Dans cette même séance, le Conseil arrêta les termes d'une résolution à soumettre à l'approbation de l'Assemblée générale des actionnaires (convoquée pour le 4 juin suivant), en vue d'un emprunt de 100 millions à contracter pour l'exécution de la première phase des travaux d'élargissement.

EMPRUNT DE 100 MILLIONS

DIT EMPRUNT DE 1887

(1884-1885)

Le Président de la Compagnie, dans son rapport à l'Assemblée générale des actionnaires du 29 mai 1884, où il annonçait la constitution et la réunion prochaine de la Commission consultative internationale chargée de donner son avis sur les projets d'élargissement du Canal, avait donné en même temps, sur la question des voies et moyens auxquels la Compagnie aurait à pourvoir pour l'exécution des travaux, les quelques explications suivantes :

Les travaux que votre Conseil aura à décider, et par les moyens financiers dont le meilleur mode sera soumis à votre délibération, seront exécutés « de manière à répondre complètement au mouvement progressif de la navigation entre l'Occident et l'Orient du monde ».

Quel que soit le mode adopté pour nous procurer les fonds nécessaires à l'exécution de ces travaux, nous comptons, le moment venu, vous proposer de réserver aux actionnaires un privilège dans la formation de ce capital.

Veuillez remarquer qu'avant de procéder à l'exécution des travaux qui seront décidés, nous avons à achever les améliorations en cours jusqu'à la dépense de 30 millions de francs déjà votée ; que les études matérielles pour la construction des machines nouvelles à commander nécessiteront un certain délai ; que notre devoir est d'administrer avec prudence vos intérêts, et qu'en conséquence les charges devant résulter des travaux à entreprendre ne viendront peser sur vos revenus qu'au fur et à mesure de l'augmentation de ces revenus et progressivement.

La dépense de 30 millions et l'exécution des travaux en cours doivent améliorer déjà considérablement les conditions du transit.

La dernière Commission, dans laquelle figuraient les trois représentants du Gouvernement de la Reine, estimait que ces améliorations suffiraient pour répondre à un trafic de 10 millions de tonnes.

D'autre part, nous avons fait et continuerons à faire dans le Canal des essais d'éclairage par l'électricité, qui semblent pouvoir permettre prochainement, au moins pour les navires de guerre et pour les paquebots-poste — représentant plus de 20 0/0 du trafic total — le passage de nuit d'une mer à l'autre, ce qui améliorerait d'une façon notable les conditions générales du transit.

La charge des grands travaux d'amélioration du Canal, sur lesquels la Commission consultative internationale est appelée à donner son avis, ne pèsera donc pas ou pèsera peu sur les exercices prochains.

Ce ne fut qu'à l'Assemblée générale des actionnaires de l'année suivante (4 juin 1885), que le Président demanda, au nom du Conseil d'administration, l'autorisation de faire un emprunt de 100 millions pour l'exécution de la première phase des travaux d'élargissement.

Le Rapport du Président à l'Assemblée, après avoir présenté un résumé de l'avis de la Commission consultative internationale, s'exprimait ainsi au sujet de la question des voies et moyens :

En résumé, le Canal maritime actuel, tel qu'il est, amélioré suivant le programme restreint de la Convention de 1876, et au moyen des ressources dont la Compagnie dispose, suffit à un mouvement annuel de 10 millions de tonnes.

C'est en prévision d'un mouvement supérieur à 10 millions de tonnes par an, et d'un accroissement indéfini de trafic jusqu'à l'expiration des quatre-vingt-dix-neuf années de la concession, que votre Conseil, appuyé de l'avis unanime de la Commission consultative internationale, a arrêté le programme qui donnera pleine satisfaction au mouvement total, quel que soit son développement, jusqu'à l'expiration de la concession.

Ces travaux doivent être exécutés par phases successives, et de façon à précéder, nécessairement, le trafic auquel ils doivent satisfaire.

Il serait impossible, en effet, d'attendre l'année où le transit donnerait 10 millions de tonnes pour commencer les travaux d'amélioration que ce mouvement maritime exigerait; il serait toutefois injuste, d'autre part — dans une certaine mesure au moins — de laisser complètement, sans aucune restriction, à la charge des exercices actuels, le service de l'intérêt et de l'amortissement de sommes à se procurer pour assurer l'exécution des travaux d'avenir. D'autant plus que la première dépense à faire consiste en l'achat d'un matériel qui servira à l'exécution de toutes les phases.

Les préparatifs d'un développement extraordinaire de trafic et l'augmentation rapide de recettes qui suivront la cessation de la crise actuelle, nous font considérer comme indispensable, afin d'être toujours prêts, de nous munir d'un matériel suffisant pour exécuter tous les travaux en sept années. La dépense totale de l'achat du matériel pèsera donc sur le coût de la première phase.

Voici comment votre Conseil, dans ses délibérations, sanctionnées par des décisions unanimes, a tenu compte de ces exigences :

Les ressources actuellement à prévoir, pour procéder à l'achat du matériel complet et à l'exécution des travaux de la première phase, atteignent la somme de 94 millions de francs.

Le programme de Londres, qui avait noté la prévision des travaux d'amélioration du Canal, était basé sur un revenu minimum de 90 francs par action.

Nous vous proposons aujourd'hui, en conséquence, par une résolution, de donner au Conseil d'administration les pouvoirs nécessaires d'emprunter 100 millions de francs. Il est entendu, sous réserve de l'approbation statutaire du Gouvernement égyptien, que si tout ou partie des sommes nécessaires au service de l'intérêt et de l'amortissement de cet emprunt spécial venait à affecter un revenu de 90 francs pendant l'exécution des travaux, le tout ou la partie susceptible d'affecter ce revenu serait porté au compte de premier établissement, avec le total des dépenses d'exécution desdits travaux.

La dépense totale des travaux d'amélioration du Canal maritime s'élèvera, en définitive, à 209 millions de francs, y compris l'exécution du Canal d'eau douce d'Ismaïlia à Port-Saïd, dont le coût sera d'environ 6 millions de francs. Elle s'augmenterait, s'il y a lieu, des sommes partielles résultant de l'application, au compte de premier établissement, des charges susceptibles d'affecter le revenu minimum de 90 francs par action.

Le Rapport du Président reproduisait ensuite la communication faite à la dernière Assemblée sur la question et faisait remarquer, comme conclusion, que les propositions maintenant formulées étaient exactement conformes aux promesses de l'année précédente.

L'Assemblée des actionnaires adopta finalement la résolution suivante, proposée par le Conseil, en ce qui concernait la question des voies et moyens « pour l'amélioration du Canal maritime et l'alimentation d'eau douce de Port-Saïd » :

L'Assemblée,

Donne tous pouvoirs au Conseil d'administration pour contracter, dans les termes du Rapport lu dans la séance du 4 juin 1885, un emprunt de 100 millions de francs;

Charge le Conseil de déterminer l'époque, le mode et les conditions de cette opération ;

Et décide que, pendant la période d'exécution des travaux, si tout ou partie des charges annuelles de cet emprunt venait affecter la distribution d'un revenu de 90 francs par action, le tout ou la partie de ces charges susceptible d'affecter ce revenu sera porté au compte de premier établissement, avec le total des dépenses d'exécution des travaux d'amélioration du Canal maritime [1].

Mode de réalisation de l'Emprunt

Ainsi qu'il a été expliqué à l'occasion de l'emprunt de 27 millions, le solde de cet emprunt, à la fin de 1885, s'élevant à 12.797.778 fr. 10, devait être affecté, avant toute émission de nouveaux titres, à concourir au paiement des dépenses dont le chiffre avait servi de base au vote de l'emprunt de 100 millions.

C'est, en effet, ce qui eut lieu. Les ressources fournies par le solde en question servirent, tout d'abord, pendant l'année 1886 et une partie de l'année 1887, à des acquisitions de matériel et à des installations indispensables pour les nouveaux travaux ainsi qu'aux études définitives.

Avant le complet épuisement de ces ressources, on dut songer à recourir à celles que devait fournir l'emprunt de 100 millions.

Le Président de la compagnie, dans son Rapport à l'Assemblée générale des actionnaires du 8 juin 1877, annonça, à ce sujet, qu'en raison de la faveur qui s'était attachée au type d'obligations 3 0/0 créées pour la réalisation de l'em-

---

1. Cette dernière disposition, constituant une dérogation aux statuts, exigeait l'approbation du Gouvernement égyptien. La Compagnie se mit donc en instance auprès de lui pour obtenir cette approbation. Le Gouvernement souleva d'abord quelques questions de principe qui retardèrent sa décision. Finalement, à l'Assemblée générale des actionnaires de l'année suivante, le Président de la Compagnie put annoncer que le Gouvernement, par une communication du 10 mai 1886, avait approuvé la modification des statuts telle qu'elle avait été votée l'année précédente par les actionnaires, de telle sorte que la Compagnie se trouvait désormais en mesure de procéder aux travaux de la première phase des travaux d'amélioration.

prunt de 27 millions, le Conseil d'administration avait été amené à conserver ce même type pour la réalisation, au fur et à mesure des besoins, de l'emprunt de 100 millions, la seule différence entre les obligations des deux séries devant consister en ce que les titres de la deuxième série seraient amortis en soixante-quinze ans au lieu de soixante. Cette deuxième série devait naturellement, d'ailleurs, commencer par le n° 73.027.

La première émission des obligations 3 0/0, deuxième série, fut annoncée par une circulaire du Président aux actionnaires en date du 11 août 1887, d'où le nom *Emprunt de 1887*.

La circulaire, après avoir reproduit d'abord la partie du Rapport de 1885 qui exposait le but et les conditions d'exécution des travaux d'amélioration, et rappelé ensuite la promesse, mentionnée dans le rapport antérieur de 1884, de réserver aux actionnaires un privilège dans la formation du capital nécessaire à l'exécution desdits travaux, continuait ainsi :

En exécution de cette promesse, le Conseil d'administration met à la disposition des actionnaires de la Compagnie les *obligations* actuellement créées pour faire face aux travaux d'amélioration exécutés en 1887 et à exécuter en 1888.

Chaque actionnaire a droit à une obligation autant de fois qu'il possède trois actions, c'est-à-dire que tout propriétaire de trois actions peut réclamer une obligation, tout propriétaire de six actions, deux obligations, et ainsi de suite, progressivement et proportionnellement.

Les propriétaires des actions de jouissance ont exactement le même droit que les propriétaires d'actions de capital.

Le type est une obligation 3 0/0 (deuxième série) rapportant 15 francs par an, payables par semestre, sous déduction des impôts, le 1er mars et le 1er septembre, remboursable à 500 francs en soixante-quinze ans, au moyen d'un tirage annuel.

Le premier tirage aura lieu le 1er août 1888 et le remboursement le 1er septembre suivant, et ainsi, d'année en année.

Le prix de cession de ces obligations aux actionnaires a été fixé à 380 francs, jouissance du 1er septembre 1887 ; ce qui fait ressortir, en faveur de l'actionnaire souscripteur, une marge bénéficiaire sur le cours du titre similaire existant (première série) coté à la Bourse.

La période d'exercice du privilège réservé aux actionnaires sera ouverte le 1er septembre et close le 10, à quatre heures du soir.

Pour jouir de son privilège, l'actionnaire doit se présenter, muni de ses actions (de capital ou de jouissance) ou du certificat de dépôt délivré par la Compagnie, au siège de la Compagnie à Paris, ou chez ses correspondants en France ou à l'étranger.

Les titres présentés seront frappés d'une estampille constatant qu'ils ont usé du privilège.

En souscrivant, les actionnaires peuvent verser la somme totale de 380 francs ou 100 francs seulement par obligation réclamée. Dans ce dernier cas, le souscripteur aura à effectuer le versement complémentaire de 280 francs avant le 20 octobre. Passé ce délai, les versements en retard seront passibles d'un intérêt de 5 0/0 l'an.

La Compagnie échangera contre des obligations définitives au porteur les récépissés remis aux actionnaires, huit jours après le versement complet de 380 francs par obligation.

A la demande des intéressés, ces obligations au porteur seront reçues en dépôt dans les caisses de la Compagnie, qui en délivrera un certificat au nom du déposant.

Les émissions suivantes ont été annoncées aux actionnaires par des circulaires semblables, leur rappelant qu'ils avaient un privilège de souscription.

Les diverses émissions pour la réalisation complète de l'emprunt ont eu lieu aux dates et dans les conditions suivantes :

	Dates des émissions	Nombre de titres	Prix d'émission Francs	Cours moyen réalisé Francs
1re émission....	1er septembre 1887[1]	75.000	380	385,72
2e —	1er mars 1889	60.000	410	413,15
3e —	1er — 1891	60.000	420	423,83
4e —	1er — 1894	25.000	470	478,11
5e —	novembre 1900	10.000	cours divers	462,37
6e —	— 1901	9.000	—	» »

Le Gouvernement anglais ayant renoncé pour ses 176.602 actions à son droit de souscription, les titres émis

1. Les premières obligations nouvelles 3 0/0, deuxième série, ont été admises à la cote officielle de la Bourse à partir du 14 octobre 1887.

ont été partagés, à chaque émission, entre les 223.398 autres actions ; ce qui a permis d'attribuer à celles-ci un privilège de souscription à raison d'une obligation pour trois actions à chacune des trois premières émissions, à raison d'une obligation pour sept actions à la quatrième émission.

A chaque émission, les obligations non souscrites par les actionnaires ont été, suivant les besoins, vendues à la Bourse par ministère d'agents de change[1].

La réalisation du capital a d'ailleurs eu lieu comme suit :

	Nombre de titres		Sommes produites
En 1887	55.668	135.000	21.294.218,84
— 1888	58.917		16.174.501,22
— 1889	12.025		12.719.756,55
— 1890	8.390		3.529.432,15
— 1891	60.000	60.000	25.429.631,15
— 1894	12.724	25.000	5.980.280 »
— 1895	2.276		1.114.444,15
— 1896	2.712		1.327.150,45
— 1897	5.270		2.551.462,75
— 1898	2.018		980.087,90
— 1899	»		»
— 1900	4.504	10.000	2.052.327,60
— 1901	5.496		2.571.351,45
	228	228	110.213,55
Réalisation fin 1901		230.128[2]	95.834.857.76

1. Par suite du nombre restreint de titres de chaque nouvelle émission, après la quatrième, il n'y avait plus qu'un intérêt tout à fait insignifiant pour les actionnaires à jouir d'un privilège de souscription. Ce privilège a donc cessé, alors, d'être appliqué. Chaque nouvelle émission a été portée à la connaissance du public par un simple avis de la Chambre syndicale des Agents de change, reproduit par le Journal de la Compagnie, annonçant l'admission des nouvelles obligations aux négociations de la Bourse. Ces nouvelles obligations ont été, au fur et à mesure des besoins, négociées par la Compagnie à la Bourse ou vendues à ses propres guichets.

2. Dont 2.835 obligations amorties.

ARRANGEMENT DU 11-13 DÉCEMBRE 1884

AU SUJET DE LA RIGOLE D'ALIMENTATION D'EAU DOUCE D'ISMAÏLIA A PORT-SAÏD ET DE LA DISTRIBUTION D'EAU DE PORT-SAÏD

L'article 1er de l'Acte de concession du 5 janvier 1856 mentionnait comme travaux à exécuter par la Compagnie, indépendamment du Canal maritime proprement dit, « la construction d'un canal d'irrigation approprié à la navigation fluviale du Nil, joignant le Canal maritime, et de deux branches d'irrigation et d'alimentation dérivées du précédent canal et portant les eaux dans les deux directions de Suez et de Port-Saïd. »

Ces dispositions de l'acte de concession, en ce qui concerne les canaux d'eau douce, ont été déjà modifiées, ainsi qu'il va être rappelé, d'abord par une convention du 18 mars 1863, puis par deux conventions des 30 janvier et 22 février 1866, entre le Gouvernemeur égyptien et la Compagnie :

Au début même de ses travaux, la Compagnie, on le sait, a exécuté la portion du canal principal d'eau douce comprise entre l'Ouady et Ismaïlia ainsi que la dérivation d'Ismaïlia à Suez. Pour l'alimentation de Port-Saïd, elle s'était provisoirement contentée d'une double conduite en tuyaux de fonte longeant le Canal maritime et dans laquelle l'eau, puisée à l'extrémité du canal principal d'eau douce, était refoulée jusqu'à Port-Saïd, c'est-à-dire sur un parcours total de 80 kilomètres, par de puissantes machines établies à Ismaïlia, en desservant sur son parcours tous les chantiers du Canal maritime.

Par la convention du 18 mars 1863, la Compagnie renonça au droit d'établir, par elle-même, la prise d'eau du

Canal principal au Caire et la première partie de ce Canal jusqu'à l'Ouady; elle s'engagea, en même temps, à donner à la dérivation de Suez, alors en construction, des dimensions suffisantes pour la rendre propre à la navigation fluviale.

Par les deux nouvelles conventions des 30 janvier et 22 février 1866, la Compagnie rétrocéda au Gouvernement égyptien la deuxième partie du Canal principal construite par elle, de l'Ouady à Ismaïlia, et la dérivation de Suez, ainsi que tous les terrains susceptibles d'irrigation dépendant de ces canaux. Le Gouvernement s'engagea, d'ailleurs, de son côté, par ces mêmes conventions :

D'une part, à assurer en toute saison la navigation dans le Canal principal en y maintenant une hauteur d'eau de $2^m,50$ dans les hautes eaux du Nil, de 2 mètres à l'étiage moyen, et de 1 mètre, au minimum, au plus bas étiage;

D'autre part, de fournir en outre à la Compagnie un volume de 70.000 mètres cubes d'eau par jour pour l'alimentation des populations établies sur le parcours du Canal maritime, l'arrosage des jardins, le fonctionnement des machines destinées à l'entretien du Canal maritime et de celles des établissements industriels se rattachant à son exploitation; pour l'irrigation des semis et des plantations pratiquées sur les dunes et autres terrains non naturellement irrigables compris dans les dépendances du Canal maritime; enfin pour l'approvisionnement des navires passant par ledit Canal.

La servitude de passage sur les terrains que devraient traverser les rigoles et conduites d'eau nécessaires au prélèvement des 70.000 mètres cubes d'eau qui lui étaient réservés était d'ailleurs accordée à la Compagnie.

On voit, par les précédents qui viennent d'être rappelés, que les conventions conclues jusque-là, en modification de l'acte de concession du 5 janvier 1856, relativement aux canaux d'eau douce, avaient laissé entière la question de la branche d'irrigation et d'alimentation destinée à porter les eaux du Canal principal jusqu'à Port-Saïd [1].

Or, par suite du rapide accroissement de la ville de Port-Saïd et du mouvement de transit par le Canal, la question d'alimentation d'eau douce de cette ville et des navires transiteurs avait fini par devenir pour la Compagnie un objet de très sérieuse préoccupation : la double conduite d'eau établie le long du canal, d'Ismaïlia à Port-Saïd, et alimentée par l'usine d'Ismaïlia menaçait, en effet, de devenir insuffisante ; en outre, l'état de vétusté des conduites en fonte rendait même précaire cette alimentation forcément restreinte. Le moment arriva donc où il fallut absolument aviser à améliorer la situation. La construction, dans ce but, de la branche d'alimentation prévue par l'acte de concession, parut être à la Compagnie la meilleure solution : par la réalisation de ce projet, la Compagnie se trouvait mettre en œuvre la dernière partie de sa concession avec ses charges et ses avantages ; et elle devait trouver la rémunération de ses dépenses dans l'exploitation des terres incultes devenues irrigables et dans la perception des taxes de prise d'eau pour l'arrosage et l'alimentation. La Compagnie voyait, dans la construction de la branche d'alimentation, une œuvre de progrès dont le Gouvernement égyptien devait surtout profiter, puisque cette œuvre créait la végétation et la vie dans un désert inculte.

La Compagnie rencontra néanmoins tout d'abord une vive opposition de la part du Gouvernement. Comme son but était, avant tout, d'être utile, et que les revenus croissants du Canal lui permettaient de négliger les avan-

1. Dans ces conventions, le mode d'alimentation en eau douce de Port-Saïd faisait uniquement l'objet d'un paragraphe de l'article 7 de la convention du 22 février 1866, ainsi conçu :

« L'alimentation d'eau douce en ligne directe à Port-Saïd sera toujours amenée par les moyens que la Compagnie jugera convenable d'employer à ses frais. »

tages relativement modérés d'une exploitation nouvelle, elle avait offert au Gouvernement de céder à une *Compagnie purement égyptienne* la charge d'exécuter cette œuvre d'intérêt public, en lui abandonnant également tous les profits de la concession, réserve faite pourtant de certains avantages particuliers qui devaient en résulter pour elle-même.

Le Président de la Compagnie, dans son rapport à l'Assemblée générale des actionnaires du 9 juin 1881, donna connaissance à l'Assemblée du rapport suivant qu'il avait adressé le 3 mai précédent au Khédive sur ce sujet :

L'exécution du Canal d'irrigation et d'alimentation dérivé de la branche principale de navigation fluviale vers le golfe de Péluse est obligatoire, soit par la Compagnie du Canal maritime de Suez, en vertu des Actes de concession de 1854 et de 1856, soit par le Gouvernement égyptien qui s'est substitué à la Compagnie en conséquence des concessions successives.

Mais le Gouvernement n'étant pas en mesure d'accomplir lui-même le travail, évalué à environ 30 millions de francs, j'ai proposé à son Altesse le Khédive d'être autorisé à constituer une Société égyptienne anonyme par actions, qui remplira les conditions de l'acte de concession avec les avantages qui s'y trouvent stipulés.

En attendant, je commencerai par former une association de fondateurs qui verseront, sans intérêts, une somme de 200.000 francs pour faire dès à présent, dans la saison favorable, les études définitives de l'entreprise dont l'avant-projet a été déjà remis au Gouvernement avec les plans à l'appui et pour préparer la mise en train du travail dont la durée sera de trois ou quatre ans.

Les fondateurs auront droit à 10 0/0 des bénéfices nets de l'entreprise et au remboursement de leurs avances lorsque la Société financière égyptienne sera constituée en vertu des statuts qui seront soumis à l'approbation de Son Altesse.

Après la citation de ce rapport, le Président annonçait que la souscription des membres fondateurs du Canal projeté avait été immédiatement couverte dans l'isthme, au Caire et à Alexandrie ; et que, dans un voyage récent du Khédive sur le parcours du Canal, Son Altesse s'était montrée favorable à l'exécution d'une œuvre destinée à donner la vie à une population déjà nombreuse et destinée à doubler en peu d'années. Le Président déclarait d'ailleurs qu'il s'entendrait directement à ce sujet avec le Khédive, sans avoir à réclamer l'intervention d'aucun gouvernement.

Nonobstant les bonnes dispositions témoignées par le Khédive, de nouvelles difficultés furent suscitées par le Gouvernement égyptien à la Compagnie, mettant obstacle à la réalisation du projet.

Le Président, en rendant compte à l'Assemblée générale des actionnaires du 6 juin 1882 de ces difficultés, annonça que, pour faire aboutir le projet, la Compagnie réduirait au besoin celui-ci au strict nécessaire.

Les événements d'Egypte de 1882 suspendirent momentanément les négociations entamées.

A l'Assemblée générale des actionnaires du 29 mai 1884 le Président annonça que les représentants du Gouvernement anglais dans le Conseil d'administration lui avaient remis officiellement la note suivante :

Le Gouvernement anglais est en communication avec le Gouvernement égyptien avec le désir de trouver une solution favorable de la question de la construction du Canal d'alimentation dans des conditions qui assureraient à la ville de Port-Saïd un approvisionnement suffisant d'eau douce tout en permettant l'arrosage des terrains entre Ismaïlia et Port-Saïd.

Enfin, en décembre de la même année 1884, fut conclu l'arrangement suivant entre le Gouvernement égyptien et la Compagnie, réglant les conditions d'exécution et d'exploitation, tout à la fois, d'une rigole d'alimentation à construire directement par la Compagnie et à ses frais et d'une distribution d'eau à Port-Saïd :

Texte de l'Arrangement du 11-13 décembre 1884

Cet arrangement a consisté dans l'échange des lettres ci-dessous avec règlement y annexé arrêté d'un commun accord.

Lettre datée du Caire, du 11 décembre 1884, de M. Charles de Lesseps, Vice-Président de la Compagnie, à S. E. Nubar-Pacha, Président du Conseil, Ministre des Affaires Étrangères.

Excellence, le développement de Port-Saïd a amené la Compagnie du Canal de Suez à constater que les procédés actuellement employés pour l'alimentation en eau douce de cette ville, dont l'accroissement s'accentue chaque jour, ne répondraient pas aux nécessités d'un avenir que le moment est venu de prévoir et auquel nous devons nous préparer.

La Compagnie a reconnu que la manière la plus convenable pour réaliser ce programme consiste dans l'établissement d'une rigole destinée à alimenter Port-Saïd et les établissements du Canal situés entre Port-Saïd et Ismaïlia. Notre Société se propose, dès qu'elle y aura été autorisée par l'Assemblée générale des Actionnaires, d'exécuter ce travail, conformément aux termes de nos conventions avec le Gouvernement, au moyen de la servitude de passage sur les terrains que traversera la rigole.

En conséquence, j'ai l'honneur de vous adresser ci-joint un plan du tracé projeté.

Suivant les conversations que j'ai eu l'honneur d'avoir avec Votre Excellence sur cette question, et déférant au désir que vous m'avez exprimé, je suis autorisé par le Président de la Compagnie à vous déclarer que le Gouvernement et les habitants, pourront, sans établir toutefois de prises d'eau ni employer des conduites, machines ou installations quelconques, puiser gratuitement de l'eau dans la rigole, les taxes en vigueur n'étant perçues que pour les distributions faites par la Compagnie au moyen d'une canalisation, soit chez les particuliers, soit à des bornes-fontaines.

En outre, la Compagnie établira des ponceaux en nombre suffisant pour assurer les communications sur les deux rives de la rigole.

Lettre du 13 décembre 1884, de S. E. Nubar-Pacha, Président du Conseil, Ministre des Affaires Étrangères, à M. Charles de Lesseps, Vice-Président de la Compagnie.

J'ai l'honneur de vous accuser réception de la lettre, avec plan annexé, que vous m'avez écrite le 11 de ce mois, pour m'informer que la Compagnie du Canal maritime, prenant en considération le développement constant de Port-Saïd, avait projeté d'établir une rigole destinée à alimenter d'eau douce cette ville, ainsi que les établissements du Canal situés entre Port-Saïd et Ismaïlia.

Comme suite à l'entretien que nous avons eu ensemble, vous voulez bien me donner l'assurance : 1° Que le Gouvernement et les habitants pourront, sans établir des prises d'eau ni employer des conduites, machines ou installations quelconques, puiser gratuitement de l'eau dans cette rigole; 2° Que la Compagnie établira des ponceaux en nombre suffisant pour assurer les communications sur les deux rives de la rigole.

La Compagnie invoquant, en vue de ce travail, la faculté qui lui est donnée par les Conventions, d'employer les moyens qu'elle juge convenables pour amener l'eau à Port-Saïd, elle reste seule juge et, par conséquent, responsable du système qu'elle adopte. La responsabilité du Gouvernement ne se trouve pas, dès lors, engagée.

Sous cette réserve, et sans discuter si le tracé projeté répond à l'idée de ligne directe exprimée dans l'article 7 de la Convention de février 1866, le Gouvernement autorise la servitude de passage sur les terrains appartenant à l'Etat que traversera la rigole, d'après le plan annexé à votre lettre. Il incombera à la Compagnie d'indemniser, à défaut d'entente, les tiers qui, antérieurement à la date de la présente lettre, seraient propriétaires de terrains traversés par la rigole.

L'autorisation donnée par le Gouvernement dans le cas actuel laisse subsister le droit de servitude de passage accordé à la Compagnie par la Convention de février 1866, *au sujet de toute rigole faite pour les besoins du Canal maritime ou des populations établies sur son parcours, dans les termes prévus par ladite Convention. Ce droit s'applique aux rigoles qui partiraient, soit de la rigole projetée, soit du Canal Ismaïlieh, entre la prise d'eau de la rigole et le Canal maritime, soit enfin du Canal d'eau douce actuel entre Ismaïlia et Suez.*

La question ainsi résolue, il restera à déterminer, par une entente entre le Ministère des Travaux Publics et la Compagnie les conditions d'établissement de la prise d'eau qui, pour répondre aux stipulations de la Convention précitée, sera construite de façon à ne pas débiter, sur les 70.000 *mètres cubes fournis par le Gouvernement, plus que le volume d'eau disponible pour Port-Saïd et les établissements situés sur le parcours du Canal au nord d'Ismaïlia*[1].

A ce sujet, il me semble qu'il y a lieu d'appeler votre attention sur ce que rien, jusqu'à présent, n'a été prévu pour la distribution d'eau de Port-Saïd. La canalisation de cette ville ayant pour but de mettre l'eau fournie par le Gouvernement et amenée aux frais de la Compagnie, plus à portée des services publics et des habitants, le Gouvernement consent à ce que la Compagnie continue à établir et à exploiter, pendant la durée de la concession du Canal maritime toute distribution d'eau dans la ville de Port-Saïd.

Pour tout ce qui a trait à la vente et à la distribution

---

1. Par décision du 19 avril 1888, le Gouvernement égyptien a autorisé la Compagnie, sur sa demande, faite en vue d'améliorer les conditions sanitaires d'Ismaïlia, à élargir à ses frais exclusifs la partie supérieure de la rigole d'alimentation — dont la construction venait d'être commencée — pour permettre au trop-plein des eaux du canal Ismaïlieh (*) de se décharger dans le lac Menzaleh au lieu du lac Timsah ; demeurant toutefois bien entendu que, pendant l'étiage, le Gouvernement ne serait jamais tenu de fournir pour le canal de Port-Saïd et celui de Suez que les 70.000 mètres cubes stipulés dans la décision arbitrale de l'Empereur.

(*) L'écoulement de ce trop-plein était estimé correspondre à un débit journalier moyen de 1.300.000 mètres cubes.

d'eau, la Compagnie se conformera au règlement ci-joint, qui s'appliquera également à Ismaïlia.

Règlement du 13 décembre 1884, signé de S. E. Nubar-Pacha et de M. Charles de Lesseps

La Compagnie appliquera le présent règlement dès que la rigole projetée fonctionnera entre Ismaïlia et Port-Saïd. En attendant l'achèvement de ce travail, la Compagnie pourra continuer à percevoir son tarif actuel.

ARTICLE PREMIER. — *La Compagnie ne pourra vendre le mètre cube à un prix maximum supérieur à* 1 *fr.* 50*; mais elle pourra vendre à un prix inférieur et faire des abonnements.*

Lorsque la population de Port-Saïd ou d'Ismaïlia aura atteint le chiffre de 40.000 *habitants, la Compagnie aura à fournir de l'eau filtrée, sans que le prix de cette eau puisse jamais excéder le maximum établi dans le présent article. Ce maximum sera réduit à* 1 *fr.* 25, *dès que la population de ces deux villes aura atteint* 60.000 *habitants.*

ART. 2. — *La Compagnie sera tenue de fournir au Gouvernement toute l'eau qu'il demandera pour ses besoins à un tiers du prix de celle fournie à la population, le Gouvernement ne prenant, d'ailleurs, aucun engagement envers la Compagnie pour une quantité déterminée.*

ART. 3. — *La Compagnie sera tenue de fournir gratuitement toute l'eau nécessaire pour les cas d'incendie; à cet effet, elle devra laisser, dans chacune des rues que les conduites parcourront, une bouche disponible pour être ouverte en cas de besoin, et dont la clef restera entre les mains du Gouvernement. Elle devra, en outre, installer quatre robinets dans le quartier arabe pour être mis gratuitement à la disposition du public. Ces robinets débiteront chacun* 8 *mètres cubes par jour.*

Les robinets et bouches dont il s'agit devront être toujours entretenus en bon état de fonctionnement, mais les frais d'installation des robinets et bouches sont à la charge du Gouvernement.

ART. 4. — *Les conduites devront être établies dans toutes les rues principales et se ramifier au fur et à mesure des besoins.*

ART. 5. — *La Compagnie pourra faire poser sur les emplacements appartenant au Gouvernement tous les conduits et accessoires exclusivement nécessaires à la distribution d'eau, à charge par elle de remettre lesdits emplacements dans leur état primitif et sans que la présente concession puisse porter atteinte aux propriétés des tiers, la Compagnie devant prendre toutes les précautions pour préserver les constructions et habitations quelconques, soit des accidents provenant de la pose des conduits, soit des fuites d'eau qui pourraient se produire dans les appareils et les conduits, soit enfin de l'eau des robinets gratuits.*

Tout dégât qu'elle pourra causer, quelle qu'en soit la cause ou la nature, sera à la charge de la Compagnie, sans qu'aucun recours puisse être exercé à l'encontre du Gouvernement.

ART. 6. — *La Compagnie s'engage à entretenir ses machines et appareils d'exploitation de manière à ce que la distribution des eaux soit toujours convenablement faite.*

Le Président de la Compagnie fit connaître cet arrangement à l'Assemblée générale des actionnaires dans sa réunion du 4 juin 1885. Il annonça, en même temps, que les études nécessaires avaient été immédiatement entreprises, et, qu'en attendant l'achèvement de l'œuvre projetée, des machines de relai seraient installées en deux points de la double conduite existante, afin de pouvoir satisfaire largement aux besoins croissants de la ville de Port-Saïd et des navires transiteurs. Le Président de la Compagnie annonça également que les fondateurs de la Société d'études, précédemment créée par lui et devenue caduque par suite de l'arrangement, avaient été remboursés par la Compagnie des avances qu'ils avaient faites, montant à 160.000 francs pour les études préliminaires.

C'est dans cette même réunion du 4 juin 1885, ainsi qu'il a été expliqué précédemment, que le Président soumit à l'Assemblée générale des actionnaires un projet d'emprunt de 100 millions pour l'exécution de la première phase des travaux d'élargissement du Canal maritime et pour la construction de la rigole d'alimentation dont le coût était estimé devoir s'élever à environ 6 millions de francs.

La rigole d'alimentation, commencée vers la fin de 1887, a été achevée au commencement de l'année 1893, et l'eau du Nil est arrivée à Port-Saïd le 13 avril de ladite année.

La nouvelle distribution d'eau de Port-Saïd est entrée en fonctionnement le 3 mai 1895[1].

---

1. PRIX DE VENTE DE L'EAU A PORT-SAÏD ET A ISMAÏLIA DEPUIS LE RÈGLEMENT DU 13 DÉCEMBRE 1884

A Port-Saïd

Les livraisons d'eau se sont faites successivement aux conditions suivantes :

Antérieurement à 1885, l'eau était livrée par abonnement et à discrétion.

Le prix mensuel de l'abonnement, dont le minimum était de 8 francs, était basé sur le nombre des habitants, sur le nombre des animaux et sur la superficie des jardins cultivés d'après le tarif suivant :

2 francs par habitant;

1 franc par personne n'habitant pas la maison, mais y séjournant habituellement;

4 francs par cheval, mulet, bœuf ou chameau, et par voiture;

2 francs par baudet;

1 franc par chèvre ou mouton;

0 fr. 50 par mètre de carré de terrain cultivé.

Le prix mensuel d'abonnement pour les sakkas puisant l'eau aux bornes-fontaines fermées était de 50 francs.

Depuis 1885, l'eau consommée est mesurée à l'aide de compteurs.

Jusqu'au 1er janvier 1895, le prix de la tonne d'eau a été de 1 fr. 50.

Pendant l'année 1895, ce prix a été réduit à 1 franc.

Depuis le 1er janvier 1896, le prix n'est plus que de 0 fr. 60.

Le prix de la tonne d'eau puisée par les sakkas aux bornes-fontaines fermées résulte d'adjudications annuelles. Ce prix est toujours un peu inférieur à celui du tarif appliqué au public.

Conformément à l'article 2 du règlement de 1884, le tarif appliqué au Gouvernement n'est que le 1/3 de celui appliqué au public.

Ce tarif réduit est également appliqué à certains établissements religieux et de bienfaisance.

CONVENTION DU 18 DÉCEMBRE 1884

PORTANT ORGANISATION ET RÉGLANT LE FONCTIONNEMENT DE LA COMMISSION DU DOMAINE COMMUN PRÉVUE PAR LA DEUXIÈME CONVENTION DU 23 AVRIL 1869

La deuxième Convention du 23 avril 1869 avait, on se le rappelle, constitué un domaine commun du Gouvernement et de la Compagnie.

Cette Convention stipulait notamment, savoir :

Par son article premier, que pourraient être mis en vente les terrains à bâtir réservés à la Compagnie le long du Canal par la Convention de février 1866 propres à la construction des villes, stations et établissements privés, et autres que ceux qui seraient jugés nécessaires à l'exploitation du Canal; qu'à ces terrains seraient adjoints 300 hectares à Port-Saïd et 200 hectares à Ismaïlia, qui seraient déterminés de manière à ne porter aucun préjudice aux nécessités de la défense et du service militaire; enfin, que lesdites

---

Enfin, l'eau est livrée gratuitement aux mosquées, aux bornes-fontaines libres, aux bouches d'incendie et aux services de la Compagnie.

A Ismaïlia

L'eau a toujours été livrée par abonnement et à discrétion.

La distribution d'eau est alimentée, depuis l'année 1896, par des béliers hydrauliques. Précédemment, l'alimentation se faisait par l'usine des eaux d'Ismaïlia.

Le prix mensuel d'abonnement, dont le minimum est de 2 francs, est établi d'après le tarif suivant (Règlement et tarif de 1880) :

0 fr. 40 par personne ;

0 fr. 25 par chèvre ou baudet ;

0 fr. 10 par mètre carré de jardin ;

0 fr. 20 par mètre cube d'eau pour les établissements publics et industriels, dont la consommation d'eau est évaluée aussi approximativement que possible.

L'eau est livrée gratuitement au Gouvernement égyptien, aux Pères de Terre sainte et aux sœurs franciscaines, à tout le personnel de la Compagnie et aux personnes occupant des maisons appartenant à la Compagnie.

[Toutes les maisons de la Compagnie sont desservies par l'ancienne distribution d'eau établie pendant la construction du Canal.]

ventes seraient autorisées dès que les négociations pendantes avec les Puissances auraient déterminé le mode de juridiction à établir en Égypte entre étrangers et indigènes;

Par ses articles 5 et 6, qu'une Commission, composée de deux membres choisis par le Khédive et deux membres par la Compagnie, serait déléguée pour déterminer, arrêter, limiter, sur les divers points les plus susceptibles d'agglomération d'habitants, les lots qui seraient mis en vente dans l'intérêt commun; que cette Commission serait également chargée de l'administration des terrains, de la mise en vente, des adjudications, des recouvrements, de la comptabilité et généralement de tout ce qui concernait la conduite de ces terrains;

Enfin, par un article additionnel, qu'il demeurait entendu que les terrains que la Compagnie était autorisée à vendre, conformément aux dispositions de la Convention, devaient embrasser successivement tous ceux qui étaient susceptibles de devenir des centres de population; qu'en conséquence, partout où, d'un bout à l'autre du canal, pourrait s'établir un centre de population, les terrains dont la Compagnie avait la jouissance et les terrains appartenant au Gouvernement seraient mis en commun et vendus au bénéfice commun.

Il a été expliqué, d'ailleurs, dans une note qui accompagne le texte de la Convention de 1869, que, par une décision spontanée du Khédive, et bien que les questions concernant la réforme judiciaire en Égypte, tout en paraissant alors en bonne voie, ne fussent pas encore définitivement réglées, les ventes de terrain, dans les conditions de la Convention et de son article additionnel, avaient été autorisées dès le mois de mai 1870.

Le Gouvernement égyptien avait, dès le début, laissé à la Compagnie le soin exclusif d'administrer et gérer le Domaine commun, et cette situation continua de subsister plusieurs années encore après la promulgation de la réforme judiciaire, mise en vigueur au commencement de 1876.

Ce ne fut, en effet, qu'en 1884, que le Gouvernement égyptien jugea devoir poursuivre la mise à exécution des dispositions ci-dessus rappelées de la Convention du 23 avril 1869, concernant la création d'un service distinct pour l'administration du Domaine commun.

De là, entre le Gouvernement égyptien et la Compagnie, la nouvelle Convention ci-dessous du 18 décembre 1884, laquelle, indépendamment de la création du service distinct en question, régla en même temps diverses autres questions, et, entre autres, porta à 350 hectares, au lieu de 300, la surface ajoutée aux terrains réservés à la Compagnie, à Port-Saïd.

Texte de la Convention du 18 décembre 1884

(VOIR LES PLANCHES V A VIII TENANT LIEU DES ANNEXES D A G MENTIONNÉES DANS LA CONVENTION)

Entre le Gouvernement égyptien représenté par S. E. Nubar-Pacha, Président du Conseil des Ministres.

Et la Compagnie universelle du Canal maritime de Suez représentée par M. Charles de Lesseps, Vice-Président du Conseil d'administration.

Il a été convenu ce qui suit :

ARTICLE PREMIER. — *A partir du 1er janvier 1885, il est créé pour l'administration du Domaine commun un service distinct des services de la Compagnie du Canal de Suez.*

Le budget de ce service est arrêté pour 1885, *conformément au tableau A ci-annexé.*

ART. 2. — *La Commission prévue par la Convention du* 23 *avril* 1869 *fonctionnera à partir du* 10 *janvier* 1885.

La Compagnie consent à ce que cette Commission fonctionne suivant les conditions spécifiées dans le règlement ci-joint (annexe B), *chaque partie se réservant le droit, en prévenant une année à l'avance, de supprimer la délégation prévue dans le présent accord et de revenir au fonctionnement de la Commission déterminé par les articles* 5 *et* 6 *de la Convention du* 23 *avril* 1869.

Le budget du Domaine commun ne comprendra pas de traitement pour les quatre Commissaires, ce traitement, s'il y a lieu, restant à la charge de chacune des parties pour les Commissaires qui les représentent.

ART. 3. — *Les ventes de terrains auront lieu conformément au règlement ci-joint* (annexe C).

ART. 4. — *La Commission aura à arrêter tout crédit supplémentaire à imputer au budget prévu pour* 1885 *et notamment toute dépense pour frais de création et d'appropriation de terrains.*

A l'avenir, les propositions budgétaires pour les dépenses seront préparées par la Commission pour être soumises chaque année par les Commissaires au Gouvernement et à la Compagnie, au plus tard le 15 *octobre précédant le commencement de l'exercice, de telle sorte qu'après examen fait par les parties, la Commission puisse arrêter le budget avant le* 1er *janvier.*

Les règlements de la Compagnie du Canal de Suez concernant le personnel seront applicables au personnel du Domaine commun.

A ce titre, le personnel du Domaine commun participera aux répartitions de bénéfices, retraites, etc. attribuées au personnel de la Compagnie sur la part qui lui est statutairement réservée dans les bénéfices. La moitié de toutes les sommes attribuées sur les 2 0/0 *au personnel du Domaine commun sera annuellement remboursée par le Gouvernement égyptien à la Compagnie pour être versée au crédit du compte des* 2 0/0.

Moyennant ce remboursement annuel, le Gouvernement ni le Domaine commun n'auront rien à payer aux employés du Domaine commun ou à leurs familles en cas de mise à la retraite, licenciement, décès ou pour quelque cause que ce soit.

ART. 5. — *Les forfaits prévus et acceptés par la Compagnie dans le budget de* 1885:

A l'article « frais judiciaires » pour le travail du Contentieux de la Compagnie tel qu'il est défini audit budget,

Et à l'article « Entretien des plantations »,

Sont définitivement fixés pour l'avenir.

Le service de caisse continuera à être fait gratuitement par la Compagnie.

ART. 6. — *La Compagnie du Canal de Suez ayant émis la prétention de faire comprendre dans la nouvelle délimitation du Domaine commun les terrains d'apport formés par la mer à Port-Saïd, depuis* 1866, *le Gouvernement égyptien a contesté ce droit.*

Le Gouvernement formule ses réserves les plus expresses, tant pour le passé que pour l'avenir, à l'égard des prétentions que la Compagnie du Canal de Suez pourrait élever au sujet desdits terrains d'apport.

Cependant, pour démontrer tout l'intérêt qu'il prend au développement et au progrès matériel de cette partie du territoire égyptien, le Gouvernement estime qu'il y a lieu d'établir définitivement la surface totale du Domaine commun, et, à cet effet, la nouvelle délimitation est fixée comme suit :

Il est ajouté aux terrains délimités en 1866:

350 *hectares à Port-Saïd;*

200 *hectares à Ismaïlia.*

Cette fixation est faite par transaction en ce qui concerne les compensations réclamées par la Compagnie au Gouvernement, tant à Port-Saïd qu'à Ismaïlia.

Le Domaine commun, du côté de la plage ouest, à Port-Saïd, comprendra 10 *hectares en plus de la superficie limitée par la ligne en pointillé rouge du plan ci-annexé indiquant la plage en* 1870 (annexe D).

La nouvelle délimitation du Domaine commun à Port-Saïd et à Ismaïlia est arrêtée par les deux plans ci-joints (annexes E et F).

Toutefois la Commission du Domaine commun vérifiera

sur le terrain l'exactitude de cette délimitation et rectifiera les plans s'il y a lieu.

La Commission dressera un procès-verbal de cette opération, qui sera annexé à la présente Convention.

La Compagnie fixe à 30 mètres, à partir de la ligne d'eau, à Port Tewfik ainsi qu'à Port-Saïd, la largeur du quai réservé pour les besoins de l'exploitation du Canal.

Les ventes opérées par la Commission, à Port-Saïd et à Port Tewfik, auront lieu en se conformant à cette limite.

ART. 7. — *La régularisation des ventes de terrains en cours et de celles qui pourront être conclues jusqu'au 10 janvier 1885 sera faite par le Gouverneur général du Canal et l'Agent supérieur de la Compagnie, qui signeront les contrats relatifs à ces ventes.*

ART. 8. — *S. E. Giegler Pacha est nommé second commissaire par le Gouvernement égyptien.*

M. Desavary, chef du service du transit et de la navigation à Ismaïlia, est nommé second commissaire, à titre provisoire, par la Compagnie.

ART. 9. — *Les comptes du Domaine commun étant arrêtés annuellement, le Gouvernement, en cas d'excédent des dépenses sur les recettes, remboursera à la Compagnie la moitié de cet excédent.*

ART. 10. — *En vue des opérations commerciales qui pourraient être faites dans le port d'Ismaïlia, une bande de terrain indiquée sur le plan* (annexe G) *et située sur le bord du lac Timsah, pourra être louée, à prix réduit, pendant une période de cinq années à partir de la date de la présente Convention.*

ART. 11. — *La Compagnie est chargée, à partir du 1er janvier* 1885,

A Ismaïlia :

Pour la ville et les villages arabes, de l'entretien, arrosage et nettoyage des voies, trottoirs et plantations existants, ainsi que de l'entretien et du gardiennage des cimetières ;

A Port-Tewfik :

De l'entretien, arrosage et nettoyage des voies et plantations existantes;

Le tout au prix arrêté à forfait de 55.000 *francs par an, payable par douzièmes.*

Art. 12. — *Les présentes ne seront définitives qu'après ratification du Conseil des Ministres, d'une part, et du Conseil d'Administration de la Compagnie universelle du Canal maritime de Suez, d'autre part.*

Cette Convention a reçu la double ratification mentionnée à son dernier article.

ANNEXE A

Budget des dépenses du Domaine commun pour 1885 (*résumé*)

Déplacements et congés	10.500 »	
Frais judiciaires (non compris les honoraires d'avocats, frais d'actes, etc., directement applicables à chaque affaire	6.000 »	
		16.500 »
Personnel classé	58.920 »	
Personnel non classé	3.996 »	
Gages des gens de service	3.102,50	
Travaux supplémentaires	500 »	
Frais de mise en campagne, licenciements, rapatriements, frais de maladie, déplacements de santé (ces déplacements seront soldés au moyen de crédits supplémentaires demandés en cours d'exercice)	*Mémoire*	
		66.318,50
Loyers	8.900 »	
Frais divers d'administration	9.000 »	
		17.000 »
Surveillance des terrains. Piquetage	400 »	
Entretien des travaux d'assainissement et de protection des terrains	2.400 »	
Entretien des plantations d'Ismaïlia et de Port-Tewfik, assuré à forfait par la Compagnie, moyennant	12.000 »	
		14.800 »
Appropriation des terrains (ces dépenses doivent faire l'objet de propositions de la Commission lorsqu'elle les a reconnues nécessaires)		*Mémoire*
Total		115.518,50

ANNEXE B

La Commission désignera deux de ses membres qui prendront le titre de Commissaires délégués et qui seront spécialement chargés du service de l'administration du Domaine commun pendant l'intervalle des réunions de la Commission.

Cependant les Commissaires délégués ne pourront faire aucun acte de gestion qui engagerait le Domaine commun et la responsabilité de la Commission sans y être dûment autorisés par cette dernière.

La Commission se réunira une fois par mois, pour entendre et approuver, s'il y a lieu, le rapport de ses membres Commissaires délégués sur l'administration du domaine pendant la période écoulée et à l'effet de prendre telle décision qu'il appartiendra sur les questions se rattachant à la gestion du mois suivant.

Le service de l'administration du Domaine commun sera assuré par un personnel nommé par la Commission et révocable par elle.

ANNEXE C

Règlement des ventes des terrains du Domaine commun

ARTICLE PREMIER. — *Les terrains qui, en exécution de la Convention du 23 avril 1869, constituent le Domaine commun entre le Gouvernement égyptien et la Compagnie universelle du Canal maritime de Suez, seront mis en vente, soit de gré à gré, soit par voie d'adjudication, dans tous les cas où la Commission d'administration du Domaine commun reconnaîtra la possibilité de ce dernier mode de procéder.*

ART. 2. — *Quand il y aura lieu à une vente par voie d'adjudication, la Commission en informera le public au moyen de placards apposés aux portes des bureaux du Domaine commun et d'un ou plusieurs avis insérés dans un journal d'annonces légales.*

ART. 3. — *La date, le lieu et l'heure de l'adjudication, la mise à prix de l'immeuble à vendre sont indiqués par les susdits placards et avis.*

ART. 4. — *La vente ne pourra avoir lieu avant le dixième jour qui suivra le premier avis prescrit ci-dessus. Elle pourra être renvoyée à jour fixe s'il ne se présente pas d'acquéreur qui couvre la mise à prix.*

ART. 5. — *L'adjudication aura lieu devant une Commission composée, conformément à l'article 6 de la convention du 23 avril 1869, des quatre administrateurs du Domaine commun. Toutefois la Commission pourra déléguer soit un ou plusieurs de ses membres, soit un ou plusieurs fonctionnaires du Domaine commun, pour procéder à l'adjudication.*

ART. 6. — *Les ventes par voie d'adjudication auront lieu au comptant ou par termes fixés par la Commission du Domaine commun.*

Art. 7. — *Les dispositions de l'article 7 de la Convention du 23 avril 1869 devront toujours être observées.*

Art. 8. — *Nul ne sera admis à concourir s'il ne justifie le versement à l'une des caisses de la Compagnie du Canal du Suez d'un cautionnement représentant le cinquième de la mise à prix. Ce cautionnement ne portera aucun intérêt au profit des déposants. Aussitôt après l'adjudication, il sera restitué aux enchérisseurs évincés.*

Art. 9. — *Lorsqu'il y aura eu adjudication au comptant, un délai de dix jours sera laissé à l'adjudicataire pour verser le solde du montant de l'adjudication, ainsi que les frais.*

Art. 10. — *Lorsqu'il y aura eu adjudication au comptant, dans le cas ou l'adjudicataire ne satisferait pas à l'obligation de verser dans les dix jours le prix total de la vente et des frais, il sera déchu de tout droit et le cautionnement versé par lui deviendra la propriété du Domaine commun ant à titre de dommages-intérêts que de clause pénale. Ce cautionnement sera irrévocablement acquis au Domaine commun, quoiqu'il advienne, et l'adjudicataire sera sans aucun recours, même partiel.*

Art. 11. — *L'acquéreur aura à payer à la Commission, pour frais préparatoires de la vente, un droit de 2 0/0 sur le total du prix de la vente, qu'elle ait lieu de gré à gré ou par adjudication. Il supportera, en outre, tous les frais accessoires, droits de transcription et d'inscription de privilège au profit du vendeur, etc. La régularisation de la vente continuera à avoir lieu par les soins de l'Administration du Domaine commun, et devant les tribunaux de la Réforme.*

Art. 12. — *Les terrains seront vendus tels qu'ils se poursuivent et se comportent, dans l'état où ils se trouveront au moment de la prise de possession par l'acquéreur, avec leurs défauts et servitudes apparents ou non apparents, sans aucune garantie pour erreur dans la désignation ou dans la contenance, et généralement sans garantie de trouble et d'éviction qui résulterait d'un fait étranger à l'Administration du Domaine commun. L'acquéreur aura seul à remplir les formalités prescrites par les articles 99 et 101 du Code civil et courra seul les risques de la préemption sans recours possible contre l'Administration du Domaine commun.*

Art. 13. — *Dix jours avant l'adjudication, un plan du terrain à vendre, signé* ne varietur *par les administrateurs du Domaine commun, sera déposé dans les bureaux du Domaine commun.*

Art. 14. — *Les soumissions devront être adressées sous pli cacheté aux administrateurs du Domaine commun, à Ismaïlia, et leur parvenir au moins vingt-quatre heures avant l'adjudication.*

Art. 15. — *Les soumissions devront contenir les nom, prénoms, profession, adresse de l'enchérisseur, la désignation de l'immeuble et mentionner en toutes lettres l'offre du prix, qui ne devra pas être inférieur au chiffre de la mise en vente.*

Art. 16. — *Les concurrents devront formellement déclarer dans leur soumission, et sous peine de la voir écarter, qu'ils ont eu connaissance du plan et du présent règlement auquel ils se soumettent d'une manière absolue, ainsi qu'à tous les règlements de l'Administration du Domaine commun relatifs aux constructions.*

ART. 17. — *Au jour et à l'heure fixés pour l'adjudication, les soumissions seront ouvertes en séance publique, et l'adjudication sera prononcée au profit du soumissionnaire ayant fait l'offre la plus élevée.*

ART. 18. — *Dans le cas où l'offre la plus élevée serait présentée à la fois par deux ou plusieurs soumissionnaires, il sera procédé à une nouvelle adjudication dont la mise à prix sera égale à l'offre la plus élevée, après accomplissement des formalités prescrites par les articles.*

ART. 19. — *Si cette seconde adjudication ne donnait pas de résultat, il serait procédé, séance tenante, au tirage au sort entre les soumissionnaires ayant fait l'offre la plus élevée, présents ou absents, par les soins de la Commission ou de son délégué.*

L'adjudication sera prononcée en faveur de celui qui aura été favorisé par le sort.

ART. 20. — *Un procès-verbal d'adjudication sera dressé, séance tenante, par la Commission ou son délégué.*

Un extrait du procès-verbal sera délivré à l'adjudicataire, sur sa demande.

ART. 21. — *Les Mekemehs, qui en seront requis par les intéressés, devront enregistrer soit les ventes de gré à gré, soit les procès-verbaux d'adjudication de terrains du Domaine commun, et délivrer aux adjudicataires les hodgets des biens adjugés ou vendus de gré à gré.*

CONVENTION DU 20 DÉCEMBRE 1886

RELATIVE A LA RÉTROCESSION DE 4.000 HECTARES DE TERRAIN A LA COMPAGNIE PAR LE GOUVERNEMENT ÉGYPTIEN

Le programme des travaux d'amélioration du Canal maritime recommandé par la Commission technique internationale de 1884-1885 et adopté par la Compagnie, devant donner au Canal des largeurs notablement plus grandes que celles fixées par l'acte de concession du 5 janvier 1856, le Gouvernement égyptien prétendit, contrairement à l'opinion de la Compagnie, que ledit programme ne pouvait être exécuté qu'après approbation du Gouvernement.

L'élargissement prévu du Canal devait d'ailleurs avoir pour résultat de rendre insuffisante, dans les nouvelles conditions, la zone des terrains que la sentence impériale du 6 juillet 1884 avait jugés « nécessaires à l'établissement, l'exploitation et la conservation du Canal » et qui avait été, en conséquence, attribuée à la Compagnie par la Convention du 19 février 1866.

A la suite de pourparlers engagés en vue d'un accord, le Gouvernement égyptien consentit à autoriser l'exécution du programme de la Commission internationale sous la condition, pour la Compagnie, d'accepter la rétrocession, contre remboursement par elle de leur valeur, de 4.000 hectares de terrain faisant partie des 60.000 hectares qui avaient été repris par le Gouvernement à la Compagnie, au prix total de 30 millions, en vertu de la sentence impériale de 1884 et de la Convention de février 1866. C'est l'arrangement finalement intervenu à ce sujet qui a fait l'objet de la Convention du 26 décembre 1866, dont le texte est donné plus loin.

Il ne sera pas sans intérêt, à l'occasion de cette Convention, de présenter ici un court résumé de la question des largeurs du Canal, telles que lesdites largeurs ont été successivement adoptées en principe, puis, telles qu'elles ont été arrêtées en exécution.

L'acte de concession du 5 janvier 1856, par son article 3, avait fixé comme suit les conditions générales de tracé et de dimensions du Canal maritime que la Compagnie avait à construire à ses risques et périls :

« Art. 3. — Le Canal approprié à la grande navigation maritime sera creusé à la profondeur et à la largeur fixées par le programme de la Commission scientifique internationale ;

Conformément à ce programme, il prendra son origine au port même de Suez ; il empruntera le bassin dit des lacs Amers et le lac Timsah ; il viendra déboucher dans la Méditerranée en un point du Golfe de Peluse qui sera déterminé dans les projets définitifs à dresser par les ingénieurs de la Compagnie. »

Ledit acte de concession avait immédiatement suivi la remise au Vice-Roi, par la Commission internationale que Son Altesse avait appelée, en octobre 1855, « à donner son avis sur la solution à adopter pour le percement de l'isthme de Suez », d'un rapport sommaire du 2 janvier 1856 où la Commission, après avoir déclaré qu'elle avait été unanime à reconnaître que, parmi les diverses solutions proposées, celle du Canal direct de Suez vers le golfe de Peluse, proposée par les ingénieurs du Gouvernement, était la seule solution possible, donnait de simples indications générales sur le tracé et sur les deux ports d'extrémités.

Ce ne fut que dans son rapport général, daté de décembre 1856, que la Commission internationale fixa les dimensions en profondeur et en largeur à donner au Canal.

D'après l'avant-projet des ingénieurs du Gouvernement, le Canal devait avoir une profondeur de 8 mètres, et, sur toute sa longueur, une largeur uniforme de 100 mètres à la ligne d'eau, réduite toutefois, par des raisons d'économie, à 65 mètres dans les parties du Canal où la cote du terrain atteignait 6 mètres.

La Commission internationale adoptait également la profondeur de 8 mètres, mais elle fixait les largeurs comme suit :

Sur la partie du Canal comprise entre Port-Saïd et les lacs Amers, largeur de 80 mètres à la ligne d'eau, correspondant à une largeur de 44 mètres au plafond, avec des gares d'évitement de distance en distance, indépendamment des garages naturels formés par les lacs Amers et le lac Timsah.

Sur la partie du Canal comprise entre les lacs Amers et Suez, largeur de 100 mètres à la ligne d'eau correspondant à une largeur de 64 mètres au plafond.

La Commission adoptait d'ailleurs le même type de profil qu'à l'avant-projet, comportant des talus inclinés à 2 pour 1, et, sur chacun des talus, une banquette de 2 mètres de largeur à 1 mètre au-dessous du niveau de l'eau. La dépense totale du projet était estimée devoir s'élever à 200 millions.

Avant la mise à exécution du projet de la Commission internationale, avant même la constitution définitive de la Compagnie, M. de Lesseps, — ainsi qu'il a été expliqué précédemment, — avait institué, sous sa présidence, un Conseil supérieur des travaux chargé d'examiner tous les projets de détail, les questions d'art et les marchés se rattachant à l'exécution des travaux; et, dès sa constitution, le Conseil avait arrêté un programme d'exécution des travaux du projet même de la commission internationale, d'après lequel cette exécution était divisée en cinq phases et devait durer en tout six années. Mais, dans le mois d'août de l'année suivante, le Conseil, consulté par le Président sur la question de savoir s'il ne serait pas possible, dans l'intérêt bien entendu des actionnaires et sans nuire en rien aux intérêts du commerce, de réduire à de moindres proportions le projet de la Commission internationale, avait produit, en effet, un projet à proportions notablement réduites quant à l'importance des ouvrages et à la largeur du Canal, dont la dépense n'était plus évaluée qu'à 124 millions.

D'après ce projet, qui fut adopté par la Compagnie, le Canal conservait la profondeur de 8 mètres et devait être établi sur toute sa longueur, avec une largeur de 22 mètres seulement au plafond, correspondant à une largeur de 58 mètres à la ligne d'eau. Les talus sous l'eau étaient réglés à 2 de base pour 1 de hauteur avec banquettes de 2 mètres de largeur à 1 mètre au-dessous du niveau de l'eau.

Finalement, en exécution, le canal a bien été établi partout avec une largeur de 22 mètres au plafond ; mais les largeurs à la ligne d'eau, en raison de la nature des terrains, ont varié, comme il est indiqué ci-dessous, suivant les différentes parties du canal :

A la traversée du lac Menzaleh et des lacs Ballah, largeur de 100 mètres à la ligne d'eau, par suite d'une plus grande inclinaison des talus sous l'eau et de l'établissement de larges risbermes, au lieu de simples banquettes, à 1^{m},75 au-dessous du niveau de l'eau ;

A la traversée des seuils d'El Guisr et du Serapeum, exécution du profil même du Conseil supérieur des travaux;

Enfin, entre les lacs Amers et Suez, largeur de 68^{m},50 à la ligne d'eau par suite de la plus grande inclinaison des talus de la cunette, mais suppression des banquettes sous l'eau.

Tels étaient les profils d'exécution du Canal lorsque est intervenu le programme des travaux d'élargissement recommandé par la nouvelle Commission internationale et devant comporter pour le canal, après complète exécution, les nouvelles dimensions suivantes :

Profondeur, 9 mètres ;

Largeurs mesurées à 8 mètres sous le niveau des basses mers de vives eaux ordinaires, savoir :

Sur la partie du canal comprise entre Port-Saïd et les lacs Amers :

Dans les parties rectilignes, une largeur de 65 mètres, correspondant à une largeur à la ligne d'eau de 129 mètres à la traversée du lac Menzaleh et des lacs Ballah, et de 101 mètres à la traversée des seuils d'El Guisr et du Serapeum ;

Dans les courbes d'un rayon de plus de 2.500 mètres, une largeur de 75 mètres mesurée au sommet de la courbe ; dans les courbes d'un rayon de 2.500 mètres et au dessous, une largeur au sommet d'au moins 80 mètres ;

Sur la partie du canal comprise entre les grands lacs Amers et Suez :

Dans les parties rectilignes, une largeur de 75 mètres, correspondant à une largeur de 117 mètres à la ligne d'eau ;

Dans les courbes, toutes de rayons de plus de 2.500 mètres, une largeur au sommet de 80 mètres.

L'exécution des travaux devait d'ailleurs avoir lieu en trois phases, comme suit :

Première phase :

Profondeur, 8m,50 ;

Largeurs mesurées à la profondeur de 8 mètres :

A la traversée du lac Menzaleh et des lacs Ballah, largeur de 36m,84, avec une largeur à la ligne d'eau de 107m,84 ;

A la traversée des seuils d'El Guisr et du Serapeum, même largeur de 36m,84, avec une largeur à la ligne d'eau de 72m,84 ;

Enfin, entre les lacs Amers et Suez, largeur de 37 mètres avec une largeur à la ligne de l'eau de 80m,25.

Deuxième phase :

Complément de l'élargissement ;

Troisième phase :

Approfondissement à 9 mètres.

Texte de la Convention du 20 décembre 1886

(PLANCHES V A VIII)

Entre le Gouvernement égyptien, représenté par S. E. Nubar-Pacha, Président du Conseil des Ministres.

Et la Compagnie universelle du Canal maritime de Suez, représentée par M. Charles-A. de Lesseps, Vice-Président du Conseil d'administration,

Il a été exposé et convenu ce qui suit :

Le Gouvernement égyptien rappelle que, dans son opinion, la Compagnie ne peut pas, sans son autorisation, apporter à l'état du Canal des modifications qui lui donnent une largeur au plafond supérieure à 44 mètres entre Port-Saïd et les lacs Amers, et 64 mètres entre les lacs Amers et Suez.

Il constate que la Compagnie ne partage pas cette opinion et qu'elle soutient avoir le droit d'apporter toute modification à l'état du Canal dans la limite de ses terrains.

Le Gouvernement égyptien, qui s'est toujours préoccupé des intérêts généraux des divers peuples que le Canal est appelé à desservir, tenant compte des sacrifices que la Compagnie s'est imposés pour donner les plus grandes facilités à la navigation, sans trancher la question du droit dans aucun sens, s'engage à ne pas élever des objections à l'exécution du programme intégral de l'amélioration du Canal recommandé par la Commission technique internationale de 1884-1885.

Le Gouvernement égyptien et la Compagnie se sont mis d'accord pour reconnaître que les travaux qui pourraient être exécutés par la Compagnie suivant ce programme seraient de nature à diminuer la zone de terrains dont la jouissance a été attribuée à la Compagnie par l'acte en date du 10 février 1866 et qui ont été jugés nécessaires pour la construction, la bonne exploitation et l'augmentation du canal.

En conséquence, le Gouvernement égyptien rétrocède à la Compagnie, pour le même usage, des terrains parmi ceux que le Gouvernement égyptien a repris par la Convention de 1866 Ces terrains seront répartis à peu près également sur tout le parcours du Canal.

En outre, une zone plus large sera attribuée à la Compagnie, à Suez, à Ismaïlia et à Port-Saïd, ou auprès de ces villes, en vue de faciliter à la Compagnie, le cas échéant, l'extension des surfaces d'eau des ports du Canal.

Le prix total à payer par la Compagnie de ces terrains, montant à 4.000 hectares, tant sur le parcours du canal que dans la région des villes, sera de 2.000.000 de francs. Ces terrains seront délimités, conformément au plan et au tableau ci-joints. Toutefois une Commission, formée par le Gouvernement égyptien et la Compagnie vérifiera, sur place, l'exactitude de cette délimitation et rectifiera le plan s'il y a lieu. La Commission dressera un procès-verbal de ses opérations qui sera annexé à la présente Convention.

Le prix convenu de 2.000.000 de francs pour l'ensemble des terrains sera versé par la Compagnie au Gouvernement égyptien, moitié dans le mois qui suivra la signature de la présente Convention, moitié dans le mois qui suivra l'achèvement des travaux de la Commission.

La Compagnie remettra au Domaine commun ceux de ces terrains qu'elle ne jugerait pas nécessaires à son exploitation et qui, par suite, deviendraient susceptibles d'être vendus.

Sur le prix de chaque vente opérée par le Domaine commun, il sera remboursé à la Compagnie une somme égale à son prix d'acquisition, et le surplus sera partagé à raison de deux tiers pour le Gouvernement et d'un tiers pour la Compagnie.

Les frais spéciaux qui seraient faits par le Domaine commun sur les terrains désignés dans cet acte, et qui lui auraient été remis par la Compagnie comme susceptibles d'être vendus, seront partagés entre le Gouvernement égyptien et la Compagnie dans la même proportion que le produit de la vente de ces terrains.

Il est entendu que l'autorisation d'une modification des statuts, communiquée par la lettre officielle du Commissaire du Gouvernement égyptien, en date du 10 *mai* 1886 [1], *s'applique également à tout emprunt qui sera nécessaire pour compléter les travaux d'agrandissement du canal, suivant le programme de la Commission technique internationale de* 1884-1885. *Par suite, en ce qui concerne les charges d'intérêts et d'amortissement provenant de ces emprunts, en y comprenant celui de* 100 *millions déjà voté, le tout ou la partie de ces charges qui serait susceptible d'affecter un revenu de* 90 *francs par action, pourrait être porté, avec l'autorisation de l'Assemblée générale, au compte de premier établissement, en même temps que les dépenses des travaux à exécuter; cette disposition serait ainsi applicable pendant la période totale d'exécution desdits travaux, comprenant les trois phases, pour toutes les sommes empruntées, sans aucune distinction entre elles.*

La Commission de délimitation des terrains rétrocédés à la Compagnie, prévue par l'une des dispositions de la Convention ci-dessus, a procédé à cette délimitation, les 26, 27 et 28 janvier 1887; et, à la date du 15 février suivant, elle a dressé le procès-verbal de ses opérations destiné à être annexé à la Convention.

Par ce procès-verbal, la Commission déclarait avoir reconnu l'exactitude et la conformité aussi complète que faire se pouvait du plan de délimitation dressé par les soins de la Compagnie avec le tableau annexé à la Convention ; en conséquence, et se référant à ce plan, elle avait arrêté, conformément au tableau ci-après, l'état des 4.000 hectares de terrains rétrocédés à la Compagnie par le Gouvernement égyptien.

---

1. Voir la note de la page 119.

ÉTAT DES 4.000 HECTARES DE TERRAINS RÉTROCÉDÉS A LA COMPAGNIE PAR LE GOUVERNEMENT ÉGYPTIEN EN EXÉCUTION DE LA CONVENTION DU 20 DÉCEMBRE 1886

(PLANCHES V A VIII)

DÉSIGNATION DES PARTIES DU CANAL DES PORTS ET DES CAMPEMENTS	LONGUEURS	LARGEURS		SUPERFICIES		
		CÔTÉ AFRIQUE	CÔTÉ ASIE	CÔTÉ AFRIQUE	CÔTÉ ASIE	TOTALES
	Mètres	Mètres	Mètres	Hectares	Hectares	Hectares
1° *Port-Saïd*						
Côté Afrique :						
Zone supplémentaire, du kil. 3 + 596m,14 au kil. 6 + 70 m.	2.473,86	»	»	95,98,57	»	642,01,38
Côté Asie :						
Zone supplémentaire, de la plage Est au kil. 6 + 111m,64.	»	»	»	»	546,02,81	
2° *De Port-Saïd à El-Ferdane*						
Côté Afrique :						
Du kil. 6 + 70 m. à Raz-el-Ech nord, et de Raz-el-Ech sud au point de tangence nord de la courbe d'El-Ferdane, kil. 61 + 125m,92..	54.555,92	76 »	»	414,62,49	»	414,62,49
Côté Asie :						
Du kil. 6 + 111m,64 au nord du campement de Kantara, et du sud du campement de Kantara au point de tangence nord de la courbe d'El-Ferdane, kil. 61 + 125m,92..	53.214,28	»	140 »	»	745,00,00	745,00,00
3° *Kantara*						
Côté Afrique :						
Zone supplémentaire, du kil. 44 + 475 m. au kil. 46 + 275 m..............	1.800 »	305,55	»	55,00,00	»	55,00,00
4° *Courbe du kil.* 50						
Côté Afrique :						
Zone supplémentaire, du kil. 49 + 826m,81 au kil. 51 + 575m,26..................	1.748,45	»	»	5,39,00	»	5,39,00
5° *Courbes des kil.* 50 et 52						
Côté Asie :						
Zone supplémentaire, du kil. 50 + 596m,02 au kil. 53 + 929m,30..................	3.333,28	»	»	»	33,09,00	33,09,90
6° *Courbe du kil.* 57						
Côté Asie :						
Zone supplémentaire, du kil. 56 + 666m,60 au kil. 59 + 80m,52..................	2.413,92	»	»	»	23,51,72	23,51,72
7° *Courbe d'El-Ferdane*						
Côté Afrique :						
Zone supplémentaire, du kil. 59 + 465m,92 au kil. 62 + 707m,28 (point de tangence sud)....................	3.241,36	»	»	80,58,99	»	80,58,99
Totaux à reporter...				651,59,05	1.347,64,43	1.999,23,48

DÉSIGNATION DES PARTIES DU CANAL DES PORTS ET DES CAMPEMENTS	LONGUEURS	LARGEURS		SUPERFICIES		
		CÔTÉ AFRIQUE	CÔTÉ ASIE	CÔTÉ AFRIQUE	CÔTÉ ASIE	TOTALES
	Mètres	Mètres	Mètres	Hectares	Hectares	Hectares
Reports.....				651,59,05	1.347,64,43	1.999,23,48
8° *Courbes d'El-Guisr et du chantier VI*						
Côté Asie :						
Zone supplémentaire, du kil. 73 + 701m,83 au kil. 76 + 298m,11..................	2.596,28	»	»	»	33,76,39	33,76,39
9° *Ismaïlia*						
Côté Afrique :						
Zone supplémentaire.......	»	»	»	758,03,36	»	789,99,70
Côté Asie :						
Zone supplémentaire.......	»	»	»	»	31,96,34	
10° *D'El-Ferdane aux Lacs Amers*						
Côté Asie :						
Du kil. 61 + 125m,92, point de tangence nord de la courbe d'El-Ferdane, au kil. 73 + 701m,83, bissectrice de la courbe nord d'El-Guisr, et du kil. 80 + 500 m. aux Lacs Amers, kil. 98 + 400 m.....	30.475,91	»	20 »	»	60,95,18	60,95,18
11° *Kil.* 133						
Côté Afrique :						
Zone supplémentaire, du kil. 134 + 400 m. au kil. 135 + 900 m.............	1.500 »	393,33	»	59,00,00	»	59,00,00
12° *Seuil de Chalouf*						
Côté Afrique :						
Zone supplémentaire, du kil. 139 + 581m,84 au kil. 141 + 21m,84..................	1.400 »	125 »	»	18,00,00	»	18,00,00
13° et 14° *Des Lacs Amers à Suez*						
Côté Afrique :						
Des Lacs Amers, kil. 133 + 460 m., à Chalouf nord; de Chalouf sud à la Plaine nord, et de la Plaine sud au nord de la concession de Suez, kil. 150 + 920 m.	15.760 »	125 »	»	197,00,00	»	197,00,00
Côté Asie :						
Des Lacs Amers, kil. 133 + 773 m., au kil. 159 + 200 m..................	25.427 »	»	105 »	»	266,98,35	266,98,35
15° *Port-Tewfik*						
Côté Afrique :						
Zone supplémentaire.......	»	»	»	575,06,90	»	575,06,90
TOTAUX........				2.258,69,31	1.741,30,69	4.000,00,00

COMMISSION CONSULTATIVE DES TRAVAUX

INSTITUÉE EN NOVEMBRE 1887

D'après le programme arrêté par la Commission consultative internationale de 1884-1885 pour l'exécution, en trois phases, de l'élargissement et de l'approfondissement du Canal maritime, la première phase comprenait — ainsi qu'il est expliqué précédemment — un premier élargissement portant de 22 mètres à 37 mètres la largeur au plafond, sur toute la longueur du canal. Sur la partie s'étendant de Port-Saïd à El Ferdane, ce premier élargissement devait se faire du côté Afrique, l'élargissement complémentaire ultérieur du côté Asie. Or, lorsque l'on fut prêt à mettre la main à l'œuvre, la Compagnie, en raison de l'expérience acquise depuis la réunion de la Commission sur la tenue des talus et à la suite de nouvelles études de ses ingénieurs, reconnut qu'il y aurait tout intérêt à faire l'élargissement tout entier du côté Asie.

En outre, le canal d'alimentation en eau douce de Port-Saïd, dont la construction avait été décidée postérieurement à la réunion de la Commission, devait être établi, depuis Kantara jusqu'à Port-Saïd, sur la berge même du canal maritime, rive Afrique, et il était d'un intérêt capital que le projet de ce canal d'eau douce fût conçu de manière à ne compromettre en rien ni la berge ni le canal maritime lui-même, en même temps qu'il assurerait dans de bonnes conditions l'alimentation de Port-Saïd.

Pour s'éclairer sur ce double objet, le président de la Compagnie prit la résolution de soumettre les deux questions, qui avaient un caractère technique spécial, à l'examen d'une Commission formée principalement des membres techniques de la Commission consultative internationale de

1884-1885, et de manière que chaque pays qui aurait participé à la grande consultation précédente y fût représenté.

Cette nouvelle Commission, qui reçut le nom de *Commission consultative des travaux*, se réunit pour la première fois, les 4-5 novembre 1887.

Elle était composée comme suit :

Composition de la Commission consultative des travaux [1]

ALLEMAGNE

MM. Pescheck, inspecteur des voies fluviales en Prusse, attaché technique à l'ambassade d'Allemagne à Paris. — A partir de 1890, ingénieur en chef en Allemagne.

AUTRICHE-HONGRIE

Crillanovich, capitaine du Lloyd autrichien.

ESPAGNE

Saavedra, inspecteur général des Ponts et Chaussées, membre du Conseil supérieur de la Marine, à Madrid.

---

1. *Mutations dans la composition de la Commission jusqu'en 1901 :*

MM. ALLEMAGNE

En 1899. — Rasch, attaché technique à l'ambassade d'Allemagne, à Paris, en remplacement de M. Pescheck, décédé.

En 1901. — George de Thierry, ingénieur adjoint au Directeur des travaux du Weser.

FRANCE

En 1892. — Vice-Amiral Lafont, en remplacement de l'amiral Jurien de La Gravière, décédé.

En 1894. — Pérouse, ingénieur en chef, depuis 1899, inspecteur général des ponts et chaussées, en remplacement de M. Voisin Bey, devenu membre du Conseil d'administration de la Compagnie.

En 1896. — Oppermann, ingénieur en chef des Mines, en remplacement de M. Larousse, décédé.

En 1896. — Guérard, ingénieur en chef, depuis 1899, inspecteur général des ponts et chaussées, en remplacement de M. Pascal, décédé.

FRANCE

MM. VICE-AMIRAL JURIEN DE LA GRAVIÈRE ;
LAROCHE, ingénieur en chef, à partir de 1892 inspecteur général des Ponts et Chaussées;
LAROUSSE, ingénieur hydrographe de la Marine;
PASCAL, inspecteur général des Ponts et Chaussées.
VOISIN BEY, *id.*

GRANDE-BRETAGNE

SIR JOHN COODE, vice-président de l'Institut des ingénieurs civils de Londres;
SIR CHARLES HARTLEY, membre *id.*

ITALIE

MM. GIOIA, ingénieur à Rome.

PAYS-BAS

CONRAD, inspecteur du Waterstaat.

RUSSIE

ALEXEIEFF, capitaine de vaisseau, attaché à l'ambassade de Russie, à Paris.

M. Voisin Bey a été nommé par ses collègues Président de la Commission[1].

MM. GRANDE-BRETAGNE

En 1892. — JOHN WOLFE BARRY, membre de l'Institut des ingénieurs civils de Londres, en remplacement de sir John Coode, décédé.

RUSSIE

En 1888. — RIMSKY KORSAKOFF, capitaine de frégate, attaché naval à l'ambassade de Russie, en remplacement de M. Alexeieff.

En 1897. — MARTINOW, capitaine de frégate, en remplacement de M. Rimsky Korsakoff.

En 1898. — SCHEIN, capitaine de frégate en remplacement de M. Martinow.

En 1901. — EPANTCHINE, lieutenant de vaisseau, en remplacement de M. Schein.

1. En 1893, M. Laroche a succédé, comme Président de la Commission, à M. Voisin Bey, devenu membre du Conseil d'administration de la Compagnie.

Après sa première réunion de 1887, la Commission consultative des travaux a continué d'être convoquée chaque année (en octobre ou novembre), pour être mise au courant de la marche des travaux d'amélioration du Canal et donner son avis sur les programmes arrêtés annuellement par la Compagnie, à la fois pour l'exécution des travaux de la première phase compris dans le programme de la Commission consultative internationale, et pour l'exécution des divers travaux accessoires non compris dans ce programme, mais destinés pourtant à contribuer, pour leur part, à l'amélioration du Canal et payés en conséquence sur l'emprunt de 100 millions.

Comme on le verra plus loin, l'Assemblée générale des Actionnaires, dans sa réunion du 4 juin 1901, a autorisé un nouvel emprunt de 25 millions de francs pour la continuation des travaux d'amélioration du Canal en vue de l'exécution progressive des travaux de la deuxième et de la troisième phase du programme de la Commission consultative internationale de 1884-1885. Pour ces nouveaux travaux, la Compagnie continuait de compter sur le concours, si précieux pour elle, de la Commission consultative des travaux.

CONVENTION INTERNATIONALE DU 29 OCTOBRE 1888

GARANTISSANT LE LIBRE USAGE DU CANAL

I. — Historique de la question : § 1. Neutralité du Canal établie par le firman de concession. — § 2. Question de la neutralité du Canal posée devant la Chambre des Communes en 1870. — § 3. Question de la neutralité du Canal portée par la Presse devant l'opinion publique en 1871. — § 4. Vues de l'Angleterre et de la Russie sur la question de neutralisation du Canal à l'époque de la guerre d'Orient, en 1877. — § 5. Répercussion des événements d'Egypte de 1882 sur le Canal au point de vue de sa neutralité. — § 6. La question de la libre navigation du Canal traitée par la voie diplomatique (1883 à 1885). — § 7. Commission internationale chargée de préparer l'acte conventionnel destiné à garantir le libre usage du Canal (1885). — § 8. Convention anglo-française (1887).

II. — Texte de la Convention internationale du 29 octobre 1888. — Résumé des principales discussions qui ont précédé l'adoption du texte définitif de la Convention.

I. — Historique de la question

§ Ier. — NEUTRALITÉ DU CANAL ÉTABLIE PAR LE FIRMAN DE CONCESSION

La neutralité du Canal de Suez a été expressément proclamée, — tout au moins en ce qui est des parties contractantes, — par l'article 14 de l'acte de concession du Vice-Roi d'Egypte du 5 janvier 1856, sanctionné par le firman du Sultan du 16 mars 1866, ledit article libellé comme suit :

Art. 14. — Nous déclarons solennellement, pour nous et nos successeurs, sous la réserve de la ratification de S. M. I. le Sultan, le grand Canal maritime de Suez à Peluse et les ports en dépendant, ouverts toujours, comme passages neutres, à tout navire de commerce traversant d'une mer à l'autre, sans aucune distinction, exclusion ni préférence de personnes ou de nationalités, moyennant le paiement des droits et l'exécution des règlements établis par la Compagnie universelle concessionnaire pour l'usage dudit Canal et dépendances.

L'article 15 de l'acte de concession — également utile à rappeler, — est venu ajouter encore, comme on va le voir, à la virtualité de cette proclamation de la neutralité du Canal :

ART. 15. — En conséquence du principe posé dans l'article précédent, la Compagnie universelle concessionnaire ne pourra, dans aucun cas, accorder à aucun navire, Compagnie ou particuliers, aucun avantage ou faveur qui ne soient accordés à tous autres navires, Compagnies ou particuliers, dans les mêmes conditions.

§ 2. — QUESTION DE LA NEUTRALITÉ DU CANAL POSÉE DEVANT LA CHAMBRE DES COMMUNES, EN 1870

L'idée de consacrer la neutralité du Canal — déjà établie et proclamée, comme on l'a vu ci-dessus, par les deux Puissances auxquelles appartenait le territoire traversé, — par une Convention entre toutes les Puissances maritimes intéressées, paraît avoir été officiellement envisagée pour la première fois en Angleterre, en 1870, peu de mois seulement après l'ouverture du Canal à la navigation, c'est-à-dire alors que l'œuvre, se trouvant heureusement accomplie, les Puissances maritimes reconnaissaient et proclamaient unanimement l'immense service rendu par la nouvelle voie au commerce universel :

En effet, à l'une des séances de la Chambre des Communes du commencement d'août 1870, où se discutait le budget de la Marine, un membre, Sir Elphinstone, appartenant à l'administration de l'Inde, après avoir dit qu'il considérait l'ouverture du Canal de Suez comme un des événements les plus importants de l'histoire du monde, présenta devant la Chambre les considérations suivantes :

Il est important de considérer — dit-il — quel effet l'ouverture du Canal de Suez produira sur notre commerce des Indes Orientales et quelles mesures il est nécessaire de prendre dans les circonstances actuelles.

La distance de Bombay à l'Angleterre par la nouvelle route est de 7.000 milles environ, et de Calcutta, environ 8.500 milles, tandis que les mêmes distances par la voie du Cap sont respectivement d'environ 14.000 et 16.000 milles. Si l'on vérifiait les journaux de plusieurs navires, on trouverait même qu'ils ont eu à faire de 17.000 à 18.000 milles pour se rendre d'Angleterre à Calcutta.

Par le Canal de Suez, les navires peuvent faire trois voyages, aller et retour, d'Angleterre aux Indes, dans l'espace d'une année, tandis que les navires faisant le tour du Cap ne peuvent faire tout au plus qu'un voyage et demi.

Le Canal de Suez est destiné à attirer la totalité ou tout au moins la part de beaucoup la plus considérable de notre commerce indien vers cette nouvelle voie de communication, et aussi de donner entièrement notre trafic avec l'Inde à la navigation à vapeur, parce que les voiliers ne pourraient faire avec économie la traversée de la mer Rouge. En outre, le trafic par le Canal sera sans doute effectué par une classe de navires spécialement appropriés à cette navigation, et nos armateurs s'occupent de toutes parts à créer une classe de navires commodes et spacieux construits dans ce but, commandés par des officiers qui acquerront bien vite une connaissance suffisante du Canal pour pouvoir même le traverser sans pilote.

C'est sans doute une sérieuse et triste chose de penser que les beaux et admirables navires à voiles que j'ai vus dans les ports de l'Inde se verront ainsi, comme cela ne manquera pas, enlever le pain de la bouche.

Mais ce Canal est situé à l'extrémité d'une mer qui, à chaque instant, peut devenir un lac étranger, et je suis très désireux, par conséquent, d'appeler, par le retentissement de cette Chambre, l'attention publique sur les graves considérations politiques impliquées dans ce sujet.

En supposant qu'une guerre vînt à éclater après que nous aurions démoli nos navires à voiles ou que nous les aurions détournés vers un autre commerce, qu'arriverait-il si, par quelque moyen, nos communications avec nos possessions indiennes, par la voie de Suez, venaient à être coupées ? Dans ce cas, il se produirait en Angleterre une perturbation qui ne serait guère inférieure à celle que provoquerait une guerre civile. Mon honorable ami (le premier lord de l'Amirauté) devrait être en état de réclamer la neutralité de ce détroit. En conséquence, je désire insister auprès de la Chambre et du Gouvernement sur l'opportunité de s'adresser à Sa Majesté pour la prier de prendre des mesures afin d'établir des négociations dans le but d'arriver à un arrangement européen pour conserver la neutralité du Canal de Suez, de façon à ce que nous ne puissions jamais être privés d'un avantage qui a été conquis pour le commerce et la civilisation par le génie et la persévérance indomptable d'un des plus grands ingénieurs vivants.

Le premier lord de l'Amirauté, M. Childers, prenant alors la parole, s'exprima ainsi :

Je suis complètement d'accord avec les observations de l'honorable baronnet (M. Elphinstone) relativement au Canal de Suez, et le Gouvernement attache un grand poids à ces observations. Le Gouvernement a toujours porté la plus vive attention à tout ce qui concerne le Canal depuis que son succès a été démontré. Il a fait les enquêtes les plus minutieuses sur le degré auquel il sera probablement employé par le Gouvernement et par la marine marchande, et la Chambre peut se reposer sur le Gouvernement, qui traitera le sujet de la façon qu'exigent les intérêts de l'Empire britannique. (Très bien, très bien.)

§ 3. — QUESTION DE LA NEUTRALITÉ DU CANAL PORTÉE PAR LA PRESSE EUROPÉENNE DEVANT L'OPINION PUBLIQUE, EN 1871

La question de la neutralité du Canal fut portée par la Presse européenne devant l'opinion publique, quelques mois après la signature du traité de Londres du 13 mars 1871 qui, revisant sous ce rapport le traité de Paris du 30 mars 1856, conclu après la guerre de Crimée, avait rétabli la Russie dans son ancienne situation dans la mer Noire[1].

---

1. Pour permettre de bien juger des opinions émises par les divers journaux, dont des extraits sont produits, sur le projet de neutralisation du Canal par une convention entre toutes les Puissances maritimes intéressées, il ne sera pas inutile de rappeler :

D'une part,

Que le Traité de Paris du 30 mars 1856, conclu entre la France, l'Autriche, la Grande-Bretagne, la Prusse, la Russie, la Sardaigne et la Turquie, contenait les dispositions suivantes :

« Art. 10. — La Convention du 13 juillet 1841, qui maintient l'antique règle de l'Empire ottoman relative à la clôture des détroits du Bosphore et des Dardanelles a été revisé, d'un commun accord. L'acte conclu à cet effet, et conformément à ce principe, entre les Hautes-Parties contractantes, est, et demeure annexé au présent Traité et aura même force et valeur que s'il en faisait partie intégrante.

« Art. 11. — La Mer Noire est neutralisée; ouverte à la marine marchande de toutes les nations, ses eaux et ses ports sont, formellement et à perpétuité, interdits aux pavillons de guerre, soit des Puissances riveraines, soit de toute autre Puissance, sauf les exceptions mentionnées à l'article 14 du présent Traité.

« Art. 13. — La mer Noire étant neutralisée, aux termes de l'article 11, le maintien ou l'établissement sur son littoral d'arsenaux militaires maritimes devient sans nécessité comme sans objet. En conséquence, S. M. l'Empereur de toutes les Russies et S. M. Impériale le Sultan s'engagent à n'élever et à ne conserver sur ce littoral aucun arsenal militaire maritime.

« Art. 14. — Leurs Majestés l'Empereur de toutes les Russies et le Sultan ayant conclu une Convention à l'effet de déterminer la force et le nombre des bâtiments légers nécessaires au service de leurs côtes, qu'Elles se réservent d'entretenir dans la mer Noire, cette Convention est annexée au présent Traité, et aura même force et valeur que si elle en faisait partie intégrante.

Nous donnerons ici, à ce sujet, quelques extraits de diverses correspondances adressées au journal *the Times* et d'une correspondance adressée au journal viennois le *Wanderer*, dans les derniers mois de l'année 1871.

Elle ne pourra être ni annulée ni modifiée sans l'assentiment des Puissances signataires du présent Traité. »

Que la Convention annexe mentionnée à l'article 10 stipulait, savoir :

« ARTICLE PREMIER. — Sa Majesté le Sultan, d'une part, déclare qu'il a la ferme résolution de maintenir, à l'avenir, le principe invariablement établi comme ancienne règle de son Empire, et en vertu duquel il a été de tout temps défendu aux bâtiments de guerre des Puissances étrangères d'entrer dans les détroits des Dardanelles et du Bosphore, et que, tant que la Porte se trouve en paix, S. M. n'admettra aucun bâtiment de guerre étranger dans lesdits détroits.

« Et Leurs Majestés..., de l'autre part, s'engagent à respecter cette détermination du Sultan et à se conformer au principe ci-dessus énoncé.

« ART. 2. — Le Sultan se réserve, comme par le passé, de délivrer des firmans de passage aux bâtiments légers sous pavillon de guerre, lesquels seront employés, comme il est d'usage, au service des Légations des Puissances amies. »

Enfin, que la Convention annexe mentionnée à l'article 14 stipulait que :

« Les deux Hautes Parties contractantes s'engageaient mutuellement à n'entretenir, chacune, dans la mer Noire, que six bâtiments à vapeur de 50 mètres de longueur à la flottaison, d'un tonnage de 800 tonneaux au maximum, et quatre bâtiments légers à vapeur ou à voile, d'un tonnage qui ne dépasserait pas 200 tonneaux chacun. »

D'autre part,

Que le Traité signé à Londres le 13 mars 1871 (*) entre les sept Puissances déjà signataires du Traité de Paris du 30 mars 1856 et portant revision dudit Traité, contenait de son côté les dispositions suivantes :

« ARTICLE PREMIER. — Les articles 11, 13 et 14 du Traité de Paris du 30 mars 1856, ainsi que la Convention spéciale conclue entre la Sublime Porte et la Russie et annexée audit article 14 sont abrogés et remplacés par l'article suivant :

« ART. 2. — Le principe de la clôture des détroits des Dardanelles et du Bosphore, tel qu'il a été établi par la Convention séparée du 30 mars 1856, est maintenu avec la faculté pour S. M. I. le Sultan d'ouvrir lesdits détroits en temps de paix aux bâtiments de guerre des puissances amies et alliées, dans le cas où la Sublime Porte le jugerait nécessaire pour sauvegarder l'exécution des stipulations du Traité de Paris du 30 mars 1856.

« ART. 3. — La mer Noire reste ouverte, comme par le passé, à la marine marchande de toutes les nations.

(*) Deux jours, seulement, après la signature de la Convention conclue au château de Ferrières, entre la France et l'Empire d'Allemagne, pour l'exécution des préliminaires de paix signés, le 26 février, à Versailles, à la suite de la guerre franco-allemande.

Correspondance adressée d'Athènes au Times, *le* 10 *octobre* 1871

L'année 1871 est une ère internationale ; elle a établi deux conditions sur lesquelles on peut s'attendre que la Russie et l'Angleterre règleront désormais leur politique dans le Levant.

Il est d'importance vitale pour la Russie qu'aucun Etat étranger ne puisse envoyer une flotte passer les Dardanelles et lui enlever la domination de la mer Noire. Il n'est pas de moindre importance pour l'Angleterre qu'aucun Etat étranger ne puisse compromettre la sûreté de notre Empire indien en fermant le Canal de Suez. Si la Russie a obtenu pour sa sécurité des garanties satisfaisantes, l'Angleterre a droit à recevoir des sécurités égales contre une interruption arbitraire de ses communications avec l'Inde et l'Australie.

. . . .

L'empereur Nicolas, dans son projet de donner à la Russie la suprême influence sur la Turquie, en laissant à l'Angleterre l'option de prendre une position semblable en Egypte, vit clairement une grande vérité; mais il choisit son moment avec très peu de prudence pratique. Il peut avoir envisagé avec satisfaction la probabilité d'une guerre entre la Russie et l'Autriche pour la protection de la Turquie, et entre l'Angleterre et la France pour la domination en Egypte ; il est évident qu'il considéra les affaires de l'Orient en théoricien politique à qui se révélait exactement un avenir peu éloigné, mais qu'il raisonnait sur des événements passés en souverain absolu et non en homme d'Etat pratique. Lord Palmerston n'aurait pas reculé devant une guerre avec toute Puissance étrangère qui aurait tenté de s'assurer une influence exclusive sur le Gouvernement de l'Egypte ; mais aucun homme d'Etat anglais n'engagerait une guerre simplement pour obtenir l'intérêt exclusif que l'Angleterre refuse aux autres.

Il a été beaucoup parlé dans le Levant ainsi que dans la Chambre des Lords de la perte du *prestige* de l'Angleterre. Ce prestige peut, en effet, avoir souffert de la manière dont la Russie a abrogé la neutralité de la mer Noire et fermé les Dardanelles. Mais d'autres événements ont fait gagner à l'Angleterre plus qu'elle n'a perdu. N'ayant plus l'initiative comme la principale protectrice de l'intégrité de l'Empire ottoman, elle trouve une nouvelle position créée pour elle et doit se poser la question de savoir comment les intérêts britanniques peuvent retirer un avantage positif de ce changement. La Russie a remporté une grande victoire diplomatique l'année dernière, et l'Angleterre peut profiter de la leçon pour accroître sa force dans le Levant.

Le second article du Traité de 1871 est à juste titre regardé, à Constantinople et à Saint-Pétersbourg, comme déterminant la position future de l'Angleterre. Les expressions employées à cet effet sont, de propos délibéré, assez nébuleuses; mais leur résultat n'en est pas moins clair : les Dardanelles sont fermées aux flottes anglaises jusqu'à ce que la politique du Sultan requière celles-ci de s'employer pour son service. La Russie a saisi le moment favorable pour regagner la puissance qu'elle avait perdue par la destruction de Sébastopol et la neutralisation de la mer Noire. La question est maintenant pour l'Angleterre d'examiner comment elle mettra sa politique d'accord avec le Traîté de 1871, de façon à retrouver son prestige dans le Levant, à accroître le pouvoir de son action politique, à assurer son initiative pour l'application de cette nouvelle politique et à établir des garanties pour la sécurité de ses communications avec son Empire indien et pour le libre commerce de toute l'Europe avec l'Orient.

Ce que sont les Dardanelles à l'Empire russe pour ses objets militaires, politiques et commerciaux, le Canal de Suez l'est pour l'Empire britannique. Recouvrer du prestige n'est qu'une affaire d'éphémère vanité ; mais si elle veut s'assurer le pouvoir de protéger ses plus importants intérêts, l'Angleterre n'a pas de temps à perdre pour prendre l'initiative nécessaire à obtenir des garanties internationales pour la libre navigation du Canal de Suez en temps de guerre comme en temps de paix ; et pour empêcher des gouvernements imprévoyants, tels que ceux de la Porte et de l'Egypte, d'exercer un contrôle arbitraire sur des intérêts qui ont besoin de posséder les garanties de la loi internationale. Il ne faut accorder à aucune combinaison d'Etats, soit Turquie et Russie, soit Egypte et France, la faculté de retenir un pouvoir quelconque de fermer le Canal de Suez à l'Angleterre, en le gardant ouvert pour elle-même. Le second article du Traité de 1871 ayant imposé au Sultan le devoir de fermer les Dardanelles, un autre traité est nécessaire pour imposer au Sultan et au Khédive le devoir de reconnaître que le Canal de Suez est une route internationale, qui doit rester toujours ouverte à tout navire qui acquitte le péage régulier.

La Porte et le Khédive aspirent l'une et l'autre à s'assurer le contrôle absolu sur le Canal de Suez, en vertu de leurs droits territoriaux sur le désert. Des agitateurs pressent déjà la Porte de faire la guerre à l'Egypte afin de s'approprier les revenus du pays pour suppléer au déficit causé par la prodigalité turque et pour combler les rangs de l'armée ottomane en appliquant la conscription à quatre millions de musulmans placés sous le gouvernement du Khédive. D'autres agitateurs, plus actifs encore, travaillent constamment à pousser le Khédive à déclarer l'indépendance de l'Egypte. Le Sultan, sentant la force additionnelle qu'il a acquise par son alliance avec la Russie, rêve de restaurer l'unité politique de l'islamisme orthodoxe, et le Khédive, égaré par une ambition chancelante, fait des préparatifs extravagants pour une guerre d'indépendance que des événements imprévus pourraient, seuls, lui donner le courage de commencer. . . . . .

Tout cela proclame hautement que le temps est arrivé pour l'Angleterre d'agir et de prendre l'initiative afin de s'assurer de justes garanties pour la préservation de sa puissance nationale et de ses intérêts commerciaux. La Russie, a fait un pas hardi l'année dernière en reprenant ses droits belligérants dans la mer Noire; elle vit très bien qu'il n'y avait pas danger de guerre. L'Angleterre doit maintenant agir avec la même détermination. Elle doit déclarer que la libre navigation du Canal de Suez sera placée sous la garantie de la loi internationale; qu'elle ne souffrira pas une guerre ayant pour but d'obtenir une influence absolue sur le Canal, sans devenir elle-même un des belligérants; et qu'elle ne reconnaîtra ni au Sultan, ni au Khédive, un droit de fermer ce passage, sans leur faire comprendre à l'un et à l'autre qu'ils ouvrent un compte distinct de doit et avoir avec la force de l'Empire britannique.

Le Khédive a commencé une ligne de fortifications qui, si elle se complétait, lui donnerait un entier contrôle sur le passage à travers le Canal de Suez. . . . .

D'un côté, le Gouvernement de l'Egypte aspire à l'indépendance, et, d'un autre côté, le Sultan a conçu l'intention de le réduire à l'état d'un Gouvernement général ottoman. Peut-il exister un doute sur ce que doit être, en face de ces circonstances, la politique de l'Angleterre? Les intérêts de l'Empire britannique et les obligations des traités sont d'accord pour commander à l'Angleterre le maintien des relations existantes entre la Turquie et l'Egypte. Ni le Sultan, à l'instigation d'une Puissance quelconque du Nord, ni le Khédive, à l'instigation de sa propre ambition, ne peuvent être admis à s'arroger le droit de fermer la navigation du Canal de Suez. M. de Lesseps a acquis le droit de demander que tout le monde civilisé garantisse la libre navigation de sa grande entreprise, et le droit de l'Angleterre est de prendre l'initiative pour préparer les stipulations nécessaires pour placer le Canal sous la protection de la loi internationale et de l'exemption de toute belligérance territoriale.

Les relations entre le Sultan et le Khédive peuvent fournir un terrain pour les négociations, où ce sujet peut devenir le texte d'un nouveau traité pour compléter l'œuvre de 1871. Il serait prématuré de discuter quelques-unes des circonstances devant influencer toutes les négociations qui peuvent se présenter à l'esprit. La position de l'Autriche relativement à la Turquie et à la Russie doit être prise en considération; mais la politique et les intérêts de l'Autriche et de l'Angleterre ont cessé d'être aussi étroitement liés qu'ils l'étaient avant la fermeture des Dardanelles.

La politique de l'Autriche est basée sur les résultats de 1866 (Sadowa) et la navigation du Danube, tandis que le traité de 1871 forme une nouvelle ère pour la politique de l'Angleterre, qui doit être basée sur la libre navigation du Canal de Suez. L'existence de l'Empire ottoman est encore de la plus grande importance pour l'équilibre de l'Europe et le progrès réel d'un bon gouvernement, même en faveur des chrétiens orthodoxes dans le Levant. Mais le traité de cette année, par la manière dont il a réglé la clôture des Dardanelles, ayant privé l'Angleterre de la possibilité d'exercer à temps son action, a rendu le maintien de l'intégrité de l'Empire ottoman, quelque importante qu'elle puisse rester, une considération secondaire dans la politique de l'Empire britannique. La politique de l'Angleterre doit maintenant être basée sur son intérêt à protéger ses communications avec l'Inde et l'Australie. Le maintien de la libre navigation du Canal de Suez doit être le trait capital de la politique datant de 1871. L'intérêt politique et commercial de l'Angleterre exige que de fortes garanties soient obtenues contre l'interruption arbitraire de ses communications avec ses possessions orientales.

Les préparatifs militaires du Khédive et les prétentions territoriales du Sultan commandent à l'Angleterre une surveillance attentive, et elle doit prévenir à temps les maux qu'ils tendent à faire naître. Le Khédive se flatte que, s'il peut établir son indépendance, ses fortifications lui assureront une autorité absolue sur le Canal de Suez et lui donneront le moyen de dicter à l'Angleterre les termes de nouveaux emprunts. La Porte est aussi poussée par des considérations financières à affirmer sa souveraineté sur l'Egypte et le Canal de Suez. Le pouvoir de contracter de nouveaux emprunts et celui d'imposer la conscription militaire à quatre millions de nouveaux sujets serait un équivalent à la perte de la protection de l'Angleterre. Heureusement pour l'Europe, les vues de l'Angleterre et de la Russie, sur la question du maintien de la paix dans le Levant, sont actuellement en complète harmonie. Elles ne désirent ni l'une ni l'autre voir le Sultan susciter une tempête dont on ne saurait prévoir les conséquences immédiates, et elles savent que le Khédive verrait naufrager sa puissance et, selon toute probabilité, mettrait fin à la dynastie de Mehemet-Ali, s'il osait frapper un coup pour l'indépendance égyptienne et la nationalité arabe. Une guerre entre le Sultan et le Khédive mettrait la Russie à même de s'attribuer ouvertement le droit de restreindre et de protéger l'action de la Porte et aurait comme conséquence d'imposer à l'Angleterre la nécessité de se donner les mêmes pouvoirs relativement au Gouvernement de l'Egypte. Si la guerre éclatait, les choses ne pourraient plus être arrangées d'une manière permanente par un retour pur et simple aux stipulations passées concernant la suzeraineté existante. Les fondements d'un nouveau système de relations internationales ont déjà été posées dans le Levant par le Traité de 1871. Mais elles veulent être renforcées par un nouveau traité établissant la libre navigation du Canal de Suez dans l'intérêt de l'Angleterre.

Lord Granville a posé, en 1871, les fondements de la politique de paix sur lesquels l'Europe, probablement, viendra bientôt coopérer à construire un grand édifice international, et les historiens futurs lui rendront plus d'hommages pour ses travaux que ne le font ses contemporains politiques. Mais l'Angleterre n'est pas en position de souffrir une politique de paix à tout prix; ses devoirs impérieux lui commandent d'être toujours prête pour une grande guerre défensive pouvant s'étendre sur toutes les régions du Globe. Le *prestige* temporaire que lord Granville a sacrifié sera bientôt oublié, à mesure que les intérêts nationaux permanents qu'il a servis se développeront pleinement. Mais son renom comme Ministre des Affaires Etrangères sera incomplet, tant qu'il n'aura pas tracé hardiment la politique d'après laquelle l'Angleterre doit agir dans le Levant et mettre la libre navigation du Canal de Suez à l'abri de toute domination territoriale, en obtenant l'adhésion de la Porte, du Khédive et de l'Empereur de Russie à un Traité européen protégeant le droit de passage entre l'Angleterre, l'Inde et l'Australie.

Correspondance adressée de Berlin au Times, *le 4 novembre* 1871, *accompagnant l'envoi d'un article de* la Gazette de Moscou, *en réponse à la correspondance ci-dessus.*

Après une courte analyse de la lettre d'Athènes, *la Gazette de Moscou* présentait, en réponse, une série de considérations qui peuvent se résumer de la manière suivante :

Avant d'accepter les propositions de l'Angleterre tendant à lui faire acquérir, au moyen d'un traité international, le droit d'une navigation sans entrave dans le Canal de Suez, soit en paix, soit en guerre, de façon à affranchir son important enjeu dans ces régions de tout contrôle, soit du Sultan, soit du Khédive, le Gouvernement russe devait s'informer si le changement qui semblait survenu dans la politique anglaise avait été exclusivement produit par l'achèvement du Canal de Suez. Or la conversion de l'Angleterre à une nouvelle façon de penser au sujet du Canal semblait principalement attribuable à la calamité qui était tombée sur la France. On ne devait pas perdre de vue le souvenir de la tentative faite, le printemps précédent, par le duc de Sutherland, d'acheter le Canal pour une Compagnie anglaise, projet auquel la Porte ne faisait pas d'objection, mais en insistant toutefois pour occuper les fortifications protégeant le Canal.

On avait maintenant à compter avec une autre phase de l'affaire. N'étant plus effrayée de la France, l'Angleterre assumait la protection du Canal et déclarait que M. de Lesseps avait le droit de demander la neutralité de ses travaux par la garantie de tout le monde civilisé. On pourrait, d'après cela, deviner les raisons qui avaient dirigé l'action de l'Angleterre lors de la dernière conférence sur la mer Noire : l'Angleterre avait attaché de l'importance à la neutralisation aussi longtemps que la France se trouvait forte et eût pu entrer dans les Dardanelles afin d'effectuer une jonction avec les forces russes; mais, maintenant que la France était abattue, la puissance de la Russie n'était plus considérée par la Grande-Bretagne qu'avec une indifférence comparative. La Russie était à une bonne distance de l'Egypte et de la route de l'Angleterre vers les Indes ; le correspondant d'Athènes, lui-même, ne pouvait s'empêcher de confesser que l'empereur Nicolas, en prétendant imposer son influence à la Turquie et concédant le même privilège à l'Angleterre sur l'Egypte, avait, quoiqu'il n'eût pas bien choisi son temps pour l'exécution d'un projet semblable, reconnu une grande vérité politique. L'empereur Nicolas, insinuait le correspondant, avait bien raison dans sa théorie, quoiqu'il n'eût pas été très judicieux dans les moyens adoptés pour la mettre à exécution.

Naturellement, les Anglais étaient un peuple plus pratique que les autres. L'Angleterre, précédemment, si elle eût écouté les propositions de la Russie, aurait rencontré la résistance d'une France puissante. Aujourd'hui, les Anglais n'avaient pas de rivaux dans la Méditerranée; et, sur le continent, ils s'appuyaient sur une Puissance qui, depuis, avait pris des proportions énormes et avait déjà annoncé l'intention de monter la garde sur le Danube non moins que sur le Rhin. Si Lord Granville adoptait l'avis du correspondant et travaillait à obtenir de la Turquie, de l'Egypte et de la Russie la neutralisation du Canal de Suez, la politique orientale de la Russie aurait besoin d'être dirigée avec au moins autant de circonspection qu'il en fallait dans la période précédant la guerre de Crimée.

Il était assez bizarre d'apprendre qu'un traité qui enfermait la Russie dans le Pont-Euxin était un bénéfice qu'on lui avait accordé et que, ne fût-ce que pour rendre service à l'Angleterre, elle devait s'appliquer à faire renoncer le Sultan à ses droits territoriaux sur le Canal de Suez. Comme la Russie désirait être pratique, cette fois, elle aurait à considérer très attentivement s'il était compatible avec ses intérêts et avec l'indépendance future de sa politique d'accepter le protectorat sur la Turquie et de donner en retour une garantie aux conquêtes anglaises dans l'Orient.

Correspondance adressée de Constantinople au Wanderer, *de Vienne, le* 21 *novembre* 1871

La question du Canal de Suez est encore une fois à l'ordre du jour. Lord Granville a adressé à ses représentants à Constantinople une note dont voici la teneur :

« L'Angleterre a le plus grand intérêt à ce que le Canal de Suez ne « soit fermé par personne. La Russie désire que les Dardanelles, « cette porte de la mer Noire, soient fermées pour toutes les flottes des « Puissances occidentales. La Grande-Bretagne demande, au contraire, « que le Canal de Suez ne soit pas fermé. L'Angleterre n'a pas de temps « à perdre pour prendre l'initiative et obtenir des garanties interna- « tionales afin de maintenir libre la navigation dans le Canal en temps « de paix comme en temps de guerre. Il va sans dire que cela n'est « possible qu'à la condition que le Khédive soit maintenu dans sa « position. L'Angleterre combattra donc toute velléité d'indépendance « de l'Egypte et tout projet d'incorporation de l'Egypte dans l'Empire « de la part de la Porte. Comme, de cette manière, les intérêts de la « Porte sont également sauvegardés, le Cabinet anglais est persuadé « que la Sublime Porte examinera la question de la neutralisation du « Canal de Suez. »

M. Ellio s'est exprimé, à propos de cette note, en termes très énergiques : Il a dit au Grand-Vizir que toute la politique anglaise se résumait dans le maintien de communications libres et sûres avec les Indes et l'Australie, et il a fait entendre, en même temps, que l'Angleterre ne reculerait devant aucun sacrifice capable d'assurer le succès de cette politique. Il a ajouté que l'empereur de Russie était assez disposé à accepter la proposition de Lord Granville [1].

---

1. Le journal de la Compagnie *le Canal de Suez*, en reproduisant cette correspondance de Constantinople, fit remarquer que l'analyse de la note de Lord Granville semblait, sur un point, manquer de vraisemblance, en ce sens que la question de la neutralité du Canal paraissait être présentée à la Porte sous une forme impliquant des doutes, c'est-à-dire comme une question sur laquelle l'opinion de la Porte ne serait ni faite, ni connue. Or, ainsi que le faisait observer le journal, la signature de l'Egypte, de la Turquie et de la Compagnie était déjà assurée, en principe, à la déclaration de neutralité du Canal, puisque cette neutralité avait été expressément proclamée et consacrée par l'article 14 du firman de concession. L'accession des trois Parties contractantes était donc d'avance acquise. Ce qui restait à obtenir, c'était l'accession également des Puissances européennes aux déclarations de l'article 14. C'était donc moins à Constantinople ou au Caire qu'il faudrait négocier qu'auprès des cours du Continent.

On concevait néanmoins — ajoutait le journal — que l'Angleterre eût cru devoir mettre la Turquie en avant pour engager une négociation qui, en somme, concernait son Empire. Mais il ne fallait jamais perdre de vue, dans cette question, que le principe était arrêté, que la neutralité existait en ce qui concernait les Puissances auxquelles appartenait le territoire traversé par le Canal, et que tout se bornait à la reconnaissance de cette neutralité par les Gouvernements étrangers.

Correspondance adressée de Berlin au Times, *le 22 décembre* 1871

Le correspondant annonçait « qu'une nouvelle intéressante lui arrivait de Saint-Pétersbourg, d'après laquelle le Gouvernement russe ne s'opposerait plus au désir du Khédive d'Egypte touchant la neutralisation du Canal en guerre comme en paix ; que l'on croyait aussi que le nouveau Grand-Vizir, Mahmoud-Pacha, tout en insistant sur les droits souverains de la Porte sur le Canal, serait moins rigoureux que ne l'avait été son prédécesseur sur les conditions onéreuses à imposer aux propriétaires si le Canal changeait de nom ».

§ 4. — VUES DE L'ANGLETERRE ET DE LA RUSSIE SUR LA QUESTION DE LA NEUTRALISATION DU CANAL, A L'ÉPOQUE DE LA GUERRE D'ORIENT (1877)

La question de la neutralisation du Canal, après avoir, ainsi qu'il est expliqué ci-dessus, été posée, pour la première fois, devant la Chambre des Communes en 1870, puis fait l'objet d'appréciations diverses de la part de la presse européenne, en 1871, fut délaissée, les années suivantes, cédant le pas à la grave question, soulevée alors, du tonnage, c'est-à-dire à la question du mode d'application de la taxe de navigation, laquelle question on se le rappelle, ne reçut enfin une première solution, arrêtée d'un commun accord, qu'en 1876, par la Convention du 21 février de ladite année.

Ce n'est qu'à l'époque et à l'occasion de la guerre d'Orient (entre la Russie et la Turquie), en 1877, que la question de la neutralisation du Canal fut remise sur le tapis, sous forme de déclarations du Gouvernement anglais devant le Parlement et d'un échange de vues entre l'Angleterre et la Russie.

Les citations suivantes feront connaître les vues d'alors de chacun des deux Gouvernements sur la question.

Déclaration du Chancelier de l'Echiquier à la Chambre des Communes dans sa séance du 3 mai 1877

Si l'expression *neutralisation* veut dire un arrangement qui empêcherait, en temps de guerre, les navires de guerre de toutes les nations de passer le Canal de Suez, ces arrangements ne permettraient pas à Sa Majesté de faire usage du Canal pour l'envoi des rechanges ordinaires de troupes dans l'Inde, et le Gouvernement de Sa Majesté ne prêterait aucun appui à un arrangement semblable. Mais le Gouvernement de Sa Majesté sera disposé à prendre des mesures pour la protection de la navigation du Canal de Suez.

Déclaration du Ministre des Affaires Etrangères (Lord Derby) à la Chambre des Lords, dans sa séance du 4 mai 1877

Il n'existe ni traité ni acte international d'aucune sorte qui assure la neutralité du Canal de Suez. En vertu du firman et de l'acte de concession de la Compagnie, le Canal doit être ouvert *à toujours* — c'est la traduction littérale du terme français — comme passage neutre, aux navires de commerce. Toutefois, je dois le faire observer, le firman n'a pas le caractère d'une Convention internationale ; il n'a que le caractère d'une concession faite à la Compagnie. De plus, cela n'implique pas la neutralisation dans le sens ordinaire dans lequel le mot est généralement compris.

La neutralisation, en comprenant le mot tel qu'on l'emploie communément dans les documents internationaux, signifierait que le Canal ne doit pas du tout être utilisé en temps de guerre pour le passage des navires de guerre d'un belligérant quelconque ; et je n'ai pas besoin de signaler que, dans certaines circonstances, loin d'être un avantage pour notre pays, cela pourrait entraîner des conséquences très sérieuses. On voit donc qu'il n'existe aucune garantie de la neutralité du Canal par les Puissances maritimes.

Je ne pense pas qu'il soit convenable ou désirable, alors qu'il n'y a pas matière à discussion devant la Chambre, que j'entre dans l'examen de toutes les circonstances hypothétiques dans lesquelles le trafic du Canal pourrait être entravé. Il suffira probablement que je répète ce qui a été dit par un représentant du Gouvernement dans une autre enceinte, à savoir : que le maintien de la communication ininterrompue du Canal a, au point de vue des intérêts anglais, la plus haute importance et qu'assurément nous sentons qu'il est de notre devoir de ne pas le négliger.

Lettre adressée, le 6 mai 1877, par Lord Derby, Ministre des Affaires Etrangères d'Angleterre, au Comte Schouvaloff, ambassadeur de Russie, à Londres.

J'ai l'honneur d'accuser réception à Votre Excellence de la lettre du 6 courant, par laquelle vous m'informez que vous allez partir pour la Russie en vertu d'un congé très court. Comme Votre Excellence aura sans doute occasion de conférer avec son Gouvernement, je profite de la circonstance pour soumettre à son appréciation quelques considérations d'une grande importance pour la bonne entente future entre la Grande-Bretagne et la Russie.

Le Gouvernement de S. M. la Reine n'a pas l'intention de revenir sur la question relative à la justice ou à la nécessité de la présente guerre; il a déjà exprimé son opinion à cet égard, et une discussion plus étendue n'aurait aucune utilité. Il a accepté les obligations que lui impose l'état de guerre, et il n'a pas perdu de temps pour proclamer sa neutralité. Il a, dès le premier jour, averti la Porte qu'elle ne devait pas compter sur son concours, et il est bien décidé à poursuivre avec impartialité la ligne politique ainsi nommée, tant qu'il n'y aura d'engagés que les seuls intérêts turcs.

Le Gouvernement de Sa Majesté pense en même temps qu'il est utile de ne pas laisser le moindre malentendu se former sur sa position, aussi bien que sur ses intentions.

Si la guerre actuelle venait malheureusement à s'étendre, cela pourrait compromettre certains intérêts que le Gouvernement anglais est tenu et décidé à défendre, et il lui a paru désirable de définir clairement, autant qu'on peut le faire dans les circonstances présentes, quels sont les plus importants de ces intérêts.

En première ligne figure la nécessité de conserver ouvertes, intactes et ininterrompues les communications entre l'Europe et l'Orient par le Canal de Suez. Une tentative de blocus ou d'intervention d'un autre genre dans le Canal ou ses abords serait considérée par l'Angleterre comme une menace pour l'Inde et comme une grave atteinte au commerce du monde.

Sur ces deux chefs, la moindre mesure prise dans un sens ou dans l'autre, — et le Gouvernement anglais espère que ni l'un ni l'autre des belligérants n'a l'intention d'en adopter — rendrait impossible le maintien de son attitude de neutralité passive. Les intérêts commerciaux et financiers des nations européennes se trouvent si largement engagés en Egypte qu'une attaque contre ce pays ou son occupation, même temporaire, dans des vues stratégiques, ne pourraient être acceptées avec indifférence par les Puissances neutres: mais, dans tous les cas, elles ne le seraient certainement pas par l'Angleterre.

L'importance de Constantinople, tant au point de vue militaire qu'au point de vue politique et commercial, est trop généralement reconnue pour avoir besoin d'être démontrée. Il est par conséquent inutile de vous signaler que le Gouvernement de Sa Majesté ne verrait pas d'un œil indifférent passer dans d'autres mains que celles de ses possesseurs actuels une capitale placée dans une situation aussi importante.

Les dispositions actuellement existantes, prises sous les sanctions de l'Europe, réglant la navigation du Bosphore et des Dardanelles, lui paraissent sages et salutaires, et, à son avis, il y aurait de graves inconvénients à y introduire la moindre modification.

Le Gouvernement a jugé utile de vous exposer ainsi franchement ses vues. Le cours des événements peut montrer qu'il a encore d'autres intérêts, tels, par exemple, que dans le golfe Persique, qu'il serait de son devoir de protéger ; mais il ne doute pas que ces indications suffisent pour faire connaître à Votre Excellence les limites dans lesquelles il espère voir la guerre se renfermer, ou, dans tous les cas, celles dans lesquelles le Gouvernement anglais entend maintenir sa politique d'abstention et de neutralité. Il a la confiance que l'Empereur de Russie appréciera son désir de voir sa politique bien comprise et se conformera aux assurances données à Livadia et publiées à la requête de Votre Excellence, lorsqu'il donna sa parole d'honneur qu'il n'avait pas l'intention de s'emparer de Constantinople, en ajoutant que si les nécessités de la guerre l'obligeaient à occuper une partie de la Bulgarie, cette occupation ne serait que provisoire et ne durerait que jusqu'à ce que la paix et le salut de la population chrétienne fussent assurés.

Le Gouvernement anglais ne peut mieux prouver sa confiance dans ces déclarations de Sa Majesté Impériale qu'en priant Votre Excellence de transmettre à Sa Majesté l'Empereur et au Gouvernement russe les franches explications sur la politique anglaise que j'ai l'honneur de vous soumettre.

Lettre adressée, le 18 mai 1877, par le prince Gortchakoff, ministre des Affaires Etrangères de Russie, au Comte Schouvaloff, ambassadeur de Russie à Londres.

Votre Excellence a été chargée par Lord Derby de me remettre une lettre qui développe les vues du Cabinet anglais au sujet des questions qui pourraient surgir de la guerre actuelle et compromettre des intérêts que l'Angleterre est obligée de sauvegarder. Sa Majesté l'a lue avec un profond intérêt et apprécie hautement la franchise d'explications qui ont pour but d'écarter tout malentendu entre les deux Gouvernements. Notre auguste maître me charge d'y répondre de la même manière, en vous mettant en état de développer avec tout autant de franchise et de clarté les points signalés par Lord Derby, ainsi que ceux qui affectent des intérêts que Sa Majesté Impériale, de son côté, est tenue de protéger.

Le Cabinet impérial n'a l'intention ni de bloquer le Canal de Suez, ni d'entraver ou de menacer en aucune façon la navigation sur ce canal. Il considère le Canal comme un ouvrage international dans lequel le commerce du monde entier est intéressé et qui doit être à l'abri de toute attaque.

L'Egypte fait partie de l'Empire ottoman et son contingent figure dans l'armée turque. La Russie pourrait, par conséquent, se considérer comme étant en guerre avec l'Egypte ; cependant le Cabinet impérial ne perd de vue ni les intérêts européens engagés dans ce pays, ni les intérêts anglais en particulier. Elle ne comprendra pas l'Egypte dans le rayon de ses opérations militaires.

En ce qui concerne Constantinople, le Cabinet impérial, tout en ne pouvant dès aujourd'hui préjuger les événements et l'issue de la guerre, réitère l'assurance que la conquête de cette capitale n'entre pas dans les desseins de Sa Majesté l'Empereur. Son Gouvernement reconnait que, quoi qu'il arrive, l'avenir de Constantinople est une question d'intérêt général qui ne saurait être résolue que d'un commun accord, et que, si la possession de cette ville venait à être mise en question, on ne saurait consentir à ce qu'elle appartînt à l'une ou à l'autre des grandes Puissances européennes.

Quant aux détroits, quoique leurs deux rives appartiennent au même Souverain, ils forment l'entrée des deux grandes mers où le monde entier a des intérêts engagés. Il est, par conséquent, d'une importance majeure, dans l'intérêt de la paix et de l'équilibre international, que cette question soit résolue au moyen d'une entente générale sur des bases équitables et efficacement garanties.

Lord Derby a fait allusion à d'autres intérêts britanniques qui pourraient être affectés par l'extension éventuelle de la guerre, tels, par exemple, que le golfe Persique et la route de l'Inde. Le Cabinet impérial déclare qu'il n'étendra pas la guerre au-delà de ce qui est nécessaire pour atteindre le but hautement et nettement avoué qui a déterminé l'Empereur à prendre les armes. Il respectera les intérêts anglais signalés par Lord Derby aussi longtemps que l'Angleterre restera neutre. Il est en droit d'attendre que le Gouvernement anglais, de son côté, prendra en sérieuse considération les intérêts spéciaux de la Russie engagés dans cette guerre, et pour lesquels elle s'est imposée de si lourds sacrifices. Ces intérêts consistent dans la nécessité absolue de mettre fin à la situation déplorable des chrétiens soumis à la domination turque et à l'état de trouble chronique dont elle est la cause.

Cet état de choses et les actes de violence qui en résultent répandent en Russie une agitation provoquée par le sentiment chrétien, si profondément enraciné dans le peuple russe, et par les liens de race et de religion qui rattachent ce peuple à une grande partie de la population chrétienne de la Turquie. Le Gouvernement impérial est d'autant plus obligé de tenir compte de cette agitation qu'elle réagit sur la situation intérieure et extérieure de l'Empire.

A chacune de ses crises, on suspecte et on accuse la politique de la Russie, et ses relations intérieures, son commerce, ses finances et son crédit en sont affectés. Sa Majesté l'Empereur ne saurait indéfiniment laisser la Russie exposée à ces accidents ruineux, qui entravent son développement pacifique et lui causent des maux incalculables. C'est pour en tarir la source que Sa Majesté Impériale s'est décidée à imposer à son pays le fardeau de la guerre.

Le but ne saurait être atteint aussi longtemps que les populations chrétiennes de la Turquie ne seront pas placées dans une situation dans laquelle leur vie et leur sécurité soient efficacement garanties contre les abus intolérables de l'Administration turque. Cet intérêt, qui est un intérêt vital pour la Russie, n'est en opposition avec aucun des intérêts de l'Europe, laquelle, d'ailleurs, souffre elle-même de l'état précaire de l'Orient.

Le Cabinet impérial avait essayé d'atteindre le but désiré au moyen de la coopération des Puissances amies et alliées. Forcé aujourd'hui de le poursuivre tout seul, notre auguste maître est résolu à ne pas déposer les armes avant de l'avoir atteint complètement, sûrement, avec des garanties efficaces pour l'avenir.

Soyez assez bon pour soumettre ces considérations à Lord Derby, en lui disant que le Cabinet impérial se croit autorisé à espérer que le Gouvernement de Sa Majesté Britannique les appréciera avec le même esprit de justice qui nous détermine à respecter les intérêts de l'Angleterre, et qu'il en tirera la même conclusion que nous, à savoir que, dans les vues qui ont été échangées avec une franchise réciproque, par les deux Gouvernements, il n'y a rien qui ne puisse se concilier de manière à maintenir leurs relations amicales ainsi que la paix de l'Orient et la paix de l'Europe en général.

Communication de M. de Lesseps à l'Assemblée générale des actionnaires du 6 juin 1877

Dans le courant du mois dernier, plusieurs actionnaires nous ont manifesté des inquiétudes au sujet des dangers que pourrait courir la liberté de navigation du canal au milieu des événements de guerre dont l'Orient est le théâtre. Nous nous sommes alors empressé d'aller nous entendre, à Londres, avec les ministres de Sa Majesté Britannique sur une question aussi importante pour la Compagnie.

Notre proposition de maintenir, par un accord général, la liberté complète de navigation qui avait existé dans le Canal de Suez depuis son ouverture en 1869, a été prise en sérieuse considération, et, à notre retour à Paris, Lord Derby a bien voulu nous faire connaître la déclaration suivante :

« Toute tentative de bloquer ou entraver par un moyen quelconque le Canal ou ses approches serait envisagée par le Gouvernement de Sa Majesté comme une menace pour l'Inde et comme un grave dommage pour le commerce du monde. D'après ces deux considérations, tout acte semblable, que le Gouvernement de Sa Majesté espère et croit qu'aucun des deux belligérants ne voudrait commettre, serait incompatible avec le maintien, par le Gouvernement de Sa Majesté, d'une attitude de neutralité passive. »

Lord Lyons, en nous faisant cette communication, a ajouté que le Gouvernement de la Reine serait heureux de voir qu'il est d'accord avec le Cabinet français dans tout ce qui concerne le Canal.

§ 5. — RÉPERCUSSION DES ÉVÉNEMENTS D'ÉGYPTE DE 1882 SUR LE CANAL, AU POINT DE VUE DE SA NEUTRALITÉ

A la suite des vues échangées entre l'Angleterre et la Russie, à l'époque et à l'occasion de la guerre d'Orient, en 1877, au sujet de la libre navigation du Canal de Suez, l'idée de consacrer la neutralité du Canal par une Convention internationale fut de nouveau provisoirement délaissée.

On se trouvait donc toujours ainsi, en ce qui était du principe de la neutralité du Canal dans cette situation, que, bien que sa neutralité eût été proclamée par le firman de concession, elle n'avait pas encore, sauf les déclarations très nettes du Gouvernement anglais et du Gouvernement russe à son sujet, en 1877, été consacrée par une Convention entre toutes les Puissances maritimes intéressées.

Telle était encore la situation, au point de vue de la question de neutralité du Canal, lorsque survinrent les événements qui ont eu lieu en Egypte, en 1882, à la suite de la révolte d'Arabi Pacha et qui se sont terminés, on le sait, par la défaite et la déportation de celui-ci et par l'occupation de l'Egypte par l'Angleterre.

Ces événements eurent une grave répercussion sur le Canal, par suite du parti que, pendant leur cours, prit le Gouvernement anglais, malgré les énergiques protestations de M. de Lesseps, d'occuper militairement le Canal même et d'en faire une de ses bases d'opérations.

Les multiples incidents qui se sont produits alors et les appréciations diverses auxquelles ils ont donné lieu constituent incontestablement une phase intéressante de l'existence du Canal. Il est donc utile d'en présenter une relation assez circonstanciée [1].

---

1. Il ne sera pas inutile de rappeler tout d'abord le début des événements : C'est surtout dans les premiers mois de l'année 1882, que les troupes égyptiennes, qui n'étaient pas payées depuis longtemps, se mutinèrent, obligeant alors le Khédive, Thewfik Pacha, à prendre Arabi Pacha comme Ministre de la Guerre.

La population arabe manifesta bientôt à son tour des sentiments hostiles, non seulement envers le Khédive, mais aussi à l'égard des Européens.

Les Consuls généraux, principalement ceux d'Angleterre et de France, ayant informé leurs Gouvernements d'une situation qui se montrait fort menaçante pour les Européens, une double flotte anglaise et française se trouva réunie vers la fin de mai dans le port d'Alexandrie.

Arabi Pacha fit alors exécuter au port des ouvrages de fortifications dans le but de s'opposer à un débarquement qu'il redoutait.

Le 11 juin, à la suite d'une querelle dans une rue d'Alexandrie entre Arabes et Européens, il y eut un massacre de chrétiens. Grâce à l'intervention des troupes égyptiennes, l'ordre était rétabli le soir même. Néanmoins une grande partie de la population européenne, à juste titre effrayée, s'empressa de fuir Alexandrie, se réfugiant en partie sur les navires de commerce mouillés dans le port. Aucune entrave ne fut d'ailleurs mise à ces départs.

Pendant ce temps, Arabi Pacha faisait continuer les travaux de fortification du port.

Les commandants de la flotte anglaise et de la flotte française, d'un commun accord, menacèrent le Khédive, qui se trouvait à Alexandrie, prisonnier pour ainsi dire d'Arabi Pacha, de bombarder la ville si l'on ne cessait pas ces travaux.

Le 8 juillet, la flotte française quitta le port.

Le 9, l'amiral Seymour, commandant de la flotte anglaise, envoya au Khédive un ultimatum pour la cessation immédiate des travaux de fortifications.

Le 10, tous les navires de commerce quittaient le port.

Le lendemain 11, à sept heures du matin, commença le bombardement. A dix heures, tous les forts étaient réduits au silence. Dans l'après-midi du même jour, Arabi Pacha quittait Alexandrie avec ses troupes et allait se fortifier à Kafer-Dawr.

L'amiral anglais, au lieu de faire débarquer immédiatement ses troupes à Alexandrie, ne les fit débarquer que le 15. Aux troupes anglaises de débarquement s'étaient jointes des troupes fournies par deux navires de guerre américains.

Pendant les quatre jours d'intervalle entre le bombardement et le débarquement des troupes, les Arabes incendièrent la ville, qui n'avait, en réalité, que peu souffert du bombardement.

Les navires de la flotte restèrent encore devant le port pendant la journée du 16 ; mais l'amiral anglais craignant, qu'Arabi ne se jetât sur le Canal de Suez, fit partir une grande partie de la flotte pour Port-Saïd. Peu de jours après, les navires anglais occupaient le Canal.

Déclaration de M. Gladstone à la Chambre des Communes, dans sa séance du 12 juin 1882

Un membre demanda au premier Lord de la Trésorerie, si, en raison de la facilité avec laquelle les berges du Canal pouvaient, à tout moment, être détruites, — ce qui intercepterait la communication de l'Angleterre avec l'Inde par cette voie et occasionnerait des pertes désastreuses au commerce britannique, qui représentait 80 0/0 du commerce total de l'Europe par le Canal, — le Gouvernement de Sa Majesté prendrait des mesures, dans la conférence qui était alors projetée, pour assurer la reconnaissance de la prépondérance des intérêts britanniques en Egypte, de façon à empêcher que la libre communication de l'Angleterre avec l'Inde ne fut arrêtée soudainement dans l'éventualité d'une complication européenne quelconque.

M. Gladstone répondit, au sujet de la prétendue facilité avec laquelle les berges du Canal pourraient être détruites à tout moment, que l'avis des autorités compétentes était entièrement différent ; que cet avis tendait au contraire, en effet, à démontrer qu'il serait extrêmement difficile, sinon impossible, de détruire le Canal ou même de lui causer des dommages permanents. Quant aux instructions à donner pour la conférence, il déclara que le Gouvernement était empêché, par des raisons générales, de dire quelles seraient les instructions données aux représentants britanniques, particulièrement dans un cas où il pouvait être jugé nécessaire que l'Angleterre, conjointement avec la France, fussent spécialement responsables de cette initiative.

Déclaration de Lord Granville à la Chambre des Lords, dans sa séance du 19 juin 1882

Un membre, après avoir rappelé que le Canal, comme le prouvait le rapide développement de son trafic, tendait à devenir la seule grande route internationale entre l'Orient et l'Occident, aussi bien qu'entre l'Europe et l'Australie, fit remarquer que le pavillon britannique figurant pour environ 80 0/0 dans le trafic total, la question était d'une importance considérable pour l'Angleterre. Il y avait, ajouta-t-il, une autre raison qui rendait spécialement nécessaire, dans les circonstances au milieu desquelles on se trouvait alors, d'attirer l'attention du Gouvernement sur cette partie de la question égyptienne. Cette raison était la suivante : une moitié du Canal maritime, la partie reliant Ismaïlia à Port-Saïd, dépendait, pour son approvisionnement d'eau douce, du canal, qui, partant du Caire, aboutit à Suez en passant par Ismaïlia ; cet approvisionnement était à la fois précaire et insuffisant, et, s'il était interrompu, il rendrait Port-Saïd inhabitable et nécessiterait l'abandon de beaucoup de stations sur le Canal. Cela était extrêmement important, surtout parce que l'orateur avait appris que les employés de la Compagnie des eaux d'Alexandrie avaient donné avis de la suspension de leur usine par suite de l'état du pays. Il apparaissait ainsi que l'approvisionnement d'eau de Port-Saïd pouvait être coupé à tout moment sans parler du fait que le nouveau canal d'eau douce projeté, qui, suivant le rapport du Président à l'Assemblée générale des actionnaires, était devenu très désirable, n'était pas encore en cours de construction. L'orateur ajoutait que, dans son opinion, l'Angleterre était obligée de défendre ses propres intérêts, indépendamment des autres nations.

Lord Granville répondit que l'orateur avait examiné une question sur laquelle l'attention publique se portait alors naturellement. Il pouvait dire seulement que cette question n'avait pas échappé à l'attention du Gouvernement, qui attachait absolument la même importance que le noble Lord aux intérêts considérables que l'Angleterre possédait dans le Canal.

Dépêche datée de Paris, le 24 juin 1882, de M. de Lesseps à Ragheb Pacha, Premier Ministre du Gouvernement égyptien

On répand avec persistance en Europe le bruit que la liberté et la sécurité du transit par le canal de Suez seraient menacés. J'affirme à ous la sagesse du Gouvernement égyptien, et je proteste que cette nouvelle n'a pas le moindre fondement. Néanmoins je craindrais que, si elle n'était pas immédiatement démentie, il n'en résultât des complications fâcheuses. Le Gouvernement égyptien devrait de suite proclamer hautement qu'il se porte garant de la libre circulation du Canal et du complet fonctionnement de l'entreprise. Il serait utile que vous me communiquiez par le télégraphe le texte de cette proclamation solennelle.

Réponse datée d'Alexandrie le 25 juin 1882, de Ragheb-Pacha à M. de Lesseps

Les bruits qui vous sont parvenus sur le manque de sécurité pour le rafic par le Canal sont complètement imaginaires. Je vous remercie de les avoir démentis, et je me hâte d'ajouter que le Gouvernement de Son Altesse reconnaît qu'il est de son devoir de maintenir la tranquillité du pays en général et du Canal en particulier. Vous pouvez donc être persuadé que rien ne troublera la sécurité de votre œuvre.

Dépêche datée d'Alexandrie, le 25 juin 1882, du Khédive à M. de Lesseps.

Je vous remercie de votre dépêche ; elle m'a prouvé votre attachement, sur lequel je n'ai pas cessé de compter.

Dépêche datée d'Ismaïlia, le 8 juillet 1882, de M. Victor de Lesseps, Agent supérieur de la Compagnie en Egypte, au Président de la Compagnie

Les commandants des navires de guerre anglais à Pord-Saïd et à Suez nous avisent que, conformément aux ordres de l'amiral Seymour, ils avertissent les navires anglais de ne pas entrer dans le Canal[1].

Rien ne justifie cette mesure.

J'ai protesté, par une lettre qu'ont remise nos agents principaux de Port-Saïd et de Suez, contre cette violation de la neutralité du Canal et tenu le Gouvernement anglais responsable de toutes les conséquences et dommages pouvant résulter de cet abus de la force et de cet acte de violence.

Tout notre personnel sur la ligne du Canal est ferme à son poste.

Dépêche datée de Paris, le 8 juillet 1882, de M. de Lesseps à l'Agent supérieur de la Compagnie en Egypte, et adressée le même jour, en copie, aux représentants des Puissances à Paris.

Toute action ou démonstration guerrière est interdite aux entrées ou sur le parcours du Canal maritime. Sa neutralité a été proclamée par le firman de concession. Elle a été reconnue et pratiquée pendant les deux dernières guerres franco-allemande et russo-turque.

Le 10 juillet, onze navires anglais, arrivés à Port-Saïd et à Suez, s'étaient arrêtés par suite de l'avertissement de l'amiral anglais.

Toutefois les entraves mises au transit ne durèrent que deux jours.

Dès le 12 juillet, l'Amirauté britannique télégraphia à Suez et à Port-Saïd que, si le Canal était libre, il n'y avait plus d'objection à laisser passer les navires.

La navigation dans le Canal reprit alors son cours normal.

Des bruits alarmants n'en furent pas moins mis en circulation tant à Paris qu'à Londres. C'est ainsi que des dépêches datées de Port-Saïd, du 12 et du 14 juillet, annonçaient que

1. Cet avertissement aux navires anglais leur fut donné la veille même du jour où l'amiral commandant la flotte devant Alexandrie envoya son ultimatum au Khédive d'avoir à cesser immédiatement les travaux de fortifications du port sous peine de bombardement de la ville.

tout le personnel du Canal s'était réfugié à Port-Saïd pour y trouver protection. Or, la vérité était que pas un seul agent n'avait quitté son poste; que tous les agents avaient montré dans l'accomplissement de leurs devoirs le plus entier dévoûment[1].

M. de Lesseps, accompagné de M. Jules Guichard, administrateur de la Compagnie et ancien chef du transit, partit le 13 juillet de Marseille pour l'Égypte et arriva le 19 à Alexandrie, d'où il put se rendre à Port-Saïd le 21. Dès le lendemain, 22, il télégraphiait à Paris que tout marchait comme à l'ordinaire grâce à l'attitude du personnel et qu'Arabi Pacha avait déclaré qu'il respecterait la neutralité du Canal. Le 25, le Président annonçait d'Ismaïlia qu'il avait parcouru toute la ligne du Canal avec son fils Victor, Agent supérieur de la Compagnie en Égypte, et que tout allait bien. La veille, il avait adressé, de Suez, ses félicitations au personnel du Canal par le manifeste suivant :

Au personnel de l'Agence supérieure, des services du Transit, de l'Entretien, du Domaine, des Eaux et du Télégraphe, des capitaines-marins, des chefs de gare isolés sur tout le parcours du Canal :

Après avoir parcouru toute la ligne de notre Canal maritime, je vous félicite de l'attitude ferme et énergique que vous avez constamment montrée au milieu des événements qui désolent l'Egypte.

Vous avez résisté, sans une seule exception, aux paniques qui ont été les principales causes de tant de désastres. Vous avez maintenu la neutralité du Canal maritime. Après avoir créé, vous avez conservé.

---

1. Voici ce que publiait à ce sujet, le journal le *Times*, dans les derniers jours de juillet :

« Les agents du canal ont fait preuve de beaucoup de courage et de dévouement. Pas un seul n'a abandonné son poste ; tous ont fidèlement rempli leur devoir au milieu de grandes complications et de grands dangers. Ils n'ont montré de préférence ni pour la France ni pour l'Angleterre et ont gardé avec vigilance les intérêts qui leur étaient confiés. »

On peut encore mentionner sur le même sujet, que, par décret du Président de la République du 1er août 1882, rendu sur le rapport du Président du Conseil Ministre des Affaires Étrangères, le chef du service du Transit et de la navigation du Canal, M. de Rouville, a été nommé chevalier de la Légion d'honneur, comme ayant contribué, par son énergie, à maintenir le service du Canal pendant les récents événements survenus en Egypte.

La Compagnie universelle vous en sera reconnaissante. Son Conseil d'administration saura vous récompenser.

La série de dépêches suivantes, adressées d'Ismaïlia à l'administration de la Compagnie à Paris, fait connaître les événements qui se sont ensuite succédés dans l'isthme[1] :

Dépêche d'Ismaïlia, du 28 juillet 1882

M. de Lesseps a exprimé l'opinion que la sécurité du Canal était assurée tant qu'il n'y aurait pas de débarquement dans l'isthme.

La population arabe et européenne de Port-Saïd, très émue à la nouvelle d'un débarquement possible, M. de Lesseps a réuni les notables indigènes et les ulémas pour les rassurer. Si cette émotion avait persisté, les indigènes auraient abandonné Port-Saïd et le transit par le Canal aurait été forcément interrompu.

Après cet incident, M. de Lesseps a reçu la dépêche suivante, en arabe, du ministre de la Guerre et de la Marine :

« Je vous remercie de ce que vous avez fait pour empêcher le débar-

---

1. Le journal de la Compagnie *le Canal de Suez*, en même temps qu'il publiait les premières dépêches reçues d'Ismaïlia, donnait les nouvelles suivantes de l'Isthme :

Ismaïlia. — A la suite des troubles qui ont eu lieu à Alexandrie, Ismaïlia est devenu le refuge d'une foule d Européens qui ont quitté le Caire et les autres villes de l'intérieur. L'Agence supérieure de la Compagnie et les Domaines de l'Etat avec leurs archives sont venus s'y installer provisoirement. De nombreux trains ordinaires et supplémentaires amènent ici de grandes quantités d'émigrants Européens, qui vont s'embarquer à Port-Saïd et pour le transport desquels les canots de la Poste et ceux de la Compagnie du Canal ont dû doubler et même tripler leur service régulier.

Ici et sur toute la ligne du Canal, la population ne cède pas à la panique et ne songe nullement à abandonner ses foyers. Les autorités ont pris les mesures nécessaires pour empêcher tout désordre.

Port-Saïd. — Depuis les événements d'Alexandrie, tous les canots arrivant d'Ismaïlia sont bondés de passagers de toutes nationalités qui viennent s'embarquer ici pour être rapatriés en Europe. Ces arrivages imprévus ont détourné beaucoup de vapeurs des opérations projetées par le Canal, et, rien que dans la seconde quinzaine de juin, on en compte dix qui, après avoir débarqué du charbon, ont été réquisitionnés par les Consuls ou affrétés pour ce service particulier au lieu de suivre leur voyage en Extrême-Orient.

Les flottes européennes sont représentées dans notre port par un aviso français, un aviso anglais et un cuirassé et un aviso italiens.

Jusqu'à présent, du reste, l'ordre est parfait, grâce aux mesures sévères prises par le gouverneur général de l'Isthme et son adjoint, contre ceux qui seraient tentés de provoquer des troubles.

« quement des troupes étrangères à Port-Saïd, et de vos efforts pour « donner la tranquillité d'esprit aux indigènes et aux européens. »

M. de Lesseps a exprimé l'avis que le Canal maritime était, par la concession du Sultan, déclaré passage neutre ; que les navires de tous les pavillons pouvaient le traverser, mais qu'aucune nation n'avait le droit de faire acte de guerre dans la limite du Canal neutralisé; qu'il reconnaissait, d'ailleurs, que, jusqu'alors, la sécurité et la neutralité du Canal avaient été respectées par tous.

Dépêche d'Ismaïlia, du 30 juillet 1882

Les dépêches publiées par des journaux d'Angleterre sur l'attitude de M. de Lesseps sont généralement inexactes.

La communication de M. de Lesseps avec Arabi a eu pour objet d'assurer l'émigration, protégée, de 120 Grecs abandonnés dans un village et de préparer le transport, escorté du Caire à Ismaïlia, des malades et du personnel de l'hôpital européen, soit 35 malades, 11 sœurs, 1 médecin et 4 infirmiers, et de maintenir l'ordre dans la province de Zagazig où sont de nombreux Français et Italiens.

M. de Lesseps persiste à croire que la neutralité du Canal ne sera pas violée par les Egyptiens si les Européens ne la violent pas.

Il a protesté contre un acte de la marine anglaise qui était contraire aux règlements de la Compagnie, approuvés par le Sultan, et qui sont la sauvegarde du commerce universel, à qui la liberté du Canal a été garantie.

L'opinion publique dans tout l'isthme est conforme aux vues de M. de Lesseps.

Dépêche d'Ismaïlia, du 31 juillet 1882

Les chefs bédouins des régions orientales entre le Canal de Suez et le Nil sont venus se mettre à la disposition de M. de Lesseps. Arabi leur a recommandé de lui obéir. M. de Lesseps a offert au commandant du cuirassé anglais d'aller constater, à cheval, la sécurité des environs d'Ismaïlia et l'absence des troupes égyptiennes.

Toute personne ayant un laissez-passer revêtu du cachet de M. de Lesseps peut circuler en Egypte jusqu'au Caire. Des négociants qui avaient abandonné leurs intérêts profitent de ces laissez-passer.

M. de Lesseps a dit que les Anglais étaient actuellement les seuls menaçant la neutralité du Canal par la prétention qu'ils auraient, inadmissible, de faire la police du Canal.

L'Agent supérieur et tout le personnel du Canal sont toujours admirables de calme, de dévouement et de résolution.

Dépêche d'Ismaïlia, du 2 août 1822

L'amiral anglais, après avoir dirigé deux convois de débarquement vers Suez-Ville, qui est au fond du golfe de Suez, loin du Canal maritime, a voulu diriger un troisième convoi vers la même destination, en passant par le chenal du Canal. M. de Lesseps a aussitôt envoyé à l'amiral Hoskins la dépêche suivante :

« J'apprends que le troisième convoi de débarquement anglais à « Suez passe par le chenal du Canal maritime. C'est un acte de guerre « qui constitue une violation flagrante de la neutralité du Canal et « contre lequel je proteste formellement. L'opération du débarque- « ment peut s'effectuer comme l'ont fait les deux premiers convois; « mais toute action de guerre dans la zone du Canal maritime peut « avoir pour la navigation générale du Canal les conséquences les plus « graves dont je rends hautement le Gouvernement de Sa Majesté Bri- « tannique responsable. »

M. de Lesseps a quitté aussitôt Ismaïlia pour Suez.

Dépêches d'Ismaïlia, du 5 août 1882

L'amiral anglais a annoncé hier son intention de faire débarquer des troupes à Ismaïlia en vertu des pouvoirs qu'il tenait du Khédive. M. de Lesseps s'est rendu à bord de l'*Orion* avec l'Agent supérieur de la Compagnie pour signifier verbalement à l'amiral une protestation énergique et lui signaler les conséquences de cette violation des droits de la Compagnie internationale garantis par le Sultan.

A la seule nouvelle d'un débarquement possible, une panique s'était produite à Ismaïlia, que la population arabe allait abandonner, ce qui aurait conduit à l'arrêt de la navigation dans le Canal et à des actes de guerre dans les limites neutralisées du Canal, les troupes égyptiennes étant à Néfiche, à peu de distance d'Ismaïlia, mais hors des limites neutres qu'elles respectent sur toute la ligne, M. de Lesseps a obtenu de l'amiral que le débarquement n'aurait lieu que sur sa demande.

Cette déclaration a tranquillisé la population d'Ismaïlia qui est rentrée dans son calme habituel. Elle a tranquillisé notamment la population indigène qui se disposait à fuir.

Arabi respecte la neutralité du Canal ; et malgré l'occupation de Suez par les Anglais, il n'a pas fait couper le canal d'eau douce.

Dépêche d'Ismaïlia, du 6 août 1882

Les commandants des navires de guerre anglais mouillés dans le Canal devant Ismaïlia (dans le lac Timsah) provoquant les indigènes pour avoir un prétexte de débarquement, M. de Lesseps a exprimé la pensée qu'une protection purement navale des Puissances, sans débarquement sur les terres neutres du Canal, serait une solution désirable, susceptible d'empêcher une violation de la neutralité.

Un canot de guerre anglais a circulé la nuit dans le Canal entre Suez et le lac Timsah sans autorisation, et sans paiement des droits de passage.

Par une dépêche datée d'Ismaïlia, le 4 août, M. de Lesseps ayant fait connaître au Conseil d'administration de la Compagnie que l'amiral anglais lui avait écrit sa décision de prendre, malgré ses protestations, les mesures qu'il jugerait nécessaires pour occuper le Canal, s'appuyant sur une lettre du Khédive qui lui donnait tous pouvoirs pour agir, le Conseil, réuni extraordinairement le 5 août, suivant la demande qui lui en était faite par le Président, prit la résolution suivante :

Le Khédive, dont le pouvoir n'a pas été jugé suffisant pour réunir, sans l'autorisation du Sultan, la Méditerranée et la mer Rouge, ne peut avoir une autorité plus étendue lorsqu'il s'agit de porter atteinte aux stipulations formelles du texte de la concession.

L'accord même des auteurs de la concession ne pourrait modifier l'engagement solennel qu'ils ont contracté envers le monde entier en déclarant la neutralité du Canal de Suez.

Le maintien de cette neutralité, jusqu'ici respectée, et qui exclut tout acte de guerre dans le Canal, constitue pour la Compagnie une obligation qui est la base de sa concession.

Notre Compagnie égyptienne ne saurait se prêter à une violation d'une neutralité qui est la garantie du commerce de toutes les nations.

Aucun Gouvernement n'amènerait le Conseil d'administration à accepter la responsabilité d'actes préjudiciables à toutes les Nations intéressées à la liberté permanente de la navigation dans le Canal de Suez.

Notre Société purement commerciale ne peut qu'opposer la proclamation de ces principes à d'injustifiables prétentions politiques.

Le Conseil s'associe donc hautement, au nom du droit menacé, aux protestations de son Président.

Il exprime sa gratitude à M. de Lesseps et à tout le personnel de la Compagnie.

Cette résolution du Conseil fut transmise par le Vice-Président de la Compagnie, M. Charles de Lesseps, aux représentants des Puissances à Paris, par la lettre suivante, en date du 7 août :

Par une lettre du 8 juillet dernier, M. de Lesseps a eu l'honneur de vous communiquer des instructions qu'il venait d'adresser par le télégraphe à l'Agent supérieur de la Compagnie de Suez en Egypte, relative à la neutralité du Canal maritime.

Il exprimait en même temps la pensée que vous jugeriez sans doute à propos de signaler à votre Gouvernement l'utilité pour chaque Puissance maritime ayant intérêt au libre transit du Canal, d'envoyer un bâtiment de guerre en observation à Port-Saïd.

Par une dépêche datée d'Ismaïlia le 4 août, M. de Lesseps a fait connaître à notre Conseil d'administration que l'amiral anglais lui avait écrit sa décision de prendre, malgré ses protestations, les mesures nécessaires pour occuper le Canal, s'appuyant sur une lettre du Khédive qui lui donne tout pouvoir pour agir.

Le Conseil, réuni extraordinairement, a pris une résolution que j'ai l'honneur de vous transmettre en copie, conformément à l'invitation qui m'en est télégraphiquement transmise d'Ismaïlia par M. de Lesseps.

Dans ce même télégramme, M. de Lesseps, en nous signalant les démonstrations guerrières des commandants anglais dans le lac Timsah provoquant les indigènes et pouvant entraîner des actes de guerre dans la zone neutre du Canal, ajoute que la protection navale collective des Puissances, sans débarquement, serait une solution désirable, susceptible d'empêcher une violation imminente d'une neutralité garantie par le Sultan à la marine universelle.

Dépêche d'Ismaïlia, du 13 août 1882

L'amiral anglais, à Suez, a demandé à la Compagnie du Canal 10.000 mètres cubes d'eau douce pour remplir le bassin de radoub. La Compagnie a consenti en invitant l'agent de l'usine à fournir cette eau, étant entendu que toute disposition serait prise pour que le terre-plein (Port Tewfik) ne fût pas privé d'eau douce. Par ordre de l'amiral, l'agent a fourni de l'eau au bassin de radoub sans en envoyer au terre-plein pendant une journée. La Compagnie, au lieu de révoquer cet agent, l'a invité à se rendre à Ismaïlia pour y remplir d'autres fonctions. L'agent étant un sujet britannique, l'amiral en a pris prétexte pour l'empêcher de partir et il a fait occuper l'usine. L'Agent supérieur de la Compagnie, M. Victor de Lesseps, est parti d'Ismaïlia pour Suez.

Dépêche d'Ismaïlia, du 16 août 1882

L'Agent supérieur de la Compagnie, qui s'était rendu à Suez à la nouvelle de la prise de possession de l'usine des eaux par les troupes anglaises, a pu obtenir de l'amiral anglais Hewett un accord convenable relativement aux devoirs imposés par la neutralité du Canal. M. Victor de Lesseps allait se rendre à Port-Saïd pour obtenir un accord semblable de l'amiral Hoskins.

Dépêche d'Ismaïlia, du 17 août 1882, de M. de Lesseps

Le gouverneur d'Ismaïlia m'a demandé si les Egyptiens pouvaient légalement couper les canaux d'eau douce du Caire à Ismaïlia et d'Ismaïlia à Suez.

J'ai répondu que ces canaux, assurant l'alimentation en eau douce des services de la Compagnie sur toute l'étendue du Canal maritime, avaient été construits ou cédés en vertu de conventions obligeant le Gouvernement égyptien au maintien des eaux douces à des hauteurs déterminées; que l'usine pour la distribution des eaux à Suez ayant été adjugée à la Compagnie par enchère publique, nous avons fait connaître nos droits et obtenu la cessation de l'occupation militaire de cette usine par les troupes anglaises, bien que cette usine se trouvât en dehors des limites neutralisées du Canal; qu'à plus forte raison les canaux alimentant d'eau douce les services de la Compagnie dans les limites neutralisées du Canal ne pouvaient être coupées sans violation de cette neutralité.

Je vais donner connaissance de cette opinion, approuvée par notre Contentieux, à Arabi, qui s'est toujours montré scrupuleux observateur du respect de la navigation universelle dans le Canal.

L'Agent supérieur est à Port-Saïd.

Lettre du 19 août 1882, de M. de Lesseps à l'amiral Hewet

Je viens d'apprendre que, cette nuit, un poteau du télégraphe de la Compagnie a été scié au kilomètre 156 par des mains européennes et à la faveur des projections de lumière électrique venant de Suez, afin d'arrêter nos communications qui, d'ailleurs, vont être rétablies d'un autre côté.

La nouvelle s'est répandue que des troupes anglaises se disposaient à débarquer sur les rives du Canal.

En conséquence de ces circonstances, je m'adresse à l'honneur d'un officier général de la Marine britannique, le priant de donner ses ordres pour que les navires anglais chargés de passagers, civils ou militaires, et auxquels nos règlements ne nous permettent pas de refuser des pilotes, ne soient pas destinés à opérer un débarquement sur un point quelconque du Canal neutralisé par un firman de S. M. Impériale le Sultan, et garanti par les récentes déclarations de la grande majorité des Puissances maritimes.

Vous n'ignorez pas que plusieurs de ces Puissances ont envoyé des navires de guerre à Ismaïlia et à Port-Saïd pour être les témoins du respect d'une loyale neutralité pouvant seule assurer la libre continuation de la navigation universelle d'une mer à l'autre.

Je crois devoir mentionner le regrettable précédent de la déclaration faite à Port-Saïd par les commandants de l'*Orion* et de *la Coquette*, qui, ayant annoncé leur transit pour Suez, se sont arrêtés à Ismaïlia, où ils sont encore, sans avoir cessé de faire des démonstrations guerrières qui, heureusement, n'ont pas causé de désordres parmi notre paisible population.

Dépêche du 19 août 1882, de M. de Lesseps

L'amiral anglais, à Suez, informe l'agent principal du transit de la Compagnie, qu'en vertu d'instructions du Gouvernement anglais, il interdit l'entrée du Canal, jusqu'à nouvel ordre, à tous les navires, grands ou petits, et même aux canots de la Compagnie ; qu'au besoin il aura recours à la force pour empêcher toute tentative de contravention à ces ordres. En outre, l'amiral a fait placer à l'entrée du Canal un canot de guerre armé.

J'ai protesté contre cet acte de violence et de spoliation.

Délibération du Conseil judiciaire de la Compagnie, réuni à Paris, le 19 août 1882, sous la présidence de M. Senard

Le Gouvernement anglais prétend être en droit, soit en son nom personnel, soit comme mandataire du Gouvernement égyptien, de faire acte de guerre sur le Canal maritime de Suez ou sur ses dépendances.

Déjà la Compagnie universelle du Canal a souffert des dommages de diverse nature.

Le Conseil judiciaire de la Compagnie, consulté sur la valeur des prétentions du Gouvernement anglais et sur l'étendue des droits qui appartiennent à la Compagnie.

Après en avoir délibéré,

Est d'avis des résolutions suivantes :

La Compagnie universelle du Canal maritime de Suez doit maintenir ses précédentes revendications en faveur de la neutralité du Canal qui importe à toutes les Nations et à celles mêmes qui croiraient avoir aujourd'hui intérêt à la violer.

La Compagnie doit spécialement, au point de vue des conventions intervenues entre elle et le Khédive et approuvées par le Sultan, s'opposer à toute action de guerre du Gouvernement anglais.

Forte de ces conventions, qui sont la loi commune des parties et ne peuvent être révoquées que de leur consentement mutuel, la Compagnie doit protester contre la prétention du Gouvernement anglais, se disant mandataire du Khédive, de faire aucune entreprise sur tout ou partie du Canal ou de ses dépendances, la Compagnie, même avec l'autorisation du Sultan, et à plus forte raison sans cette autorisation, ne pouvant être inquiétée dans la libre et paisible jouissance de sa concession.

La Compagnie doit protester, en outre, contre l'usage que le Gouvernement égyptien ferait, au profit d'un Gouvernement étranger, de prétendus droits qui, s'ils existent, n'appartiendraient qu'à lui-même personnellement sans délégation possible.

Enfin, la Compagnie doit protester contre toute entreprise qui, malgré la volonté des représentants légaux de la Société, serait faite sur le Canal par le Gouvernement anglais, actionnaire de la Société et obligé, à ce titre d'actionnaire, à ne porter aucune atteinte à la chose commune et à se conformer aux résolutions prises par les représentants légaux de la Société.

La Compagnie doit, par suite, faire les plus expresses réserves quant aux conséquences de tous actes qui seraient déjà intervenus ou qui interviendraient à son préjudice, afin de réclamer par les voies de droit, devant la juridiction compétente, les indemnités et dommages-intérêts dont le Gouvernement anglais serait passible, notamment comme actionnaire de la Société, et ce, sans préjudice des actions individuelles appartenant aux neutres contre le Gouvernement anglais pour la réparation des dommages causés à leur marine, à leur trafic et, en général, à leurs personnes et à leurs biens.

Dépêche de Port-Saïd, du 21 août 1882, de M. de Lesseps

Après deux jours de crise difficile ayant interrompu le transit, et le débarquement des Anglais à Port-Saïd et à Ismaïlia étant un fait accompli, un *modus vivendi* étant établi de manière à permettre le fonctionnement régulier du transit, je pourrai dans quelques jours rentrer à Paris. La sécurité du personnel est complète.

Le journal de la Compagnie, *le Canal de Suez*, en même temps qu'il publiait, dans son numéro du 22 août, les dépêches les plus récentes d'Égypte et la délibération du Conseil judiciaire, reproduisait un article du *Journal des Débats* dans lequel M. Leroy-Beaulieu, à propos des événements qui se passaient alors en Égypte exposait une série de considérations tendant surtout à montrer que toutes les Nations européennes avaient intérêt à respecter l'autonomie du Canal de Suez.

On pourra juger, par le résumé qui en est donné ci-dessous, de l'intérêt que présentait l'article du savant économiste :

Le Canal de Suez — disait M. Leroy-Beaulieu — attirait en ce moment, plus que jamais, l'attention de l'opinion publique ; cette grande entreprise soulevait les questions les plus délicates. Il était facile de dire qu'il fallait neutraliser le Canal, ou bien de déclarer que la Puissance qui avait le plus d'intérêt au maintien de la facile circulation dans l'isthme pouvait s'en constituer la gardienne exclusive. L'une et l'autre solution, cependant, avaient bien des inconvénients. Il ne fallait pas oublier, d'ailleurs, qu'il y avait d'autres isthmes sur le globe qui seraient un jour percés à leur tour, et que le régime que l'on ferait au Canal de Suez servirait de précédent. Il était donc de l'intérêt de l'Angleterre de se montrer prudente et modérée à Suez. Lorsque l'Angleterre y aurait mûrement réfléchi, elle verrait qu'il y aurait pour elle plus d'inconvénients que d'avantages à prendre possession du Canal. Elle s'en était d'ailleurs déjà aperçue puisqu'elle avait proposé à la France et à l'Italie de se joindre à elle pour l'occupation. L'attitude énergique de M. de Lesseps avait pu étonner beaucoup de personnes et elle avait suscité les réclamations du *Times;* au fond, cependant, il n'était pas certain que M. de Lesseps n'eût pas défendu l'intérêt général et même l'intérêt anglais.

Les Anglais paraissaient avoir commis quelques fautes dans l'isthme. S'il était exact qu'ils eussent voulu faire passer leurs navires de guerre dans le Canal sans payer de droits, c'eût été une violation évidente de la charte de la Compagnie. Il ne suffisait pas d'arguer que les navires anglais venaient protéger le Canal; il était évident qu'ils devaient payer quand même les droits de transit. Une puissance n'avait pas le droit de se mettre ainsi au-dessus des conventions. Si l'Angleterre le faisait aujourd'hui, la Turquie pouvait le faire demain, puis la Russie. La protestation de M. de Lesseps était incontestablement fondée [1].

1. Le chiffre total auquel s'est élevé le montant des droits de transit et autres pour les navires de guerre et transports anglais (d'Etat ou affrétés) qui ont traversé et occupé le Canal pendant la période du 16 juillet au 31 août 1882 a été de 1.590.000 francs; et cette somme, après réglement, a été intégralement soldée à la Compagnie par le Gouvernement anglais.

Le montant des droits ci-dessus a porté sur un nombre total de 107 bâtiments, se répartissant ainsi, savoir : 81 transports ou vapeurs affrétés, 2 cuirassés, 4 corvettes, 7 avisos, 4 canonnières, 1 bateau-torpille, 5 remorqueurs, 2 yachts, 1 citerne.

A partir du 1er septembre, les navires de guerre anglais ont effectué régulièrement le paiement des taxes en entrant dans le Canal, conformément règlement de navigation.

On avait reproché à M. de Lesseps son attitude vis-à-vis d'Arabi Pacha. Que cette attitude eût été affaire de sentiment ou de politique, elle avait eu au moins un bon résultat: c'est que le Canal de Suez avait été respecté par les Arabes, qui avaient éprouvé pour cette grande entreprise privée une sorte de respect superstitieux.

Les arguments que l'on donnait pour que l'Angleterre prît seule possession du Canal étaient de diverses sortes :

Il y avait d'abord, bien qu'on ne le mît en première ligne, l'argument financier. L'Angleterre, prétendait-on, possédait la plus grande partie du capital de l'entreprise de Suez. Or, cela était fort inexact. L'Angleterre ne détenait, en effet, que les 176.000 actions achetées au Khédive, c'est-à-dire moins de la moitié du capital actions et moins du quart de l'ensemble du capital employé aux dépenses de premier établissement du Canal. L'intérêt financier de l'Angleterre dans l'entreprise de Suez était donc loin d'être prépondérant comme quelques-uns se plaisaient à l'imaginer.

Quant à son intérêt commercial et à son intérêt politique dans l'isthme, ils primaient assurément ceux des autres Puissances; néanmoins, la part de ces dernières dans le trafic du Canal était trop importante pour que la possession de l'isthme par la Grande-Bretagne seule pût être acceptée sans opposition, ou, du moins, sans froissement par les autres Nations. Telle était la raison qui avait porté beaucoup d'esprits à préconiser ce que l'on a appelé *la neutralisation du Canal ;* et l'on avait cité, à ce propos, le Bosphore et la mer Noire. Or, ces exemples étaient singulièrement mal choisis et tout à fait à contresens.

Ce qui caractérisait, en effet, le Canal de Suez, et ce qui le distinguait, soit du Bosphore, soit du Sund, c'est que ce Canal n'était pas seulement une voie commerciale; que c'était au plus haut degré une voie militaire, non pas pour une nation seulement, mais pour sept à huit. Aucun vaisseau anglais ou français ne pouvait avoir intérêt à franchir le Bosphore ou le Sund dans des circonstances normales ; au contraire, le Canal de Suez était fréquemment traversé par des frégates ou des grands transports de guerre. C'est que ce Canal reliait les Puissances de l'Europe à leurs colonies asiatiques et océaniennes ; les soldats formaient même la plus grande partie des passagers à travers l'isthme.

L'importance du Canal comme route militaire disait assez que la neutralisation pure et simple, soit en temps de paix, soit même en temps de guerre, était absolument impossible. Elle ne serait acceptée par aucune Puissance. Les seules Conventions qui pussent intervenir devaient être relatives à la protection du Canal. Cette voie de navigation, déclarée ouverte en tout temps aux navires de guerre et aux navires de commerce serait placée sous la protection de toutes les grandes Puissances. Une déclaration de ce genre n'aurait sans doute pas besoin d'être appuyée par une occupation permanente du Canal. Les Arabes, qui l'avaient respecté jusqu'alors, auraient un motif de plus de ne pas l'attaquer quand ils sauraient que les Puissances seraient unanimes à le défendre.

Quant au projet de faire administrer le Canal, en tant qu'entreprise commerciale par des délégués des divers états intéressés, il n'était pas besoin de dire à quelles difficultés il se heurterait. Une Convention de protection devrait laisser de côté tout ce qui concernait l'administration du Canal. L'autonomie de la Compagnie était la meilleure sauvegarde vis-à-vis de l'Europe. On voyait, chaque jour, combien cette Compagnie était impartiale ; elle s'était toujours maintenue scrupuleusement dans sa gestion commerciale ; elle n'avait fait aucune acception de Puissance ; elle n'avait jamais reculé devant les sacrifices ; et, tout récemment encore, sans y être contrainte, elle avait contracté un emprunt pour l'amélioration du Canal. Il était impossible de trouver une combinaison qui fût plus profitable à tous et qui offrît aux nations diverses, sans exception, plus de garantie. L'autonomie de la Compagnie de Suez devait donc être soigneusement respectée par les Puissances européennes[1].

---

1. On pourra juger de la préoccupation constante de M. de Lesseps de conserver la stricte neutralité du Canal par le fait suivant, survenu pendant les événements dont l'Egypte était alors le théâtre, et dont la presse anglaise essaya, bien à tort, comme on va le voir, de lui faire un grief.

On sait qu'avant les événements d'Egypte, il n'existait pas de communication télégraphique directe entre le Canal de Suez et l'Europe : les dépêches de Port-Saïd, d'Ismaïlia et de Port-Tewfik devaient passer par le Caire et Alexandrie. Toutes les tentatives qui avaient été faites auprès du Gouvernement égyptien pour établir une communication directe entre le Canal et l'Europe avaient échoué par suite, paraît-il, de la résistance qu'y avaient toujours apportée les représentants de l'Angleterre en Egypte.

Après le bombardement d'Alexandrie, le Gouvernement anglais reconnut les graves inconvénients de cette absence de communication directe entre le Canal et l'Europe, et l'*Eastern Telegraph Company* fut chargée de poser un câble entre Alexandrie et Port-Saïd.

Pour relier ensuite le cable aboutissant à Suez, sur la mer Rouge, et venant des Indes, avec le câble atterrissant à Port-Saïd, les directeurs de l'*Eastern Telegraph Compagny* s'adressèrent à M. de Lesseps pour obtenir que la ligne télégraphique du Canal servît à relier les deux câbles.

M. de Lesseps voulant rester fidèle à son mandat, tenu de conserver intacte la neutralité du Canal qui était une charge de la concession, ne crut pas pouvoir se prêter, au moyen du télégraphe de la Compagnie traversant le terrain neutralisé, à des actes ayant en vue des opérations de guerre.

Les troupes anglaises ayant débarqué à Suez et paraissant disposées à débarquer à Ismaïlia ou « sur un autre point du Canal », il était évident qu'en mettant à la disposition des autorités britanniques le service télégraphique de la Compagnie, M. de Lesseps eût porté atteinte à la neutralité de la voie mari-

Le transit des navires se trouvant rétabli et fonctionnant désormais librement par le personnel de la Compagnie, M. de Lesseps quitta l'isthme le 27 août pour rentrer à Paris, accompagné de son fils Victor et de M. Jules Guichard.

Dans un rapport daté de Port-Saïd, le 26 août, et adressé au Président, M. Victor de Lesseps, Agent supérieur de la Compagnie, présenta un récit détaillé de tous les événements qui s'étaient passés dans l'isthme depuis le 13 dudit mois. Nous ne reproduirons pas la partie de ce rapport relatant les événements survenus jusqu'au 19 août, et dont les dépêches citées ci-dessus donnent un compte rendu suffisant, quoique sommaire. Quant aux événements postérieurs, ils sont relatés dans le rapport comme suit :

Rapport, daté de Port-Saïd le 26 août 1882, de M. Victor de Lesseps, Agent supérieur de la Compagnie en Egypte (Extrait)

L'arrêt des navires ordonné par l'amiral Hewett annonçait les événements les plus graves. C'est dans la nuit du 19 au 20 que ces événements vont se produire et faire d'Ismaïlia, jusqu'alors si paisible, le théâtre d'un drame émouvant.

Dans cette nuit du 19 au 20, toute la population européenne, le personnel de la Compagnie et les principaux fonctionnaires égyptiens étaient réunis chez le chef du service du Domaine, dans un bal des plus gais, animé par la présence des officiers des navires de guerre espagnol et autrichien. A deux heures du matin, tout le monde rentrait et chacun commençait à s'endormir, lorsque, vers trois heures, au milieu d'une nuit fort obscure, les rues retentissent de cris de guerre se mêlant au bruit de la fusillade et du roulement des canons traînés au pas de course. Ce sont les marins anglais qui débarquent sans avoir prévenu les habitants qu'ils peuvent être exposés à être tués dans les rues. Sur quoi tirent-ils? Sur qui? Aucun ennemi n'est devant eux. Le camp des Egyptiens est à Néfiche, à 3 kilomètres d'Is-

time qu'il défendait aussi bien contre les troupes d'Arabi que contre les troupes anglaises.

Hâtons-nous d'ajouter qu'aussitôt après la fin des événements de guerre la Compagnie de Suez, ressaisissant son rôle civilisateur et ne se préoccupant que de l'intérêt général, s'empressa d'accorder à l'*Eastern Telegraph Company* l'autorisation d'établir son fil spécial sur la ligne télégraphique du Canal.

maïlia. Il n'y a dans la ville que quelques soldats de police, gens fort paisibles habitant depuis longtemps Ismaïlia, et qui n'ont jamais songé qu'à y maintenir l'ordre.

Peu après le débarquement, le canon tonne. C'est l'*Orion*, c'est le *Carysfort* qui envoient des obus sur Néfiche et dans le désert. La fusillade continue dans les rues d'Ismaïlia. Au point du jour, elle cesse dans la ville européenne après n'avoir fait, heureusement, qu'une seule victime : c'est un européen, un Hollandais qui, ne répondant pas clairement au qui-vive d'un marin, reçoit un coup de fusil à bout portant qui lui traverse le corps et lui broie le bras gauche.

Les marins anglais se dirigent, au jour, sur notre village arabe, habité par nos travailleurs indigènes avec leurs familles et où ne se trouve aucun ennemi pour riposter. Cependant, ils tirent sur les femmes et les enfants qui fuient dans le désert ; les cris déchirants de cette population affolée parviennent jusqu'à nous. Quelques agents de police sont faits prisonniers sans qu'aucun d'eux ait cherché à se défendre. L'un d'eux est tué par derrière pendant qu'il cherche à s'échapper avec sa famille.

Vers huit heures du matin, la fusillade cesse. Le canon tonne encore et tonnera jusqu'au 21 au matin.

En débarquant, les Anglais ont coupé nos fils télégraphiques sur Suez et sur Port-Saïd. Le capitaine Fitz-Roy occupe les bureaux du port et nos canots sont saisis. Ismaïlia est bloqué, et nous ignorons ce qui se passe sur le reste de la ligne.

Dans l'après-midi, nous songeons à mettre en sûreté les familles de notre personnel. Car 300 marins seulement occupent la ville, et, pendant la nuit, les Egyptiens de Néfiche peuvent prendre l'offensive. Il est prudent de faire coucher les femmes et les enfants sur le lac. Quant au personnel et à M. de Lesseps, ils sont décidés à ne pas bouger de la ville. Les familles se rendent à l'appontement. Le capitaine Fitz-Roy s'oppose à leur départ.

Je lui écris alors une lettre. M. Fitz-Roy me fait répondre verbalement, à sept heures du soir, quand la nuit commence, que les familles sont libres, mais que M. de Lesseps et tout son personnel passeront la nuit dans la ville, car il s'attend à être attaqué. Il y aura une bataille dans Ismaïlia, et il veut que M. de Lesseps et tout son personnel y soient. « Je suis le maître maintenant », dit-il.

Ces paroles odieuses étaient bien gratuites, puisque M. de Lesseps et tout le personnel : chefs et employés, avaient déclaré qu'ils ne sortiraient pas de la ville et qu'il n'avait jamais été question que des familles.

Une partie des familles préféra rentrer en ville ; l'autre partie put alors s'embarquer sur des canots envoyés par le commandant de la frégate cuirassée espagnole *Carmen* et par le commandant de la canonnière autrichienne *Albatros*. Nos réfugiés reçurent l'hospitalité à bord de ces navires.

La nuit se passa heureusement sans aucun incident. Le silence ne fut troublé que par les obus envoyés du *Carysfort* et de l'*Orion* sur Néfiche.

Au jour, Ismaïlia se réveille au milieu de plusieurs milliers de soldats anglais de l'armée de terre. Le lac est plein de transports et de navires de guerre. Le 21 au matin, les Anglais rétablissent eux-mêmes notre fil sur la ligne de Port-Saïd.

Nous apprenons alors que, dans la nuit du 19 au 20, les Anglais ont débarqué à Port-Saïd, mais paisiblement, et que l'amiral Hoskins a pris, le matin, possession de nos bureaux d'où l'agent principal du transit a été expulsé. Des navires de guerre et des transports se sont engagés dans le Canal sans pilotes et sans avoir payé les droits. Une de nos dragues a été saisie au kilomètre 16 par des marins de la *Penelope*. Kantara est occupé par la force.

L'amiral Beauchamp-Seymour et le général Wolseley arrivaient à Ismaïlia le 21 au matin, ainsi que l'amiral Hoskins.

Nous recevions la dépêche de Paris du 20 relative à une communication de MM. Sokes et Wilson annonçant la détermination prise par le Gouvernement anglais d'occuper la zone du Canal.

Il est à noter que, pendant que cette communication était faite à Paris, le débarquement, qui était annoncé comme ne devant apporter aucun trouble dans la navigation, s'effectuait par la surprise et la violence, suspendait notre exploitation et jetait la perturbation dans le transit du Canal.

Le 21, après la réception de la dépêche, j'avais une entrevue avec l'amiral Seymour qui exprimait le désir de voir la Compagnie reprendre son exploitation. Plusieurs de ses navires étaient engagés dans le Canal et il nous demandait des pilotes. Je lui expliquai que nous ne pouvions reprendre notre exploitation que si les éléments de son fonctionnement nous étaient rendus, c'est-à-dire si l'interdit de circulation qui avait été imposé à tous nos canots à Ismaïlia était levé, si nos communications télégraphiques étaient rétablies avec Suez, en un mot si la Compagnie se retrouvait dans la libre possession de ses services ; qu'alors nous lui donnerions des pilotes et que nous ferions passer les navires aussi rapidement que possible, étant bien entendu qu'il assumait la responsabilité des retards et des dommages déjà causés au commerce ou qui pourraient résulter des mouvements de ses navires et des opérations militaires. L'amiral a accepté cette responsabilité, sous réserve de l'adhésion du général Wolseley. Celui-ci, que j'ai vu plus tard, n'a pas hésité à déclarer que la responsabilité des dommages et des retards causés au commerce serait prise par le Gouvernement anglais.

Dans les journées des 21, 22 et 23, nos communications télégraphiques, coupées en plusieurs endroits, entre Ismaïlia et Suez, ont été rétablies. Nous avons appris que, dans la matinée du 20, le *Sea Gull* et le *Mosquito* avaient eu, à Chalouf, un engagement avec les Egyptiens ; les mitrailleuses placées au haut des mâts, en avaient tué 200.

Notre personnel, sur toute la ligne, était sain et sauf.

Du 21 au 25, environ 20.000 hommes de troupes de terre ont débarqué à Ismaïlia.

Nous n'avons eu qu'à nous louer de nos rapports avec les officiers généraux de l'armée de terre et leurs états-majors. Le colonel Lanyon, commandant de la place, nous a demandé de lui signaler toutes les réclamations auxquelles pourrait donner lieu le passage et le séjour des troupes, et qu'il y ferait droit immédiatement.

Le 22, le canal Ismaïlieh a baissé de 25 centimètres ; cette baisse a continué les jours suivants, mais seulement de 4 centimètres par jour. Il était à supposer que le canal avait été coupé. Le Président a décidé que la consommation de l'eau, sur toute la ligne, serait limitée aux usages personnels et que les travaux de dragages seraient suspendus.

Le 23, les troupes anglaises se sont avancées dans la direction du Caire, suivant le canal d'eau douce et la voie ferrée. Après différents engagements entre Néfiche et Rhamsès, les Anglais ont poussé jusqu'à Maxamah. On a constaté que, jusque-là, le canal n'était pas coupé. En supposant donc qu'il soit coupé plus haut, ce qui n'est pas probable, il reste dans les biefs de Gassassine à Ismaïlia, de l'eau pour environ deux mois.

Le 24, le trafic du Canal avait repris son cours régulier.

Toutes nos gares sont occupées par des détachements de soldats de marine. Un incident regrettable a eu lieu au kilomètre 54, où le chef du détachement s'est emparé de l'eau et a voulu expulser les filles du chef de gare, sous prétexte qu'elles consommaient trop d'eau. Les ordres les plus sévères ont été donnés par les autorités anglaises pour qu'un pareil fait ne se renouvelât pas.

Pendant les journées des 20 et 21, l'engagement sans pilotes des navires de guerre anglais a donné lieu à une confusion complète. La plupart se sont échoués et plusieurs ont dû débarquer leurs troupes sur la berge avant Ismaïlia, étant incapables de se tirer d'affaire avec leurs seules ressources. L'amiral Seymour a dû le reconnaître, et l'empressement qu'il a mis, le 21, à nous rendre notre exploitation en est la preuve.

Il convient d'ajouter que les autorités navales britanniques ont cherché à obtenir les services de plusieurs de nos pilotes en dehors de leurs chefs, et que tous les pilotes, sans exception, ont refusé de marcher sans ordre de la Compagnie. Ils ont même résisté à des tentatives d'embauchage.

Pendant toute cette crise, aucune défaillance ne s'est produite dans tout le personnel depuis Port-Saïd jusqu'à Suez. La Compagnie peut en être fière.

Le surlendemain de son retour à Paris, le 4 septembre, M. de Lesseps reçut le personnel de l'administration centrale, au siège de la Compagnie, et lui adressa les paroles suivantes :

Je suis heureux de me retrouver au milieu de vous et d'avoir, après les événements qui se sont succédés dans l'isthme, de bonnes assurances à vous donner sur le fonctionnement régulier du Canal. Je tiens à déclarer hautement que si le Canal est resté intact et a été conservé au commerce de toutes les nations, c'est au courage, à l'abnégation et à la ténacité constante de vos collègues d'Egypte que nous devons ce résultat. Nous n'avons pas eu à compter une seule faiblesse, malgré les dangers réels que le personnel a eu à courir.

Les chefs de gare qui se trouvaient isolés dans le désert, avec leurs familles, ont été plus particulièrement admirables de résolution dans ces circonstances. Sur nos cent pilotes, les trois quarts, qui étaient étrangers, mettant au-dessus de toutes considérations de nationalité leurs devoirs de fonctionnaires de la Compagnie, ont également résisté à toutes les suggestions.

Devant cette ferme attitude de notre personnel et les conséquences de son abstention, les commandants anglais se sont trouvés dans la nécessité de venir me demander de reprendre l'exploitation normale du Canal.

J'y ai consenti, mais à la condition expresse que le télégraphe, dont les fils avaient été brisés, serait immédiatement réparé et nos communications avec l'Europe rétablies. C'est ce qui a été fait[1].

Le Canal a triomphé de cette nouvelle crise dont l'issue assure à la navigation universelle le passage constant de la grande route de l'Orient.

A la suite des événements dont l'Égypte venait d'être le théâtre et qui avaient eu une si déplorable répercussion sur le Canal, le *Times* publia dans son numéro du 21 septembre un article où il revendiquait pour l'Angleterre une part

1. Les communications télégraphiques entre le Canal et l'Administration centrale, à Paris, avaient été supprimées pendant les deux journées des 23 et 24 août.

plus importante dans la haute administration de la Compagnie. Les vues que préconisait le journal ressortiront des extraits suivants de l'article en question[1]:

Extrait du journal le Times *du* 21 *septembre* 1882 :

Les récents événements d'Egypte — dit le journal — ont mis en proéminence désagréable ce fait, que l'Angleterre ne possède pas dans l'administration et le contrôle du Canal de Suez une part proportionnée ni à l'importance de ses intérêts de navigation directs et indirects, ni à sa contribution aux revenus du Canal. D'une part, le Gouvernement anglais est de beaucoup le plus fort actionnaire de l'entreprise et une grande quantité de titres de capital est possédée par des sujets anglais. D'autre part, non seulement les quatre cinquièmes du tonnage total qui passe par le Canal sont anglais, mais il est en outre à noter, qu'en raison du vaste empire colonial que l'Angleterre a à gouverner et à défendre, comparé aux colonies isolées des autres nations, la disparité entre ses intérêts militaires et ceux de toutes les autres nations réunies est plus grande encore qu'entre sa marine et les leurs.

La guerre d'Egypte a mis en plein relief la possibilité latente d'ennuis et même de maux sérieux par suite de l'organisation actuelle du pouvoir de contrôle. M. de Lesseps a pris l'attitude d'un souverain indépendant et s'est adressé au Gouvernement de ce pays et à ses officiers responsables dans des termes que peu de souverains indépen-

---

1. A l'encontre des appréciations du *Times* sur l'attitude et le rôle de M. de Lesseps au milieu des événements qui s'étaient passés sur le Canal même, il ne sera pas sans intérêt de citer ici les termes d'une adresse envoyée au Président, le 11 septembre, par le Directeur de la Compagnie royale de navigation à vapeur néerlandaise *Nederland*, au nom et avec la signature des notabilités commerciales d'Amsterdam.

Cette adresse était ainsi conçue :

« Vous venez de rentrer chez vous après avoir accompli la tâche difficile de protéger, par le prestige de votre personne, le Canal de Suez dont vous êtes le créateur.

« Des complications politiques, qu'il ne nous appartient pas de juger, menaçaient le passage de la grande navigation du monde ; vous l'avez protégé, et c'est grâce à votre énergie et à votre persévérance, que la grande œuvre qui a réuni l'Extrême-Orient à l'Europe a été conservée au milieu de l'anarchie et des horreurs de la guerre.

« La Hollande, qui a su apprécier l'étendue de vos gigantesques conceptions, reconnaît les nouvelles obligations que vous avez imposées au monde civilisé, et nos nationaux sont heureux d'être admis à vous en exprimer leur reconnaissance.

« Nous vous prions d'agréer nos faibles expressions de juste appréciation, et nous croyons être les interprètes du sentiment national néerlandais, qui s'est toujours prononcé en faveur de la liberté de la navigation et du caractère cosmopolite et universel du Canal de Suez. »

dants se risqueraient à employer. Il a poussé si loin son opposition aux opérations poursuivies sous l'autorité directe du Khédive et avec la sanction du Gouvernement français lui-même, que des conséquences qui auraient pu être graves n'ont pu être évitées que par la fermeté et les ressources de l'amiral anglais.

Il doit être évident pour toutes les personnes raisonnables, qu'une grande Nation ne peut guère permettre que sa politique soit entravée, ainsi que ses combinaisons les plus délicates, par le Président d'une Compagnie dans laquelle elle possède quatre millions de livres sterling de capital et aux opérations de laquelle elle contribue pour 80 0/0.

Dans un siècle où l'on abolit partout le contrôle des nations sur les bras de mer passant à travers leur territoire ou commandés par lui, il est impossible que nous souffrions que les directeurs d'une Compagnie s'arrogent des pouvoirs aussi étendus que ceux qui aient jamais été réclamés par la Turquie sur le Bosphore ou par le Danemark sur le Sund. Dans le sens raisonnable, on entend que la neutralisation du Canal signifie qu'il sera considéré comme un bras de mer ; mais elle est impossible dans ce sens tant que M. de Lesseps pourra s'adresser à un amiral anglais comme il l'a fait à l'amiral Hoskins. Dans aucun bras de mer connu, il ne pourrait se produire quelque chose d'analogue à l'interdiction prononcée par M. de Lesseps contre le débarquement des troupes, sous la sanction expresse du Souverain du pays, dans le but de réprimer une révolte contre son autorité.

Nous entendons quelquefois des arguments portant qu'on peut se passer du Canal ; on nous rappelle que les steamers peuvent maintenant porter assez de charbon pour faire le voyage autour du Cap et on nous conseille de nous contenter de la route qui servait à nos ancêtres. Rien ne peut être plus futile que des arguments de cette nature. Ils sont suffisamment réfutés par ce seul fait que le commerce a abandonné la route du Cap pour celle du Canal..... L'alternative à l'usage sans restriction du Canal de Suez doit être cherchée dans une direction toute différente.

Le Canal a été projeté il y a vingt-cinq ans et terminé il y a treize ans, alors que les plans commençaient déjà à être quelque peu surannés. Depuis cette époque, les constructions maritimes ont fait de grands pas, tous dans le sens d'une augmentation de dimensions et de vitesse. Le Canal est pratiquement dépassé, et la question se pose maintenant de son agrandissement ou de la construction d'un nouveau canal..... Si un nouveau canal était commencé demain, les intérêts anglais ne pourraient pas être négligés jusqu'à son achèvement.

La question pratique actuellement est de nous garantir, en cas de complications qui, si anxieux que nous soyons de les éviter, peuvent surgir, et d'empêcher que nous soyons toujours contrariés par l'autocratique Président du Canal.

Quelque puisse être le développement immédiat des événements en Egypte, ce sujet doit attirer et, croyons-nous, fixera sérieusement l'attention du Gouvernement de Sa Majesté.

M. de Lesseps répondit à l'article du *Times* par une lettre adressée à ce journal le 23 septembre.

L'article se résumant, pour lui, par le conseil donné au Gouvernement anglais d'accaparer le Canal de Suez ou de construire un autre canal maritime, M. de Lesseps invitait tout d'abord l'auteur de l'article à étudier les firmans de concession et les statuts de la Compagnie constituée par les capitaux libres de toutes les nations, surtout de la France. Il faisait remarquer, ensuite, que l'Angleterre, en portant atteinte aux droits de la Compagnie, atteindrait en même temps un des grands principes de liberté individuelle sur lesquels reposait son organisation intérieure et sa puissance extérieure. Quant à la construction d'un second canal maritime, ajoutait M. de Lesseps, il faudrait choisir tout autre point que l'isthme de Suez, où la concession déclarait que la Compagnie possédait, pendant quatre-vingt-dix-neuf ans, le privilège *exclusif* d'une communication maritime entre le golfe de Peluse et le golfe de Suez. Il signalait, enfin, combien il était inexact de dire que l'Angleterre était le plus fort intéressé, financièrement, dans le Canal de Suez, puisqu'elle ne possédait en réalité que les 176.000 actions achetées au Khédive, représentant, au taux d'émission de 500 francs, un capital de 88 millions de francs, alors que le coût de premier établissement du Canal avait été (jusqu'alors) de 437 millions.

Communication de M. de Lesseps à l'Assemblée générale des actionnaires du 4 juin 1883

Dans son Rapport à l'Assemblée générale des actionnaires du 4 juin 1883, le Président de la Compagnie, après avoir rappelé sommairement les événements d'Égypte de l'année précédente et la manifestation sous forme d'adresse à laquelle son attitude au milieu de ces événements avait donné lieu de la part des notabilités commerciales d'Amsterdam ; après avoir rappelé également les termes de sa réponse à l'adresse hollandaise, où, après avoir exprimé ses remerciements, il disait :

Notre Société, étrangère à toute question politique, conçue, par la concession qui l'a instituée, pour répondre aux intérêts commerciaux du monde entier, ne saurait, dans aucune circonstance, s'écarter du mandat qui lui a été confié, à savoir : maintenir en tout temps la liberté constante du trafic du Canal de Suez, sans préférence pour aucune nationalité et en servant également tous les pavillons. Telle est sa raison d'être, tel est le principe auquel il est de son devoir de se consacrer.

Puis le Président continuait, comme suit, sa communication à l'Assemblée sur la question de la liberté du Canal :

Ce principe inscrit dans l'acte de concession, partout proclamé nécessaire, le Gouvernement britannique, il importe de le reconnaître, l'a parfaitement défini dans une circonstance mémorable.

L'année dernière, le Cabinet de Washington échangeait avec le Gouvernement de S. M. Britannique une correspondance relative aux conséquences de l'achèvement du Canal maritime de Panama. Dans une communication rendue publique, le chef du *Foreign Office* d'Angleterre écrivait à M. Blaine, Secrétaire d'État du Cabinet de Washington :

« Le Gouvernement de Sa Majesté Britannique désire, tout comme « celui des Etats-Unis, que, tandis que toutes les nations profiteront « des avantages de l'entreprise, aucun pays n'ait, seul, une influence « prépondérante sur une semblable voie de communication. Il ne se « refusera à aucune discussion ayant pour but d'assurer l'usage uni- « versel et sans restriction de cette voie. »

Le 24 juillet 1882, interpellé à la Chambre des Lords sur les événements d'Egypte, le ministre des Affaires Étrangères du Gouvernement de la Reine, le comte de Granville répondit :

« Je pense, que, bien que nous ayons un intérêt prédominant en « Egypte, nous n'avons pas le droit de dire qu'aucune autre Nation n'a « aussi des droits dans ce pays. J'ai moi-même eu à poser des prin- « cipes à propos d'un autre canal dans une autre partie du monde « (canal de Panama), et il nous serait impossible d'être parfaitement « inconséquents dans nos principes, dans les différentes parties du « monde, sur l'absence ou le maintien des privilèges spéciaux, notre

« intérêt véritable étant que de tels passages soient parfaitement sûrs « et parfaitement libres. »

Maintenir le Canal maritime de Suez « parfaitement sûr et parfaitement libre », tel est le but unique de nos vues, le principe absolu de nos actes, le mobile constant de nos efforts.

§ 6. — LA QUESTION DE LA LIBRE NAVIGATION DU CANAL TRAITÉE PAR LA VOIE DIPLOMATIQUE (1883 à 1885)

La question de la libre navigation du Canal de Suez fut posée diplomatiquement pour la première fois par une lettre-circulaire du 3 janvier 1883 sur les événements d'Égypte adressée aux Grandes Puissances par le Ministre des Affaires Étrangères de la Grande-Bretagne, Lord Granville.

Dans la partie de cette lettre-circulaire relative au Canal de Suez, la question de la libre navigation du Canal se trouvait posée par Lord Granville dans les termes suivants :

Lettre circulaire, du 3 janvier 1883, de Lord Granville, Ministre des Affaires Étrangères, aux représentants de l'Angleterre auprès des Grandes Puissances (Extrait).

Le Gouvernement de Sa Majesté croit que la navigation libre et sans entraves du Canal en tout temps, et son exemption d'obstacles ou de dommages par faits de guerre sont des points importants pour toutes les Nations. Il a été généralement admis que les mesures prises par lui, pour protéger la navigation et l'usage du Canal, au nom du Souverain territorial, dans le but de rétablir son autorité, n'étaient en aucune façon des infractions à ce principe général.

Mais, pour mettre sur une base plus claire la position du Canal à l'avenir, et pour parer à des dangers possibles, il est d'avis que les Grandes Puissances pourraient arriver entre elles avec avantage à un accord aux fins ci-dessous, auquel les autres Nations seraient ensuite invitées à accéder :

1° Que le Canal devrait être libre pour le passage de tous les navires, en toutes circonstances ;

2° Qu'en temps de guerre, une limite de temps devrait être fixée aux navires de guerre d'un belligérant pour séjourner dans le Canal et qu'aucunes troupes ou munitions de guerre ne devraient être débarquées dans le Canal ;

3° Qu'aucunes hostilités ne devraient avoir lieu dans le Canal ou ses approches ou sur un point quelconque des eaux territoriales de l'Egypte, même dans le cas où la Turquie serait un des belligérants ;

4° Qu'aucune des deux conditions immédiatement précédentes ne s'appliquerait aux mesures qui pourraient être nécessaires à la défense de l'Egypte ;

5° Que toute Puissance dont les navires de guerre viendraient fortuitement à faire un dommage quelconque au Canal serait tenue de supporter la dépense de sa réparation immédiate ;

6° Que l'Egypte devrait prendre toutes les mesures en son pouvoir pour faire observer les conditions imposées au transit des navires belligérants à travers le Canal en temps de guerre ;

7° Qu'aucunes fortifications ne devraient être élevées sur le Canal ou dans son voisinage ;

8° Que rien dans cet accord ne sera réputé restreindre ou affecter les droits territoriaux du Gouvernement de l'Egypte au-delà de ce qui s'y trouve expressément stipulé.

A la suite de cette communication du Gouvernement anglais, la question parut rester momentanément en suspens. Elle continuait pourtant d'être l'objet des préoccupations du Gouvernement français ainsi qu'on en pourra juger par les citations suivantes :

Déclaration du 24 octobre 1884, de M. Jules Ferry, Ministre des Affaires Étrangères, Président du Conseil, devant la Commission du Tonkin :

Notre intérêt principal, en Egypte, c'est la liberté du Canal de Suez, mais c'est aussi l'intérêt de toute l'Europe. Aussi, nous suffit-il, désormais, de marcher avec l'Europe, qui est patiente parce qu'elle est forte, mais qui ne saurait céder sur la liberté du Canal de Suez, parce que ses intérêts commerciaux dans le présent et dans l'avenir le lui défendent.

Discours de M. de Freycinet, ancien Président du Conseil et Ministre des Affaires Étrangères (à l'époque des événements d'Egypte de 1882), à la séance du Sénat du 20 novembre 1884 (Extrait).

Le seul point sur lequel la France peut agir sans avoir besoin de se concerter, en quelque sorte, avec les autres Puissances européennes, c'est le Canal de Suez, par la raison bien simple que ce Canal est une voie ouverte au commerce de toutes les nations. C'est un territoire pour ainsi dire neutralisé ; nous y avons des nationaux qui y trafiquent, qui y naviguent ; nous avons le droit d'aller les protéger sur ce point comme sur tout autre point du globe où leur sécurité serait menacée.....

Quant à la neutralité du Canal de Suez, elle existe, en droit et en fait, depuis près de trente années ; c'est en vertu du décret de concession de 1856, confirmé par le firman de 1866, que la neutralité du Canal de Suez a été reconnue et pratiquée.

Le décret de concession déclare, en effet, que le Canal de Suez est ouvert à jamais comme passage neutre aux marines de toutes les nations ; et cette neutralité a été mise à l'épreuve ; elle a été respectée dans deux circonstances, lors de la guerre de 1878 entre la Russie et la Turquie, et, en 1870, lors de la guerre entre la France et l'Allemagne. Les vaisseaux de ces différentes nations ont pu se rencontrer dans le Canal et ne s'y sont livrés à aucun acte d'hostilité ; la neutralité la plus complète a été observée.

La neutralité est donc un fait et un droit ; elle existe en dehors des négociations que vous engagerez aujourd'hui avec l'Angleterre et il ne peut s'agir tout au plus que d'une réglementation plus précise.

Ce n'est que dans les premiers mois de l'année 1885 que la question commença à faire un pas décisif vers une solution. Alors, en effet, les Gouvernements des Grandes Puissances tombèrent d'accord pour confier la recherche de la solution, si vivement désirée par tous, à une Commission internationale.

Les citations suivantes font connaître les principaux points des négociations qui eurent lieu à ce sujet.

Lettre-circulaire, du 8 janvier 1885, de M. Jules Ferry, Président du Conseil, Ministre des Affaires Étrangères, aux représentants de la République française à Berlin, Saint-Pétersbourg, Vienne, Rome et Constantinople.

Vous savez déjà que le Gouvernement anglais, après la mission de Lord Northbrook, a saisi les Puissances de propositions en vue de la réorganisation financière de l'Egypte. Ces propositions sont contenues dans un mémorandum qui m'a été communiqué le 29 novembre et dont vous trouverez ci-joint copie.

L'examen approfondi dont elles ont fait l'objet de ma part, le désir de conciliation dont je n'ai cessé d'être animé, m'ont convaincu que le meilleur moyen d'arriver à une entente n'était pas de les discuter et de les amender l'une après l'autre, et qu'il serait préférable d'établir sur quelques vues générales un nouveau travail d'ensemble répondant autant que possible aux nécessités diverses qui dominent la situation présente des affaires égyptiennes. C'est l'objet de la note que je vous envoie sous ce pli et dont je vous serai obligé de donner lecture et de laisser copie à M. le ministre des Affaires Étrangères. Eu égard au caractère international de la question et à l'intérêt commun qu'elle présente pour toutes les Grandes Puissances, mon intention formelle est de ne pas agir isolément et de ne saisir le Cabinet de Londres de mes contre-propositions qu'après m'être assuré de l'adhésion des Puissances les plus intéressées. Si les vues du Gouvernement auprès duquel vous êtes accrédité concordent avec les miennes, vous vous informerez s'il est disposé à envoyer à son ambassadeur à Londres des instructions conformes aux idées exposées dans la note ci-jointe et qui serviront également de base aux directions de l'ambassadeur de France à Londres.

ANNEXE

Contre-propositions françaises

..... Toutefois, le rétablissement de l'ordre financier et administratif en Egypte n'est pas la seule question dont le réglement s'impose dès maintenant à la sollicitude des Puissances. Il en est d'autres qui présentent un caractère d'égale urgence et qui affectent au plus haut degré leurs intérêts : elles doivent compter que l'Angleterre, s'inspirant des mêmes sentiments de justice et de bonne entente, consentira à en aborder le plus tôt possible l'examen. Parmi ces questions vient en première ligne l'établissement d'un régime définitif destiné à garantir en tout temps à toutes les Puissances le libre usage du Canal maritime de Suez. L'étude de ce grand problème européen pourrait être abordée dès à présent, par voie de Conférence ou autrement et sans attendre l'issue de l'enquête proposée sur la situation financière. L'urgence n'a pas besoin d'en être démontrée. Un accord intervenant à ce sujet pourrait être présenté comme une juste compensation des sacrifices financiers que les Puissances sont disposées à imposer à leurs nationaux ; il constituerait surtout un gage certain de stabilité et de paix pour l'avenir. Le Cabinet de Londres ne saurait refuser son acquiescement à une proposition dont le principe a été posé avec tant de netteté et de loyauté dans les dépêches de Lord Granville du 3 janvier 1883 et du 16 juin 1884.

Mémorandum du 21 janvier 1885, remis par Lord Granville à l'Ambassadeur de France à Londres

..... En ce qui concerne la dernière proposition du Gouvernement français, nous donnons notre entière adhésion à ses vues, relativement à la liberté du Canal de Suez, et consentons pleinement à ce qu'un arrangement à cet effet soit inséré dans un Traité.

En donnant cette réponse, nous avons à dessein évité tous les détails ; mais, si le Gouvernement français accepte ces bases, nous ne doutons pas qu'un arrangement satisfaisant n'intervienne.

Diverses dépêches furent ensuite échangées concernant les négociations de la France avec l'Angleterre et avec les autres Puissances en vue d'arrêter un mode pratique de règlement de la question de la liberté de navigation du Canal.

Déclaration arrêtée d'un commun accord, à Londres, le 21 mars 1885, entre les Gouvernements d'Allemagne, d'Autriche-Hongrie, de France, de la Grande-Bretagne, d'Italie, de Russie et de Turquie (Extrait).

III. — Considérant que les Puissances sont d'accord pour reconnaître l'urgence d'une négociation ayant pour but de consacrer par un Acte conventionnel l'établissement d'un régime définitif, destiné à garantir en tout temps et à toutes les Puissances le libre usage du Canal de Suez ;

Il est convenu entre les sept Gouvernements précités qu'une Commission composée de délégués nommés par lesdits Gouvernements se réunira à Paris le 30 mars pour préparer et rédiger cet acte, en prenant pour base la circulaire du Gouvernement de Sa Majesté Britannique en date du 3 janvier 1883 ;

Un délégué de S. A. le Khédive siègera à la Commission avec voix consultative ;

Le projet rédigé par la Commission sera soumis auxdits Gouvernements qui s'emploieront ensuite à obtenir l'accession des autres Puissances.

Déclaration signée à Londres, le 21 mars 1885, par le Chargé de pouvoirs du Gouvernement égyptien

Le Gouvernement de S. A. le Khédive s'engage à promulguer le décret dont le projet est ci-annexé. Il déclare, en outre, en tant que les arrangements ci-dessus mentionnés se réfèrent à des questions d'administration intérieure de l'Egypte dont le règlement lui appartient en vertu des firmans de Sa Majesté Impériale le Sultan, adhérer à ces arrangements et s'engage, en ce qui le concerne, à les exécuter.

§ 7. — COMMISSION INTERNATIONALE CHARGÉE DE PRÉPARER L'ACTE CONVENTIONNEL DESTINÉ A GARANTIR LE LIBRE USAGE DU CANAL (1885)

La Commission internationale constituée en conformité de la Déclaration de Londres du 21 mars 1885 se réunit le 30 du même mois au ministère des Affaires Étrangères, à Paris.

Elle comprenait, indépendamment des délégués des Puissances signataires de la Déclaration de Londres (*Allemagne, Autriche-Hongrie, France, Grande-Bretagne, Italie, Russie et Turquie*), et d'un délégué de l'Égypte (ce dernier ayant seulement voix consultative), des délégués de l'Espagne et des Pays-Bas. Chaque Puissance était représentée par deux délégués, sauf l'Autriche-Hongrie et la Russie, qui, chacune n'en avaient qu'un seul[1].

M. Jules Ferry, Président du Conseil, Ministre des Affaires Étrangères, inaugura les travaux de la Commission et souhaita la bienvenue, au nom de la France, aux délégués des Puissances, par l'allocution suivante :

C'est un grand honneur pour moi et une satisfaction profonde de saluer ici, au nom de la France, les délégués des Puissances européennes, en inaugurant les travaux de cette assemblée, où tant de talents sont réunis, et à laquelle s'attachent de si hautes et si légitimes espérances. Vous n'êtes pas, en effet, Messieurs les délégués, une Commission purement technique, appelée à résoudre, avec la compétence spéciale qui vous appartient, des questions d'ordre secondaire ; le mandat qui vous a été donné est plus élevé et plus étendu; il vous met en face d'un des problèmes fondamentaux de la politique générale ; vous êtes appelés à ajouter une pierre de plus à l'édifice nouveau que l'Europe pacifique et prévoyante s'efforce de construire pour mettre

---

1. Les deux délégués de la Grande-Bretagne étaient :
Sir Julian Pauncefote, Sous-Secrétaire d'Etat permanent au Foreign-Office ;
Sir Charles Rivers Wilson, Contrôleur général de l'Office de la Dette nationale ;
Les deux délégués de la France :
M. Billot, Conseiller d'Etat, Ministre plénipotentiaire, Directeur des Affaires politiques au Ministère des Affaires Étrangères ;
M. Camille Barrère, Ministre plénipotentiaire, chargé de l'Agence et Consulat général de France en Egypte.

à l'abri des compétitions violentes et stériles dont l'histoire du passé est pleine, et assujettir à des règles précises et juridiques ce mouvement universel et en quelque sorte irrésistible d'expansion coloniale qui emporte à cette heure l'activité de toutes les nations.

Ces grandes vues d'avenir pacifique et de civilisation, qui se sont déroulées avec tant d'ampleur devant la Conférence de Berlin, sont aussi celles qui vous inspireront dans le champ plus restreint, plus pratique et peut-être plus brûlant qui s'offre aujourd'hui à vos réflexions.

Le Canal de Suez fut une conception de génie, mais ni le Français, illustre entre tous, dont elle fait la gloire, ni la France, qui eut, la première, foi dans l'entreprise et l'a vraiment fondée par le concours de ses épargnes, n'en ont jamais perdu de vue le caractère essentiellement universel, européen, humanitaire. C'est pour affirmer d'une manière claire et définitive ce caractère d'internationalité que le Gouvernement de la République Française, d'accord avec les grandes Puissances et avec la Puissance souveraine, a convoqué cette réunion. Des programmes ont été préparés et vous seront soumis; mais, vous le savez, la liberté d'études et de propositions ici est absolue; la libre recherche est la première condition de tout échange de vues dans un sujet qui se rattache à tant et de si grands intérêts, qui met en présence des droits anciens et des idées neuves, qui touche aux devoirs des belligérants comme aux droits des neutres, qui intéresse à un haut degré la Puissance territoriale et qui doit concilier, dans une mesure juridique, qui reste à déterminer, la neutralité et la liberté du passage. La France, qui défend avant tout, dans les questions égyptiennes, l'action bienfaisante de la solidarité internationale, salue en vous, avec confiance, Messieurs, les ouvriers d'une grande œuvre.

Le premier délégué anglais SIR JULIAN PAUNCEFOTE, après avoir, au nom de ses collègues, remercié le Président du Conseil des paroles qu'il avait prononcées et de l'accueil bienveillant qu'il avait fait aux délégués, lui assura que ses collègues et lui feraient tous leurs efforts pour mener à bonne fin la tâche qui leur était imposée, tâche éminemment pacifique et civilisatrice; ils étaient heureux — dit-il, — de se réunir pour ce travail dans la capitale de la France : c'était un hommage que les Puissances avaient sans doute voulu rendre au génie français, qui serait toujours associé dans l'histoire à la grande création du Canal de Suez.

Le Président du Conseil s'étant retiré, sur la proposition

de SIR JULIAN PAUNCEFOTE, appuyée par tous les délégués, la présidence de la Commission fut confiée au premier délégué français, M. BILLOT.

LE PRÉSIDENT, après avoir remercié ses collègues, exposa comme suit le programme que lui semblait comporter la tâche de la Commission.

L'objet de nos délibérations — dit-il — a été rappelé tout à l'heure par M. le Président du Conseil, mais on doit se reporter à la déclaration signée à Londres le 17 de ce mois pour trouver la formule précise de notre mandat. Il s'agit pour nous « de préparer et de rédiger, en « prenant pour base la circulaire du Gouvernement anglais du 3 jan- « vier 1883, un Acte conventionnel consacrant l'établissement d'un ré- « gime définitif destiné à garantir en tout temps et à toutes les Puis- « sances le libre usage du Canal de Suez ».

La déclaration de Londres porte, en outre, que « le projet rédigé par la Commission sera soumis aux Puissances ».

Nos conclusions n'auront donc pas un caractère définitif et n'engageront pas nos Gouvernements. Nous n'en avons que plus de latitude pour examiner librement toutes les questions juridiques, maritimes, commerciales et politiques qui se rattachent par un lien étroit au problème si complexe de la liberté du Canal de Suez. Nous n'en sommes que mieux placés pour combiner les éléments d'une solution complète et pour aviser, sans porter atteinte aux droits acquis, aux moyens pratiques de maintenir toujours ouverte la voie internationale que le monde doit au persévérant génie de M. Ferdinand de Lesseps et à la Compagnie de Suez.

Pour faciliter le travail de la Commission, le Gouvernement français a fait préparer un projet d'arrangement qui va vous êtes distribué et pourra, si vous le voulez, servir de base à nos études. Ce n'est pas un cadre fixe dans lequel on prétende circonscrire ses délibérations. Dans les négociations de Londres, il a été bien entendu qu'en acceptant pour programme la circulaire anglaise du 3 janvier 1883, les Puissances se réservaient le droit de formuler d'autres propositions. C'est donc simplement un thème proposé à vos méditations, par lequel le Gouvernement français n'entend pas se lier lui-même et qui n'exclut ni les amendements ni les contre-propositions.

Peut-être serait-il difficile d'en aborder l'examen en réunion plénière. Nous proposons de renvoyer ce projet à une sous-commission composée d'un délégué de chacune des Puissances signataires de la déclaration de Londres et qui aurait pour mandat de préparer la rédaction d'un projet définitif sur lequel nous statuerions en séance plénière.

Le Président terminait son exposé en appelant la Commission à se prononcer sur les diverses propositions qu'il venait de lui soumettre.

Le premier délégué d'Angleterre crut devoir relever, dans l'exposé du Président, le passage concernant la compétence de la Commission. Il annonça que le Gouvernement britannique avait donné pour instructions à ses délégués de rester dans les limites tracées par la circulaire du 3 janvier 1883, en sorte qu'il ne pourrait, quant à lui, discuter des questions nouvelles non prévues dans cette circulaire.

Le Président répondit que le Gouvernement français était d'accord avec celui de Sa Majesté Britannique pour prendre ladite circulaire comme base des travaux de la Commission. Il rappela toutefois que, d'après une dépêche de l'Ambassadeur de France figurant au dernier *livre jaune*, Lord Granville avait lui-même demandé à l'Ambassadeur d'ajouter aux stipulations prévues en1883 une clause relative au ravitaillement des navires de guerre dans toute l'étendue du Canal de Suez; que, se prévalant de ce désir, l'Ambassadeur avait demandé, et qu'il avait été admis par Lord Granville que les Puissances auraient la faculté, aussi bien que l'Angleterre, de formuler d'autres propositions. Le Président estimait donc que les délégués étaient autorisés à formuler des propositions, à la condition qu'elles se rattachassent aux dispositions insérées dans la circulaire anglaise de 1883 et qu'elles eussent pour objet de les expliquer ou de les compléter.

Sir Julian Pauncefote fit alors observer qu'aussitôt après la publication du *livre jaune* Lord Granville avait adressé une note à l'Ambassadeur de France afin d'éviter les fausses interprétations qui pourraient résulter des termes de la dépêche à laquelle il venait d'être fait allusion. Il espérait, d'ailleurs, après les explications fournies par le Président, qu'il ne se produirait pas de divergence à cet égard entre les délégués.

Le deuxième délégué français ajouta que, si l'on n'accordait pas une certaine latitude à la Commission pour ses études et ses délibérations, il serait difficile aux délégués d'arriver à un résultat satisfaisant et qu'il eût été inutile de les convoquer.

Cet échange d'idées ayant rencontré l'approbation générale, les délégués de France présentèrent à la Commission un projet de Convention préparé par leur Gouvernement; en même temps, le premier délégué d'Angleterre déposa également un projet rédigé au Foreign-Office et basé sur les termes de la circulaire de Lord Granville.

Puis, sur la proposition du Président, la Commission désigna ceux de ses membres devant former la Sous-Commission[1].

La présidence de la Sous-Commission, sur la proposition du premier délégué de la Grande-Bretagne, fut déférée au délégué de la France, M. Barrère.

Les deux projets de Convention déposés respectivement par les délégués de France et par le premier délégué d'Angleterre et qui se trouvaient renvoyés à l'examen de la Sous-Commission étaient libellés comme suit :

Projet français

Article premier. — Les Hautes Parties contractantes s'engagent à ne porter aucune atteinte à la liberté du passage par le Canal de Suez, en

1. La Sous-Commission, qui devait être composée « d'un délégué de chacune des Puissances signataires de la Déclaration de Paris », comprenait donc sept membres qui avaient été désignés comme suit :

Pour l'Allemagne, la Grande-Bretagne et l'Italie, le premier Délégué de chacune de ces Puissances;

Pour la France et la Turquie, le deuxième Délégué ;

Pour l'Autriche-Hongrie et la Russie, le Délégué unique.

La Commission avait d'ailleurs décidé, sur la proposition du deuxième Délégué de France, que le Délégué de l'Egypte assisterait aux séances de la Sous-Commission avec voix consultative.

Nonobstant la composition restreinte de la Sous-Commission, telle qu'elle avait été établie par la Commission plénière, presque tous les membres de la Commission ont pris plus ou moins part à la majeure partie de ses délibérations.

temps de guerre comme en temps de paix, et à faire ce qui dépendra d'elles pour en assurer le respect.

La même garantie s'étend au canal d'eau douce, qui devra être préservé de toute tentative d'obstruction.

ART. 2. — Les Hautes Parties contractantes s'engagent à n'élever aucune fortification sur le Canal ou dans son voisinage, à n'occuper militairement aucun point en commandant l'accès, à ne rechercher aucun avantage territorial ou commercial, aucun privilège dans les arrangements qui pourront intervenir au sujet du Canal de Suez.

ART. 3. — Les Hautes Parties contractantes ne maintiendront dans les eaux du canal aucun vaisseau de guerre. Elles pourront seulement faire stationner aux embouchures des bâtiments légers sans pavillon de guerre, dont le nombre ne devra pas excéder deux pour chaque Puissance.

Il est d'ailleurs entendu que cette disposition ne fera pas obstacle au transit des bâtiments de guerre, transit qui s'effectuera comme celui de tous autres navires, conformément aux règlements en vigueur pour la navigation du Canal.

ART. 4. — Une Commission composée de délégués des Puissances signataires de la déclaration de Londres du 17 mars 1885, assistés des commandants des stationnaires de ces mêmes Puissances, auxquels se réuniront un délégué du Gouvernement ottoman et un délégué du Gouvernement égyptien, sera chargée du service de la protection du Canal ; elle s'entendra avec la Compagnie de Suez pour assurer l'observation des règlements de navigation et de police ; elle surveillera d'une manière générale l'application des clauses du présent Traité et saisira les Puissances des propositions qu'elle jugera propres à en assurer l'exécution.

ART. 5. — En temps de guerre, le Canal restera ouvert aux navires de guerre des belligérants. Les Hautes Parties contractantes s'engagent à n'exercer aucun acte d'hostilité dans le Canal et dans les eaux territoriales d'Egypte, alors même que la Porte serait une des Puissances belligérantes. Les bâtiments de guerre des belligérants ne pourront y prendre ou y débarquer ni troupes, ni munitions; ils devront d'ailleurs se conformer à toutes les prescriptions édictées par la Commission internationale.

ART. 6. — Les prescriptions des articles 3 et 5 ne feront pas obstacle aux dispositions que le Gouvernement égyptien, dans la limite des droits concédés par Sa Majesté Impériale le Sultan, jugera nécessaires pour assurer la défense du pays et faire respecter les dispositions du présent Traité. Dans le cas où le Gouvernement égyptien ne disposerait pas de moyens suffisants, il devra réclamer l'assistance de la Sublime Porte et des Puissances signataires de la déclaration de Londres du 17 mars 1885.

Les Hautes Parties contractantes devront se concerter immédiatement pour arrêter d'un commun accord les mesures à prendre en vue de répondre à son appel.

Art. 7. — Toute Puissance dont les navires de guerre causeront un dommage quelconque au Canal sera tenue de supporter les frais de la réparation immédiate de ce dommage.

Art. 8. — Il n'est porté aucune atteinte aux droits souverains de Sa Majesté Impériale le Sultan et aux droits territoriaux de Son Altesse le Khédive en dehors des obligations qui résultent expressément des clauses du présent Traité.

Art. 9. — Les Hautes Parties contractantes s'engagent à porter la présente Convention à la connaissance des Etats qui ne l'ont pas signée en les invitant à y accéder ; le protocole est, à cet effet, laissé ouvert.

Projet anglais

I. — Le Canal maritime de Suez sera libre et ouvert à toujours, en temps de guerre ainsi qu'en temps de paix, comme passage neutre, à tout navire, soit de commerce ou de guerre, traversant d'une mer à l'autre, sans aucune distinction de pavillon, moyennant le payement des droits et l'exécution des règlements en vigueur.

Par conséquent, le Canal ne sera jamais assujetti à l'exercice du droit belligérant de blocus, et sa traversée d'une mer à l'autre, comme passage neutre, ne sera jamais entravée, quelles que soient les circonstances.

II. — Il est interdit de débarquer des troupes ou des munitions de guerre dans le Canal.

III. — Il est interdit aux navires de guerre d'une Puissance belligérante de se livrer à aucun acte d'hostilité dans le Canal, d'y faire entrer leurs prises ou d'y séjourner plus de vingt-quatre heures, hors le cas de relâche forcée. En pareil cas, le navire sera tenu de quitter le plus tôt possible.

Les approches du Canal, les ports qui en dépendent, ainsi que les eaux territoriales de l'Egypte, seront également à l'abri de tout fait de guerre.

IV. — Est absolument interdit l'équipement des navires de guerre d'une Puissance belligérante dans le Canal et les ports en dépendant.

Sont également interdits leur ravitaillement et approvisionnement, sauf dans la limite de leurs besoins nécessaires pour gagner le port le plus voisin.

V. — Les dispositions des articles II, III et IV n'auront aucune application aux opérations de guerre ou mesures de répression que nécessiteraient la défense de l'Egypte ou le maintien de l'ordre public.

VI. — Aucune fortification ne sera élevée à une distance moindre de... kilomètres du bord du Canal.

VII. – Les frais de réparation de tous dégâts faits ou occasionnés au Canal par un navire de guerre seront à la charge du Gouvernement dont il ressort et seront remboursés dans le plus court délai.

VIII. — Son Altesse le Khédive d'Egypte prendra toutes les mesures nécessaires, dans la limite de ses ressources, pour faire observer, s'il y a lieu, les conditions imposées par le présent Acte aux navires de guerre faisant usage du Canal.

IX. — Le présent Acte ne portera aucune atteinte aux droits de Son Altesse le Khédive en dehors des dispositions spéciales précitées ci-dessus.

X. — Les Puissances signataires s'engagent à porter le présent Acte à la connaissance des autres Puissances et s'emploieront à obtenir leur accession.

La Sous-Commission consacra 16 séances, du 30 mars au 19 mai 1885, à élaborer le projet de Convention qui devait être soumis, en vue du texte définitif à adopter, à l'examen de la Commission plénière.

La Commission plénière consacra, à son tour, 5 séances, du 4 au 13 juin, à l'étude du texte définitif de la Convention.

Elle était parvenue à arrêter d'un commun accord presque toutes les dispositions de l'Acte à rédiger. Quelques divergences seulement persistaient encore au sujet de la rédaction de certains articles pour lesquels un nouveau texte, combiné par l'Angletere et l'Italie, était proposé en remplacement du texte adopté par les autres Puissances[1].

En déposant un nouveau texte complet de Convention, tel qu'il le proposait, pour être annexé, en même temps que le texte de la majorité de la Commission, au procès-verbal de la délibératon, le premier Délégué de la Grande-Bretagne, Sir Julian Pauncefote, accompagna ce dépôt de la déclaration suivante :

---

1. Des notes, placées à la suite du texte de la Convention tel qu'il a été finalement adopté par toutes les Puissances ayant eu des représentants à la Commission internationale, et qui se trouve ci-après, font connaître en détail les différences de rédaction qui existaient entre les deux textes en présence.

Il désirait — dit-il — rappeler à l'attention de ses collègues le fait signalé par M. Barrère, vers la fin de son rapport (rapport du Président de la Sous-Commission rendant compte de ses travaux), que la Sous-Commission s'était interdit d'examiner dans quelle mesure le Traité qu'elle préparait était compatible avec l'état transitoire et exceptionnel où se trouvait actuellement l'Egypte. Aussi, les délégués de la Grande-Bretagne, en présentant ce texte de Traité comme *le régime définitif destiné à garantir le libre usage du canal de Suez*, pensaient-ils qu'il était de leur devoir de formuler une réserve générale quant à l'application de ses dispositions, en tant qu'elles ne seraient pas compatibles avec cette situation et qu'elles pourraient entraver la liberté d'action de leur Gouvernement pendant la période de l'occupation de l'Egypte par les forces de Sa Majesté Britannique.

Malgré les divergences existantes sur le texte de certains articles du projet de Convention préparé par elle, la Commission espérait que ces divergences finiraient par disparaître à la suite de négociations directes entre les deux Gouvernements anglais et français. Malheureusement, une crise ministérielle qui survint alors à Londres[1] obligea la Commission à suspendre ses travaux avant d'avoir pu parachever sa tâche. Cette tâche se trouvait pourtant assez avancée pour que le premier délégué de la Grande-Bretagne Sir Julian Pauncefote, crut pouvoir, dans la séance de clôture de la Commission, s'adressant à ses collègues, s'exprimer ainsi :

Si l'édifice que nous avons construit reste incomplet, il repose, dans tous les cas, sur des fondations solides et nous nous sommes rapprochés de l'objet en vue beaucoup plus que je n'avais osé l'espérer. La partie la moins agréable de nos discussions a été dévolue à mon collègue anglais et à moi, car nous nous sommes souvent trouvés en opposition avec la majorité de la Commission, et nous désirons vous remercier de la bonté et de la courtoisie avec lesquelles vous avez traité ces divergences d'opinion. Tous, et chacun de nous, avons fait notre devoir avec fermeté et modération, et nous nous séparerons, j'en suis sûr, avec des sentiments d'amitié et d'estime réciproque. Il ne me reste, Messieurs, qu'à vous prier de vous joindre à moi pour exprimer l'espoir que les grands hommes d'Etat qui examineront nos travaux, apprécie-

1. Retraite du Cabinet Gladstone.

ront nos efforts et trouveront le moyen, dans leur sagesse, d'aplanir toute difficulté et de signer un traité international assurant pour toujours la libre navigation du Canal de Suez. Ce sera le plus noble couronnement de l'œuvre de l'illustre français, M. de Lesseps, qui a si bien mérité de sa patrie et de toutes les nations civilisées.

§ 8. — NÉGOCIATIONS FINALES ENTRE LA FRANCE ET L'ANGLETERRE. CONVENTION ANGLO-FRANÇAISE. — ADHÉSION DES AUTRES PUISSANCES (1886-1887)

La Commission internationale de 1885 — ainsi qu'il est relaté ci-dessus — avait dû clore ses travaux sans avoir pu se mettre unanimement d'accord sur tous les articles de la Convention qui devait être proposée à l'acceptation des Puissances intéressées et sans avoir vu se réaliser l'espoir qu'elle avait conçu d'une entente entre les deux Gouvernements français et anglais pour faire disparaître les divergences.

Dès le commencement de 1886, par dépêche du 4 janvier, le Ministre des Affaires Étrangères de France [1] informa l'Ambassadeur de la République, à Londres, qu'il avait consulté officieusement divers Cabinets sur le mode qui semblerait le meilleur pour arriver à un accord sur les points restés en suspens dans le projet de Convention, et que l'opinion dominante avait paru être qu'il conviendrait que la France et l'Angleterre, comme étant les Puissances les plus intéressées, se concertassent tout d'abord sur les termes d'une formule. Le Ministre estimait que cette formule, une fois ainsi arrêtée de concert entre les deux Puissances, serait adoptée par les autres États représentés à la Commission de 1885. Il annonçait en conséquence à l'Ambassadeur l'envoi prochain d'une rédaction qui lui semblerait acceptable par l'Angleterre et qu'il aurait à soumettre officieusement au

1. Le Ministre des Affaires Étrangères de France était alors M. de Freycinet, Président du Conseil.

Ministre des Affaires Étrangères de la Grande-Bretagne pour avoir ses observations, en même temps que son avis sur la marche que le Gouvernement français se proposait de suivre.

Le Ministre des Affaires Étrangères de la Grande-Bretagne répondit à la communication de l'Ambassadeur lui faisant connaître le désir du Gouvernement français de reprendre les négociations relatives au Canal, que, si les négociations devaient être reprises, il n'aurait rien à objecter au mode de procédure proposé ; mais, jugeant le moment inopportun pour de pareilles négociations, il demanda que l'examen de la question fût ajourné [1].

Les négociations ne furent sérieusement reprises qu'en mars 1886.

Après un premier échange de vues entre les deux Gouvernements, le Ministre des Affaires Étrangères de la Grande-Bretagne remit à l'Ambassadeur de France, à Londres, le 4 mai 1887, un mémorandum énumérant, comme l'indique la traduction ci-dessous, les vues du Gouvernement anglais relativement au Canal de Suez [2].

Projet de Convention

Le Canal sera toujours libre et ouvert, en temps de paix ou en temps de guerre, aux bâtiments de guerre et aux navires de commerce passant d'une mer à l'autre, sans distinction de pavillon, sur le paiement

---

1. Le Ministre des Affaires Étrangères de la Grande-Bretagne était alors lord Salisbury. Le mois suivant (février 1886), le Ministère anglais était changé, et Lord Rosebery succédait à Lord Salisbury. Enfin, en juillet 1886, lord Salisbury redevenait Ministre des Affaires Étrangères, et ce fut d'un commun accord entre lui et le Ministre des Affaires Étrangères de France, alors M. Flourens, après de nombreuses négociations, que fut enfin arrêtée par les deux Gouvernements, en octobre 1887, la rédaction transactionnelle de la Convention dite anglo-française, à laquelle, une année plus tard, toutes les Puissances représentées à la Commission de 1885 donnèrent leur adhésion.

2. Ainsi que le mentionne déjà la note précédente, le Ministre des Affaires Étrangères de la Grande-Bretagne était alors Lord Salisbury. En France. M. Flourens avait succédé à M. de Freycinet au Ministère des Affaires Étrangères, et c'était lui qui, depuis le 5 mars, continuait avec les mêmes instances, les négociations commencées et poursuivies jusque-là avec une grande persistance par son prédécesseur.

des droits et conformément aux règlements actuellement en vigueur ou qui pourront être établis par l'autorité reconnue compétente ; les Hautes Parties contractantes s'engagent à ne pas gêner le libre passage du Canal, soit en temps de paix, soit en temps de guerre, ainsi qu'à respecter la propriété et les établissements y appartenant.

Le Canal ne sera jamais soumis aux droits de blocus de la part des belligérants; aucun droit de guerre ni acte d'hostilité ne sera exercé dans le Canal même ni dans un rayon de 3 milles marins autour des ports de Suez et de Port-Saïd.

Les représentants en Egypte des Puissances signataires, en même temps qu'un représentant du Gouvernement égyptien, veilleront à l'exécution de cet engagement s'il survenait des circonstances de nature à menacer la sécurité de la liberté du passage du Canal.

Ils se réuniront sur la convocation de leur Président, pour vérifier et constater les circonstances du danger et en aviseront le Gouvernement égyptien afin qu'il puisse prendre les mesures nécessaires pour assurer la protection et le libre passage du Canal. Ils se réuniront, en tout cas, une fois par an pour constater que la Convention a été exactement observée. Cette Convention ne sera opposable à aucune mesure qui serait nécessaire pour la défense de l'Egypte et la sécurité du Canal.

Enfin, à la suite de nouvelles négociations, qui furent marquées par des concessions mutuelles, les deux Gouvernements étant parvenus à se mettre à peu près complètement d'accord, le Ministre des Affaires Étrangères de la Grande-Bretagne, par dépêche du 21 octobre 1887, adressa à son ambassadeur à Paris, pour être remis au Ministre des Affaires Étrangères de France, en même temps qu'une copie de la dépêche elle-même constatant l'accord entre les deux Gouvernements, un projet définitif de Convention qui, à la vérité, présentait encore sur certains points quelques divergences avec les vues françaises, mais au sujet desquelles le Ministre espérait que le Gouvernement serait disposé à ne pas insister. La dépêche du Ministre accompagnant l'envoi du projet de Convention se terminait par la déclaration suivante :

Le Ministre déclarait de son devoir — disait-il — en présentant ses propositions au Gouvernement français, de répéter les termes d'une réserve faite, sans opposition d'aucun côté, par Sir Julian Pauncefote à la clôture des séances de la Commission de 1885, réserve qui était ainsi conçue :

« Les délégués de la Grande-Bretagne, en présentant ce texte de « Traité comme le régime définitif destiné à garantir le libre usage du « Canal de Suez, pensent qu'il est de leur devoir de formuler une « réserve générale, quant à l'application de ces dispositions en tant « qu'elles ne seraient pas compatibles avec l'état transitoire et excep- « tionnel où se trouve actuellement l'Egypte et qu'elles pourraient « entraver la liberté d'action de leur Gouvernement pendant la période « de l'occupation de l'Egypte par les forces de Sa Majesté Britannique. »

Le Gouvernement français ayant accepté la nouvelle rédaction proposée, la Convention dite anglo-française — basée, en définitive, sur le travail de la Commission internationale de 1885 — fut signée le 24 octobre 1887.

Le texte de la Convention, accompagné d'une copie de la lettre d'envoi du Ministre des Affaires Étrangères de la Grande-Bretagne à son ambassadeur, à Paris, constatant l'accord des deux Gouvernements, fut alors, par dépêche des 10 et 12 novembre 1887, portée par le Gouvernement français (en même temps qu'une communication semblable était faite par le Gouvernement anglais), d'abord à la connaissance de la Sublime Porte, puis à celle des autres Puissances représentées à la Commission de 1885, pour avoir leur adhésion.

Le Cabinet néerlandais, à la suite de la communication dont il vient d'être parlé, interrogea le Gouvernement français, par l'intermédiaire du Ministre de France à La Haye, sur le point de savoir « si la réserve formulée par le premier délégué anglais à la clôture des séances de la Commission de 1885 et reproduite par le Ministre des Affaires Étrangères de la Grande-Bretagne à la fin de sa lettre constatant l'accord des deux Gouvernements français et anglais, devait être considérée comme applicable aussi au projet de Convention soumis à l'adhésion des Puissances intéressées; et, dans ce cas, quels seraient, aussi longtemps que cette réserve demeurerait opérative, les droits et les obligations des Puissances qui signeraient la Convention. »

En réponse, le Ministre des Affaires Étrangères adressa, le 20 novembre 1887, au Ministre de France à La Haye, avec invitation d'en faire l'objet d'une communication dans les mêmes termes au Gouvernement néerlandais, la dépêche suivante :

Avant de répondre à votre lettre du 18 novembre, j'ai tenu à soumettre à lord Salisbury les termes de la réponse que je comptais faire à la question du Gouvernement néerlandais. Lord Salisbury n'a pas d'objections à formuler contre la rédaction suivante que je lui ai proposée :

« Le Gouvernement britannique ayant jugé opportun, sans rencontrer d'objections du Gouvernement français, de renouveler dans la lettre adressée par Lord Salisbury à M. Egerton (l'ambassadeur anglais à Paris), le 21 octobre dernier, les réserves générales exprimées à la clôture de la Commission de 1885 par Sir Julian Pauncefote, ces réserves s'appliquent au projet de Convention actuel. Il en résulte que les dispositions de cette Convention, qui fixe le *régime définitif destiné à garantir le libre usage du Canal de Suez*, ne sont actuellement applicables qu'en tant qu'elles sont compatibles avec l'état où se trouve l'Egypte, état qui est qualifié de *transitoire* et d'*exceptionnel*. Les dispositions de la présente Convention ne sauraient donc entraver la liberté d'action du Gouvernement britannique pendant la période de l'occupation. En ne faisant pas d'objection à cette énonciation, le Gouvernement de la République entend que, conformément au principe qui reconnaît l'égalité des Puissances dans leurs droits et leurs obligations relativement au Canal de Suez, toutes sont naturellement appelées à bénéficier des réserves faites, aussi longtemps que les circonstances les rendront effectives [1]. »

---

1. Les réserves générales formulées le 21 octobre 1887, par le Gouvernement anglais au sujet de l'application de la Convention (réserves acceptées par le Gouvernement français, ainsi que le montre la lettre reproduite ci-dessus) ont donné lieu ultérieurement, de la part du Cabinet anglais, quant à la portée et aux conséquences de ces réserves, à des déclarations qui semblent s'être produites pour la première fois dans les circonstances suivantes :

A la séance de la Chambre des Communes du 1er juillet 1898 — l'Espagne et les Etats-Unis étant alors à l'état de belligérents — un membre de la Chambre demanda au Sous-Secrétaire d'Etat des Affaires Étrangères, M. Curzon, si, vu l'article IV de la Convention du Canal de Suez qui stipule que les bâtiments de guerre appartenant aux belligérants ne doivent pas, sauf dans les cas de détresse, rester à Port-Saïd plus de vingt-quatre heures, le fait, par un des combattants (l'Espagne), de maintenir ses bâtiments de guerre dans ce port pendant une période de trois ou quatre jours n'était pas une infraction aux règles établies par la Convention? Si, vu également l'obligation imposée à ces bâtiments d'effectuer leur transit par le Canal dans le plus bref délai possible et

La Convention anglo-française fut finalement adoptée par toutes les Puissances représentées à la Commission internationale de 1885 et signée à Constantinople le 29 octobre 1888 par les Représentants de ces Puissances. Les ratifications furent ensuite échangées dans la même ville, le 22 décembre suivant [1].

---

sans autre arrêt que celui que le service du Canal peut demander, le séjour prolongé signalé ci-dessus n'était pas en même temps une contravention à la loi et aux règles gouvernant le Canal? Si, enfin, c'était le Gouvernement égyptien ou le Gouvernement britannique qui étaient responsables d'avoir permis cette infraction à la neutralité? M. Curzon répondit que les clauses de la Convention du Canal de Suez auxquelles se référaient les questions posées n'avaient jamais été mises en application; que la question de la durée du séjour des navires étrangers à Port-Saïd était une question à décider premièrement par le Gouvernement égyptien et qu'il y avait eu sans doute de bonnes raisons pour justifier la manière de faire qui avait été adoptée. Interrogé alors sur la nature de ces raisons, M. Curzon répondit que, n'étant pas dans les Conseils immédiats du Gouvernement égyptien, il ne pouvait produire l'information qui lui était demandée. Enfin, la question lui ayant été posée de savoir si, par sa déclaration précédente, il avait bien dit que « la Convention de 1888 n'était pas en application effective », M. Curzon répondit par l'affirmative.

Des déclarations semblables furent renouvelées dans la séance de la Chambre des Communes du 12 juillet. Un membre ayant demandé au Sous-Secrétaire d'Etat des Affaires Etrangères si la Convention de 1888 existait encore et était encore en vigueur; sinon, s'il pouvait dire quand et dans quelles circonstances cette Convention avait cessé d'exister ou d'opérer, le Sous-Secrétaire d'Etat répondit que la Convention existait certainement, mais qu'elle n'avait pas été appliquée, et ce, par suite des réserves formulées au nom du Gouvernement anglais par ses délégués à la Commission de 1885, renouvelées ensuite par Lord Salisbury et communiquées aux Puissances en 1887. Le même membre ayant alors demandé si les réserves de 1887 l'emportaient sur la Convention de 1888, M. Curzon répondit qu'il n'entendait exprimer aucune opinion sur l'expression « l'emporter sur », mais déclara, néanmoins, que c'était sans aucun doute auxdites réserves qu'était dû le fait que « les termes de la Convention n'ont pas été appliqués ».

1. Le journal *le Canal de Suez*, en publiant les dépêches de Constantinople qui annonçaient : d'une part, l'autorisation donnée par le Sultan à la Porte, de signer, sans réserve, la Convention anglo-française; d'autre part, la signature de cette Convention, sans incident ni observations d'aucune sorte, par les Représentants de toutes les Puissances intéressées, accompagna cette publication des réflexions suivantes :

« La reconnaissance, par les Puissances, de la neutralité du Canal, inscrite dans l'Acte de concession du Vice-Roi Saïd-Pacha à M. Ferd. de Lesseps, et maintenue pendant les periodes des conflits internationaux qui se sont succédé depuis l'ouverture de la voie maritime, est aujourd'hui un fait accompli.

« Par l'instrument diplomatique qui vient d'être signé, les Puissances proclament, en outre, l'inviolabilité absolue de la propriété des actionnaires du Canal, en tout temps, ainsi que la liberté permanente de la navigation dans le Canal. »

Ainsi se trouva enfin établi, par un accord des principales Puissances maritimes de l'Europe, *le régime définitif destiné à garantir le libre usage du Canal de Suez.*

Ci-après, le texte de la Convention, suivi de notes faisant connaître succinctement les principales discussions qui ont précédé l'adoption du texte définitif.

II. — Texte de la Convention internationale garantissant le libre usage du Canal maritime de Suez

CONVENTION SIGNÉE A CONSTANTINOPLE LE 29 OCTOBRE 1888

RATIFICATIONS ÉCHANGÉES, ÉGALEMENT A CONSTANTINOPLE, LE 22 DÉCEMBRE SUIVANT

S. M. la Reine du Royaume-Uni de la Grande-Bretagne et d'Irlande, Impératrice des Indes; S. M. l'Empereur d'Allemagne, Roi de Prusse; S. M. l'Empereur d'Autriche, Roi de Bohême, etc, et Roi Apostolique de Hongrie; S. M. le Roi d'Espagne et, en son nom, la Reine régente du Royaume; le Président de la République française; S. M. le roi d'Italie; S. M. le Roi des Pays-Bas, Grand-Duc de Luxembourg, etc; S. M. l'Empereur de toutes les Russies et S. M. l'Empereur des Ottomans,

Voulant consacrer, par un Acte Conventionnel, l'établissement d'un régime définitif destiné à garantir, en tout temps et à toutes les Puissances, le libre usage du Canal de Suez et compléter ainsi le régime sous lequel la navigation par ce Canal a été placée par le firman de S. M. Impériale le Sultan en date du 22 février 1866 (2 *Zilkadé* 1282) *sanctionnant les concessions de S. A. le Khédive, ont nommé pour leurs plénipotentiaires, savoir :*

. . . .

Lesquels s'étant communiqué leurs pleins pouvoirs respectifs, trouvés en bonne et due forme, sont convenus des articles suivants :

GARANTISSANT LE LIBRE USAGE DU CANAL

ARTICLE PREMIER

Le Canal maritime de Suez sera toujours libre et ouvert, en temps de guerre comme en temps de paix, à tout navire de commerce ou de guerre, sans distinction de pavillon.

En conséquence, les Hautes Parties contractantes conviennent de ne porter aucune atteinte au libre usage du Canal en temps de guerre comme en temps de paix.

Le Canal ne sera jamais assujetti à l'exercice du droit de blocus.

ART. II

Les Hautes Parties contractantes, reconnaissant que le Canal d'eau douce est indispensable au Canal maritime, prennent acte des engagements de S. A. le Khédive envers la Compagnie Universelle du Canal de Suez en ce qui concerne le Canal d'eau douce, engagements stipulés dans une Convention en date du 18 mars 1863 contenant un exposé en quatre articles.

Elles s'engagent à ne porter aucune atteinte à la sécurité de ce Canal et de ses dérivations dont le fonctionnement ne pourra être l'objet d'aucune tentative d'obstruction.

ART. III

Les Hautes Parties contractantes s'engagent de même à respecter le matériel, les établissements, constructions et travaux du Canal maritime et du Canal d'eau douce.

ART. IV.

Le Canal maritime restant ouvert en temps de guerre, comme passage libre, même aux navires de guerre des belligérants, aux termes de l'article I du présent Traité, les Hautes Parties contractantes conviennent qu'aucun droit de guerre, aucun acte d'hostilité ou aucun acte ayant pour but d'entraver la libre navigation du Canal ne pourra être exercé dans le Canal et ses ports d'accès, ainsi que dans un rayon de 3 milles marins de ces ports, alors même que l'Empire ottoman serait une des Puissances belligérantes.

Les bâtiments de guerre des belligérants ne pourront, dans le Canal et dans ses ports d'accès, se ravitailler ou s'approvisionner que dans la limite strictement nécessaire. Le transit desdits bâtiments par le Canal s'effectuera dans le plus bref délai d'après les Règlements en vigueur et sans autre arrêt que celui qui résulterait des nécessités du service.

Leur séjour à Port-Saïd et dans la rade de Suez ne pourra dépasser vingt-quatre heures, sauf le cas de relâche forcée. En pareil cas, ils seront tenus de partir le plus tôt possible. Un intervalle de vingt-quatre heures devra toujours s'écouler entre la sortie d'un port d'accès d'un navire belligérant et le départ d'un navire appartenant à la Puissance ennemie.

ART. V

En temps de guerre, les Puissances belligérantes ne débarqueront et ne prendront dans le Canal et ses ports d'accès, ni troupes, ni munitions, ni matériel de guerre. Mais, dans le cas d'un empêchement accidentel dans le Canal, on pourra embarquer ou débarquer, dans les ports d'accès, des troupes fractionnées par groupes n'excédant pas 1.000 hommes avec le matériel de guerre correspondant.

ART. VI

Les prises seront soumises sous tous les rapports au même régime que les navires de guerre des belligérants.

ART. VII

Les Puissances ne maintiendront dans les eaux du Canal (y compris le Lac Timsah et les Lacs Amers) aucun bâtiment de guerre.

Toutefois, dans les ports d'accès de Port-Saïd et de Suez, elles pourront faire stationner des bâtiments de guerre dont le nombre ne devra pas excéder deux pour chaque Puissance.

Ce droit ne pourra être exercé par les belligérants.

ART. VIII

Les Agents en Egypte des Puissances signataires du présent Traité seront chargés de veiller à son exécution. En toute circonstance qui menacerait la sécurité ou le libre passage du Canal, ils se réuniront sur la convocation de trois d'entre eux et sous la présidence de leur doyen pour procéder aux constatations nécessaires. Ils feront connaître au Gouvernement khédivial le danger qu'ils auraient reconnu afin que celui-ci prenne les mesures propres à assurer la protection et le libre usage du Canal. En tout état de cause, ils se réuniront une fois par an pour constater la bonne exécution du Traité.

Ces dernières réunions auront lieu sous la présidence d'un Commissaire spécial nommé à cet effet par le Gouvernement Impérial ottoman. Un Commissaire khédivial pourra également prendre part à la réunion et la présider en cas d'absence du Commissaire ottoman[1].

Ils réclameront notamment la suppression de tout ouvrage ou la dispersion de tout rassemblement qui, sur l'une ou l'autre rive du Canal, pourrait avoir pour but ou pour effet de porter atteinte à la liberté et à l'entière sécurité de la navigation.

ART. IX

Le Gouvernement égyptien prendra, dans la limite de ses pouvoirs tels qu'ils résultent des Firmans et dans les condi-

1. Ce paragraphe n'existait pas dans le texte de l'accord anglo-français.

tions prévues par le présent Traité, les mesures nécessaires pour faire respecter l'exécution du Traité.

Dans le cas où le Gouvernement égyptien ne disposerait pas de moyens suffisants, il devra faire appel au Gouvernement Impérial ottoman, lequel prendra les mesures nécessaires pour répondre à cet appel et donnera avis aux autres Puissances signataires de la Déclaration de Londres du 17 *mars* 1885, *et, au besoin, se concertera avec elles à ce sujet.*

Les prescriptions des articles IV, V, VII *et* VIII *ne feront pas obstacle aux mesures qui seront prises en vertu du présent article.*

ART. X

De même, les prescriptions des articles IV, V, VII *et* VIII *ne feront pas obstacle aux mesures que Sa Majesté le Sultan et Son Altesse le Khédive, au nom de Sa Majesté Impériale et dans les limites des Firmans concédés, seraient dans la nécessité de prendre pour assurer, par leurs propres forces, la défense de l'Egypte et le maintien de l'ordre public.*

Dans le cas où Sa Majesté Impériale le Sultan ou Son Altesse le Khédive se trouverait dans la nécessité de se prévaloir des exceptions prévues par le présent article, les Puissances signataires de la Déclaration de Londres en seraient avisées par le Gouvernement Impérial ottoman.

Il est également entendu que les prescriptions des quatre articles dont il s'agit ne porteront en aucun cas obstacle aux mesures que le Gouvernement Impérial ottoman croira nécessaire de prendre pour assurer par ses propres forces la défense de ses autres possessions situées sur la côte orientale de la mer Rouge[1].

1. Ce paragraphe n'existait pas dans le texte de l'accord anglo-français.

ART. XI

Les mesures qui seront prises dans les cas prévus par les articles IX *et* X *du présent Traité ne devront pas faire obstacle au libre usage du Canal. Dans ces mêmes cas, l'érection de fortifications permanentes élevées contrairement aux dispositions de l'article* VIII *demeure interdite.*

ART. XII

Les Hautes Parties contractantes conviennent, par application du principe d'égalité en ce qui concerne le libre usage du Canal, principe qui forme l'une des bases du présent Traité, qu'aucune d'elles ne recherchera d'avantages territoriaux ou commerciaux, ni de privilèges dans les arrangements internationaux qui pourront intervenir par rapport au Canal. Sont d'ailleurs réservés les droits de la Turquie comme Puissance territoriale.

ART. XIII

En dehors des obligations prévues expressément par les clauses du présent Traité, il n'est porté aucune atteinte aux droits souverains de Sa Majesté Impériale le Sultan et aux droits et immunités de Son Altesse le Khédive, tels qu'ils résultent des Firmans.

ART. XIV

Les Hautes Parties contractantes conviennent que les engagements résultant du présent Traité ne seront pas limités par la durée des actes de concession de la Compagnie Universelle du Canal de Suez.

ART. XV

Les stipulations du présent Traité ne feront pas obstacle aux mesures sanitaires en vigueur en Egypte.

ART. XVI

Les Hautes Parties contractantes s'engagent à porter le présent Traité à la connaissance des Etats qui ne l'ont pas signé en les invitant à y accéder.

ART. XVII

Le présent Traité sera ratifié et les ratifications en seront échangées à Constantinople dans un délai d'un mois ou plus tôt si faire se peut.

En foi de quoi les Plénipotentiaires respectifs l'ont signé et y ont apposé le sceau de leurs armes.

Fait à Constantinople, le 29e jour du mois d'octobre de l'an 1888.

RÉSUMÉ DES PRINCIPALES DISCUSSIONS AYANT PRÉCÉDÉ L'ADOPTION DU TEXTE DÉFINITIF DE LA CONVENTION DU 29 OCTOBRE 1888 GARANTISSANT LE LIBRE USAGE DU CANAL.

Il nous a paru utile d'accompagner le texte ci-dessus de la Convention du 29 octobre 1888, garantissant le libre usage du Canal, de quelques explications et d'un résumé des principales discussions qui ont précédé l'accord définitif des deux Cabinets anglais et français sur le texte à soumettre à l'approbation des Puissances, lesdites explications et les déclarations respectivement faites pendant le cours des négociations constituant, en effet, au sujet de la Convention même, des commentaires propres à aider, au besoin, à son interprétation.

Nous devons dire, tout d'abord, que les deux Cabinets de Paris et de Londres, chargés par les Gouvernements des autres Puissances représentées à la Commission internationale de 1885 d'élaborer le texte définitif de la Convention, avaient reconnu d'un commun accord que l'ensemble du nouveau texte à soumettre à l'approbation de l'Europe ne devait pas différer sensiblement de celui auquel la majorité des Délégués des Puissances avait déjà donné son adhésion. Il s'agissait, en effet, non pas de revenir sur les décisions qui avaient été prises par la Commission de 1885, mais de les compléter en cherchant à résoudre les quelques difficultés qui subsistaient encore et qui ne portaient en définitive que sur un petit nombre de points. Les articles sur lesquels l'accord s'était fait en 1885 n'ont donc pas été modifiés.

Le point de départ des négociations entre les deux Gouvernements ainsi établi, nous allons, maintenant, donner quelques explications utiles et, surtout, rendre compte des principales discussions qui ont eu lieu au sujet des difficultés de rédaction qui restaient à résoudre.

Préambule du texte de la Convention

Dans le projet de Convention adopté par la Commission internationale de 1885, comme, plus tard, dans le texte définitif élaboré par les deux Gouvernements français et anglais, le préambule disait simplement : « Les Gouvernements de..... voulant, etc. » ;

Ce n'était évidemment qu'à la suite de l'adhésion des Puissances intéressées que pouvait être arrêté définitivement le préambule explicite qui figure en tête de la Convention.

Ancien Article IV du Projet de la Commission de 1885

Le projet de Convention de la Commission de 1885 contenait un article IV ainsi libellé :

« Il ne sera élevé aucune fortification pouvant servir à une opération offensive contre le Canal maritime sur un point qui le commande ou le menace.

« Aucun point en commandant ou en menaçant le parcours ou l'accès ne pourra être occupé militairement. »

Cet article a été, d'un commun accord, supprimé dans la Convention définitive par cette considération, que les dispositions qu'il renfermait, stipulant l'interdiction d'ouvrages fortifiés et de rassemblements de troupes sur les points commandant le passage du Canal, faisaient double emploi avec les mesures de précaution plus larges et non moins efficaces confiées par le 3e paragraphe de l'article VIII et par l'article XI de la Convention définitive à la sollicitude des Agents des Puissances en Egypte.

Article IV de la Convention définitive

Le texte du 1er paragraphe de cet article, tel qu'il était libellé dans le projet de la Commission de 1885, portait :

« Dans le Canal ou dans ses approches ainsi que dans ses ports d'accès, ni dans les eaux territoriales de l'Egypte. »

Il avait d'ailleurs été entendu que « l'étendue des eaux territoriales de l'Egypte » serait plus tard définie par un arrangement entre les Puissances.

Les Délégués anglais et italiens avaient accepté l'article entier, mais sous réserve que la mention ci-dessus serait remplacée par la suivante :

« Dans le Canal et ses ports d'accès ainsi que dans un rayon de 3 milles marins de ces ports. »

On voit par le libellé qui a été définitivement adopté que c'est ce dernier texte qui a prévalu dans l'accord anglo-français.

Au cours des négociations entre les deux Gouvernements, le Cabinet français, conformément à la demande du Cabinet de Londres, avait en effet consenti à accepter la restriction à un rayon de 3 milles marins, en dehors du Canal et de ses ports d'accès, du champ interdit aux opérations ou aux préparatifs des belligérants. Il avait considéré que les Nations maritimes ne s'étant pas encore mises d'accord pour substituer à la clause d'usage en pareille matière (clause qui fixait effectivement à 3 milles marins l'étendue des eaux territoriales, cette distance de 3 milles représentant la portée approximative du canon au moment où elle a été établie et où elle est passée en usage), et étant données les difficultés pratiques que l'on aurait peut-être rencontrées pour appliquer la désignation générale d'*eaux territoriales* proposée en 1885 — désignation qui serait devenue l'objet d'interprétations contradictoires le jour où il aurait fallu plus nettement la définir, à moins de se reporter à cette même limite de 3 milles généralement admise dans le droit des gens — il pouvait s'en tenir à la formule traditionnelle.

Article V

Le texte du projet de la Commission de 1885 portait simplement :

« Les bâtiments ne débarqueront et ne prendront dans le Canal et ses ports d'accès, ni troupes, ni munitions, ni matériel de guerre. »

Les Délégués anglais n'avaient pas accepté cette rédaction et avaient proposé la suivante :

« En temps de guerre, les Puissances belligérantes ne débarqueront et ne prendront dans le Canal ni troupes, etc. »

Les Délégués italiens s'étaient associés à cet amendement, mais en maintenant l'interdiction également pour les ports d'accès.

On voit par le libellé qui a été définitivement adopté que l'accord anglo-français s'est fait sur un texte transactionnel.

Le Gouvernement français avait accepté aisément que l'interdiction d'embarquement et de débarquement de troupes et de matériel de guerre dans le Canal ne s'appliquerait qu'aux circonstances où elle était réellement utile à la sécurité de la voie internationale, c'est-à-dire en temps de guerre ; de son côté, le Cabinet de Londres avait consenti à comprendre les ports d'accès dans cette interdiction ; enfin, le Cabinet français avait reconnu, en outre, la légitimité des observations présentées par le Foreign-Office sur l'intérêt, qu'en cas d'obstruction du Canal, les Puissances maîtresses de colonies dans la mer Rouge, l'océan Indien ou l'Extrême-Orient auraient à conserver la faculté de débarquer ou de prendre à Suez et à Port-Saïd des troupes et du matériel échelonnés par fractions assez peu considérables pour ne pouvoir, en aucune occurrence, créer un obstacle sérieux aux garanties stipulées par la Convention.

Il est à noter, enfin, que par un télégramme du 17 novembre 1887, suivant de près l'envoi de la Convention anglo-française à l'acceptation des Puissances représentées à la Commission de 1885, le Ministre des Affaires Étrangères invita les Agents de la France auprès de ces Puissances à informer leurs Gouvernements « que, dans sa pensée, comme dans celle du Cabinet de Londres, le mot *troupes* ne s'appliquait pas aux soldats malades et désarmés se rendant aux hôpitaux militaires de Suez et de Port-Saïd. »

Article VIII

Cet article avait été un de ceux qui, dans les délibérations de la Commission internationale, avaient donné lieu à la plus grande divergence d'opinions entre les Délégués anglais et les Délégués des autres Puissances.

Le texte finalement adopté par la Commission pour cet article VIII était le suivant :

« Une Commission, composée des Représentants en Egypte de....., auxquels sera adjoint un Délégué du Gouvernement égyptien avec voix consultative, siégera, sous la présidence d'un Délégué spécial de la

Turquie. Afin de pourvoir au service de la protection du Canal, elle s'entendra avec qui de droit pour en assurer le libre usage; elle surveillera, dans la limite de ses attributions, l'application des clauses du présent Traité et saisira les Puissances des mesures qu'elle jugera propres à en assurer l'exécution.

« Il est entendu que le fonctionnement de ladite Commission ne pourra porter aucune atteinte aux droits souverains de S. M. I. le Sultan ni aux droits et immunités de S. A. le Khédive. »

Les Délégués britanniques avaient demandé — et les Délégués d'Italie s'étaient ralliés à leur proposition — la substitution, au 1ᵉʳ paragraphe ci-dessus, de la rédaction suivante :

« Les Représentants en Egypte des Puissances signataires du présent Traité veilleront à son exécution et informeront sans retard leurs Gouvernements respectifs de toute violation ou de tout danger de violation de ses dispositions qui pourrait se produire.

« En cas de guerre ou de troubles intérieurs, ou d'autres événements menaçant la sécurité ou le libre passage du Canal, ils se réuniront sur l'invitation d'un d'entre eux afin de procéder aux vérifications nécessaires. Ils informeront leurs Gouvernements respectifs des propositions qui pourront leur paraître de nature à assurer la protection et le libre usage du Canal. »

Dans les longues négociations entre les deux Gouvernements français et anglais en vue d'une entente sur le texte définitif de la Convention, ce même article VIII, en ce qui était du libellé du 1ᵉʳ paragraphe, tel qu'il avait été arrêté par la Commission de 1885, continua de rencontrer la plus vive opposition de la part du Cabinet britannique.

Le Cabinet français proposa un texte transactionnel formulé à très peu près dans les termes du texte qui a été définitivement adopté. [La réserve des droits du Sultan et du Khédive que stipulait le 2ᵉ paragraphe de l'article VIII de la Commission fut, d'un commun accord, supprimée de cet article pour devenir l'objet d'un article spécial, l'article XIII, stipulant une réserve plus générale à ce sujet.]

Le Cabinet britannique objecta, contre les deux dernières dispositions du texte transactionnel : d'une part, que le devoir pour les membres de la Commission de se réunir une fois par an donnerait à l'action des Consuls le caractère d'organisation auquel le Gouvernement anglais s'était toujours déclaré contraire; d'autre part, qu'en donnant aux Consuls le pouvoir de faire leurs propositions au Khédive au lieu de les présenter à leurs Gouvernements respectifs, on leur donnerait une facilité d'intervention dans le Gouvernement local qui ne paraissait ni opportune ni nécessaire.

Le Cabinet français répondit à ces objections par les observations suivantes :

L'obligation de se réunir au moins une fois l'an avait pour objet de ne pas laisser tomber en désuétude l'exécution du mandat de surveillance confié aux Représentants des Puissances. Il n'était certainement pas excessif que les Consuls se réunissent obligatoirement une fois par an à cet effet; ils n'auraient sans doute, la plupart du temps, qu'à constater que rien d'irrégulier ne s'était produit dans l'année écoulée; mais cette constatation les entretiendrait eux-mêmes dans le sentiment de leur devoir et empêcherait leur surveillance de devenir absolument fictive. On ne comprenait pas l'opposition du Cabinet britannique à une disposition aussi naturelle et aussi conforme à l'esprit général de la Convention.

Il en était de même de l'opposition faite à la disposition d'après laquelle les Représentants des Puissances devraient adresser leurs propositions au Khédive au lieu de les présenter à leurs Gouvernements respectifs. C'était le Gouvernement égyptien qui avait qualité pour prendre les mesures de protection; c'était donc à lui qu'il convenait de signaler les cas où ces mesures seraient nécessaires. La note anglaise disait, à la vérité, qu'il y aurait là, pour les Consuls, « une facilité d'intervention dans le Gouvernement local qui ne paraissait ni opportune ni nécessaire »; mais il n'était pas douteux que si les Représentants des Puissances s'adressaient à leurs Gouvernements, ceux-ci devraient, à leur tour, présenter au Khédive les observations ou les propositions que cette démarche leur suggérerait. L'intervention dans le Gouvernement local, loin d'être évitée, se produirait dès lors avec une pression beaucoup plus forte et, peut-être, sans qu'il y eût non plus opportunité ou nécessité. Si cette nécessité venait pourtant à se produire, et si les circonstances, soit par la négligence, soit par la mauvaise volonté du Gouvernement khédivial, rendaient utile l'intervention des Puissances, il était bien entendu que les Consuls conserveraient naturellement le droit d'informer leurs Gouvernements de tout ce qui pouvait intéresser la sécurité du Canal. Ceux-ci, par conséquent, seraient toujours à même de prendre les dispositions qui leur sembleraient convenables. Mais, le plus souvent, il suffirait d'avertir le Khédive, et c'était justement pour ménager son indépendance légitime, sous la suzeraineté ottomane, qu'il avait semblé préférable que cet avertissement lui fût donné par les Consuls accrédités auprès de lui, au lieu de l'être par les Puissances elles-mêmes. On éviterait ainsi l'intervention plus énergique qui résulterait inévitablement du système proposé dans le projet anglais.

On voit, par le libellé du texte de la Convention définitive, que les idées du Cabinet français ont fini par prévaloir. Ce texte, qui ne diffère que par des nuances de rédaction du texte transactionnel primitif, avait été, comme il sera expliqué plus loin, également proposé par le Cabinet français à la fin des négociations engagées au sujet de l'article X.

Article IX

Le texte de cet article est conforme dans son esprit, sinon complètement dans sa rédaction, à celui qu'avait proposé la Commission internationale.

Les Délégués anglais n'avaient accepté cet article que moyennant la suppression dans le 1er paragraphe des mots *et dans les conditions prévues par le présent Traité*, et moyennant l'acceptation de leur amendement à l'article précédent.

Dans les négociations entre les deux Gouvernements, le Cabinet français demanda le maintien du texte adopté par la majorité des Puissances. Les considérations invoquées pour justifier ce maintien étaient que la radiation proposée par les Délégués anglais n'avait eu probablement pour objet que d'exprimer une réserve au sujet de l'article précédent et que cette réserve devait cesser puisque l'accord s'était produit sur ledit article.

Le Gouvernement anglais, saisi officieusement de l'examen du projet transactionnel proposé par le Cabinet français pour l'ensemble de la Convention, fit remarquer, dans une note du 19 mai 1886, en ce qui était de l'article IX, que les mots faisant l'objet du différend avaient été omis dans le projet britannique comme ayant trait à la Commission permanente établie par l'article VIII et qui avait pour objet d'exercer un contrôle sur la libre action du Khédive ; et que la suppression des mots en question dans le traité définitif semblerait devoir être une conséquence naturelle des amendements introduits audit article dans le projet transactionnel.

Le Cabinet français, par une note du 8 juin, fit remarquer à son tour qu'après l'accord intervenu sur l'article VIII, on ne s'expliquerait pas que le Gouvernement britannique insistât pour maintenir son amendement dans le texte définitif du Traité; que les mots faisant l'objet du différend étaient en quelque sorte une clause de style qu'on aurait pu se dispenser d'écrire, mais qu'on ne pourrait plus maintenant supprimer sans paraître affaiblir l'autorité même de la Convention ; qu'en se refusant à dire que le Gouvernement égyptien agirait *dans les conditions prévues* par le présent Traité, ce serait, en quelque sorte, méconnaître et discréditer ces conditions au moment même où on les définirait.

Le Cabinet anglais, dans un mémorandum du 22 octobre 1886, déclara persister dans sa première opinion, insistant sur cette considération que *toutes conditions du Traité* affectant la complète indépendance du Khédive en ce qui touchait la protection du Canal, constitueraient un abandon des bases posées par les nos 4, 6 et 8 de la circulaire de Lord Granville.

Le Cabinet français, dans une note en réponse, du 8 novembre, exprima l'espoir qu'après examen des arguments présentés par lui le 8 juin précédent, le Cabinet britannique reconnaîtrait que les mots en litige n'affaiblissaient en rien les droits reconnus d'un commun accord au Sultan et au Khédive et étaient la conséquence naturelle des conditions particulièrement favorables où la déclaration de neutralité devait placer la défense du Canal de Suez.

Nonobstant l'insistance du Cabinet français pour le maintien des mots litigieux, le projet sommaire de Convention qui lui fut adressé le 4 mai 1887 par le Cabinet britannique, et dont le texte a été donné précédemment dans l'historique des négociations engagées entre les deux Gouvernements, stipulait, finalement, que *la Convention ne serait opposable à aucune mesure qui serait nécessaire pour la défense de l'Egypte et la sécurité du Canal.*

Les discussions entre les deux Gouvernements sur cette disposition finale du projet anglais se trouvent résumées ci-après dans les explications données au sujet de l'article X.

En dernière analyse, le texte proposé par la Commission internationale de 1885 pour l'article IX, et dont le Cabinet français demandait le maintien, a été, comme il est dit plus haut, effectivement maintenu, sauf de légères différences de rédaction.

Article X

Le texte de la Commission internationale, en ce qui était du 1er paragraphe de l'article X, était ainsi libellé :

« De même les prescriptions des articles IV, V, VII et VIII (numérotage de la Convention définitive) ne feront pas obstacle aux mesures que S. M. I. le Sultan et S. A. le Khédive, *au nom de Sa Majesté Impériale* et dans les limites des firmans concédés, seraient dans la nécessité de prendre pour assurer *par leurs propres forces* la défense de l'Egypte et le maintien de l'ordre public. »

Les Délégués anglais avaient demandé que ce texte fût modifié par la suppression des mots soulignés.

Dans les négociations entre les deux Gouvernements, le Cabinet français proposa un texte transactionnel où se trouvaient supprimés les mots *au nom de Sa Majesté Impériale*, mais où la dernière partie du paragraphe se trouvait libellée comme suit :

« Seraient dans la nécessité de prendre pour assurer *par leurs propres forces* la défense du territoire et le maintien de l'ordre public *dans la région du Canal.* »

Le Cabinet britannique, dans une note du 19 mai 1886, fit observer, au sujet de ce texte transactionnel, qu'il avait été admis dans la Commission internationale que les mots *par leurs propres forces* avaient pour objet et devaient avoir pour effet d'empêcher le Sultan ou le Khédive de recourir à l'assistance d'alliés pour la défense de l'Egypte, en cas de guerre ou de rébellion ; et que cela paraissait être une dérogation aux droits d'un souverain indépendant et, par conséquent, en opposition à la circulaire de Lord Granville; que les mots *dans la région du Canal* paraîtraient limiter à cette région particulière les exceptions à l'application des articles IV, V, VII et VIII.

Le Cabinet français considérant que les observations ci-dessus étaient présentées sous une forme qui paraissait plutôt interrogative qu'affirmative, précisa comme suit, dans une note du 8 juin 1886, le but que le projet transactionnel s'était proposé d'atteindre : Ce but n'était pas d'empêcher le Sultan ou le Khédive de recourir à l'assistance d'alliés, et, par conséquent, d'apporter des limites à l'exercice des droits d'un souverain indépendant pour tout ce qui concernait la défense de l'Egypte. Il ne s'agissait pas, dans le projet de Convention, de l'Egypte considérée dans son ensemble, mais seulement du Canal de Suez, et c'était ce qui avait été clairement indiqué par l'adjonction des mots *dans la région du Canal.* Le Sultan et le Khédive restaient libres de recourir, en temps de guerre ou de rébellion, à l'assistance d'alliés pour la défense de tout le reste de l'Egypte ; l'interdiction était limitée à la région du Canal. S'il était objecté que, même ainsi restreinte, cette interdiction dérogeait aux droits d'un souverain indépendant, on répondrait que le fait même d'un traité discuté et élaboré par l'Europe au sujet du libre usage du Canal pouvait être considéré comme ayant cette conséquence. La neutralisation du Canal et de sa région étaient, en un sens, une limitation de la souveraineté des Gouvernements égyptien et ottoman. Il n'y avait donc pas lieu de s'arrêter à cette observation qui se présenterait d'ailleurs en Egypte dans beaucoup d'autres circonstances. En résumé, le projet transactionnel retirait au Sultan et au Khédive le droit de recourir à l'assistance d'alliés; seulement ce n'était pas pour la défense de l'Egypte que cette disposition était prise, mais pour celle du Canal qui, étant neutralisé, n'aurait pas à être défendu. La nouvelle rédaction proposée pour l'article X reproduisait cette même idée avec plus de netteté.

En réponse à la communication de la note du Cabinet français insistant pour le maintien, dans le texte de l'article X, des mots *par leurs propres forces*, mais avec la restriction *dans la région du Canal*, le Cabinet anglais, dans son mémorandum déjà mentionné au sujet de l'article IX, fit observer que la limitation proposée laissait entière l'objection déjà faite par lui contre toute atteinte à la liberté complète d'action du Khédive touchant la défense de l'Egypte y compris la région du Canal; que, d'après le Traité, le Khédive devait en premier lieu prendre promptement, sous sa responsabilité, des mesures pour la défense du Canal, et que, s'il lui était interdit, en cas de danger soudain, d'appeler à son aide des canonnières étrangères, cela pourrait être fatal à la sécurité du Canal.

Enfin, le Cabinet français, dans une nouvelle note, du 8 novembre 1886, exprima l'espoir que les arguments précédemment invoqués par lui finiraient par convaincre le Cabinet de Londres que l'expression *par leurs propres forces*, n'affaiblissait en rien les droits reconnus d'un commun accord au Sultan et au Khédive et étaient la conséquence naturelle des conditions particulièrement favorables où la déclaration de neutralité devait placer la défense du Canal.

Après une nouvelle interruption de quelques mois dans les négociations, le Cabinet anglais, ainsi qu'il a été déjà mentionné à l'occasion de l'article IX, fit connaître ses vues générales sur le Canal, sous forme d'un projet sommaire de Convention, dans un nouveau mémorandum du 4 mai 1887, ledit projet portant comme disposition finale :

« Cette Convention ne sera opposable à aucune mesure qui serait nécessaire pour la défense de l'Egypte et la sécurité du Canal. »

L'Ambassadeur de France à Londres fut alors chargé de demander au Ministre des Affaires Étrangères de la Grande-Bretagne des éclaircissements sur le dernier paragraphe de la proposition anglaise, qui constituait le principal obstacle à un accord : le Gouvernement français désirait être fixé sur les deux points suivants, à savoir, par qui — dans les idées du Cabinet anglais — les mesures devaient être prises et qui serait juge de leur nécessité ?

Dans une entrevue qu'il eût à cet effet avec Lord Salisbury, le 11 mai 1887, l'Ambassadeur de France rappela d'abord au Ministre qu'au point de vue du Gouvernement français, la Convention ne devait s'appliquer qu'au Canal et non pas à l'Egypte d'une façon générale ; à quoi le Ministre répondit qu'il lui semblait difficile de scinder les deux questions d'une façon absolue. L'Ambassadeur ajouta que, par l'article X du projet de Convention, le Gouvernement français n'entendait nullement porter atteinte aux droits du Sultan et du Khédive pour la défense du territoire de l'Egypte ; que cet article n'avait en vue que le Canal ; que, pour tout le reste de l'Egypte, le Sultan et le Khédive pouvaient recourir à l'assistance d'une force étrangère. Le Ministre ayant alors fait remarquer que le Canal se composait de deux parties : la voie d'eau et une certaine zone latérale des deux côtés, et demandé s'il serait possible de définir cette zone d'une façon satisfaisante, l'Ambassadeur avait rappelé que le Gouvernement français avait précédemment proposé l'expression *Région du Canal.*

Après ces préliminaires, l'Ambassadeur ayant posé au Ministre les deux questions mentionnées plus haut, le Ministre y fit les réponses suivantes : A la question « Qui sera juge des mesures à prendre ? »

Réponse, « le Khédive » ; à l'autre question « Par qui ces mesures doivent-elles être prises? » Réponse, « par le Khédive avec ses propres forces et celles de ses alliés ».

La divergence d'opinion — ainsi que le faisait observer l'Ambassadeur de France en transmettant à Paris les réponses du Ministre des Affaires Étrangères de la Grande-Bretagne — subsistait donc comme par le passé.

Au sujet de l'interprétation donnée par le Cabinet anglais au dernier paragraphe de son projet de Convention, le Cabinet français, par une note du 2 juin 1887, présenta les observations suivantes :

A ses yeux, l'interprétation en question soulevait de sérieuses difficultés : elle était, en effet, en contradiction avec les clauses précédentes du projet et elle annulerait en pratique les garanties que le Gouvernement français avait toujours voulu assurer à la neutralité du Canal. On ne pouvait méconnaître que cette neutralité deviendrait une fiction, si, dans les cas où il lui serait porté atteinte dans des conditions qui restaient indéterminées, elle pouvait être défendue non seulement par la Porte et par l'Egypte, mais par des alliés innommés. Il était évident que, si l'Egypte et la Porte faisaient intervenir une Puissance quelconque sur le Canal, les autres Puissances ne se sentiraient plus liées par les termes d'une Convention qu'on pourrait regarder comme violée et qui deviendrait aussitôt lettre morte. Aucune Puissance européenne directement intéressée à la liberté et à la neutralité du Canal ne consentirait à remettre, en toute circonstance, la défense de ces intérêts aux alliés éventuels que l'Egypte ou la Porte pourraient se donner. L'Angleterre elle-même, semblait-il, pourrait hésiter à accepter pour son propre compte les hasards d'un avenir aussi incertain. Le Gouvernement anglais s'était toujours montré préoccupé de laisser au Khédive et à la Porte, suzeraine du pays, la liberté de leurs alliances pour la défense du territoire de l'Egypte. Le Gouvernement français, de son côté, avait admis la légitimité de cette préoccupation en dehors du Canal. Mais la négociation actuelle reposait sur le principe que le Canal pouvait être distingué du reste de l'Egypte et être garanti par une neutralité spéciale. Il faudrait, sans doute, déterminer la *région du Canal* sur terre, comme elle l'avait déjà été du côté de la mer, mais il n'y avait là aucune difficulté sérieuse.

Les observations du Gouvernement français se terminaient par la proposition de rédiger le dernier paragraphe du projet du mémorandum anglais à peu près en ces termes :

« Il est entendu que les dispositions ci-dessus relatées ne sauraient préjudicier aux mesures prises par le Gouvernement khédivial et par la Porte pour la défense et la sécurité du territoire égyptien en dehors de la zone d'application de la présente Convention. »

Le Ministre des Affaires Étrangères de la Grande-Bretagne répondit aux observations et à la proposition du Cabinet français par une note du 18 juillet 1887 où il présentait à son tour les observations suivantes :

Le Cabinet français, dans sa note du 2 juin, n'expliquait pas par qui il proposait que les mesures nécessaires à la sécurité et à la libre navigation du Canal fussent prises si elles ne l'étaient pas par le Khédive et la Porte ou leurs alliés. Or, la question des limites dans lesquelles de pareilles mesures pourraient être prises devait dépendre en grande partie de la nature de ces mesures et de la procédure que l'on entendait employer.

Tant que les forces qui menaceraient le Canal seraient de celles dont le Sultan et le Khédive pouvaient venir à bout, les mots *et ceux de ses alliés* pourraient être retirés de la définition des moyens par lesquels le Canal devait être défendu. Mais si le Gouvernement français soutenait que ces mots devaient être retirés en tout cas, on devait en conclure qu'il prévoyait qu'une attaque supérieure en force à la Puissance défensive des Souverains territoriaux ne pouvait venir que d'une des Parties à la Convention ; que, dans ce cas, la Convention serait brisée et annulée et que toutes les Parties reprendraient leur liberté nationale. Était-ce là l'interprétation exacte des vues adoptées par le Gouvernement français?

En réponse à cette note du Cabinet anglais, l'Ambassadeur de France, par dépêche du 28 juillet, précisa comme suit les différentes éventualités qui pouvaient menacer la sécurité du Canal et les moyens qui, dans la pensée du Cabinet français, devraient être employés pour y faire face :

1° La sécurité du Canal pouvait être compromise par une attaque des tribus ou des populations qui l'avoisinent. Il était évident que, dans ce cas, les forces militaires et de police du Khédive suffiraient largement pour rétablir l'ordre ;

2° La sécurité du Canal pouvait être mise en péril par un mouvement insurrectionnel en Egypte, analogue à celui qui avait été dirigé par Arabi.

Un mouvement de ce genre ne se faisait pas du jour au lendemain et il s'écoulerait toujours un temps assez considérable, en mettant les choses au pire, pour qu'il devînt une menace sérieuse pour le Canal. Qu'arriverait-il dans ce cas? En conformité des articles VIII et IX du projet de Traité, les Représentants des Puissances se réuniraient à la première apparence de danger et la signaleraient sans délai à la fois au Gouvernement égyptien et à leurs Gouvernements respectifs ; ils indiqueraient les mesures qui leur paraîtraient propres à assurer la liberté du Canal ; si le danger devenait sérieux et si le Khédive ne disposait pas de moyens suffisants, il devrait faire appel à la Sublime Porte, laquelle se concerterait avec les autres Puissances signataires de la Déclaration de Londres du 17 mars 1885, et, finalement, les mesures de défense seraient prises d'un commun accord par la Porte et les grandes Puissances.

Le Cabinet anglais n'avait peut-être pas tenu un compte suffisant des garanties internationales édictées par l'article IX du projet de traité.

3° La liberté et la sécurité du Canal pouvaient être menacées par une guerre maritime éclatant entre telles ou telles Puissances signataires du Traité, ou par le fait de l'une d'entre elles. Ce dernier cas était celui auquel il était fait allusion à la fin de la note anglaise.

Le Cabinet français ne s'expliquait pas bien comment une pareille éventualité pouvait préoccuper les signataires du projet de Traité dont l'article Ier porte que « les Hautes Parties contractantes conviennent de ne porter aucune atteinte au libre usage du Canal en temps de guerre comme en temps de paix ». C'était précisément pour assurer la liberté du canal en temps de guerre que la Commission internationale s'était réunie à Paris et qu'elle avait préparé une série d'articles édictant les précautions minutieuses à prendre dans ce but.

Telles étaient les considérations qui empêchaient le Gouvernement français d'admettre que le Sultan ou le Khédive pussent faire appel, en vertu d'un article du Traité, à des alliés innommés et dans des conditions indéterminées pour la défense du Canal contre des dangers qu'il considérait comme imaginaires. De deux choses l'une: ou bien le Traité serait exécuté loyalement par toutes les Puissances, et, alors il n'y avait pas lieu de se préoccuper du danger qui pourrait menacer le Canal par le fait de l'une d'elles ; ou bien le Traité ne serait pas loyalement exécuté, et alors il n'était plus qu'une feuille de papier sans valeur.

Le projet de Traité, par ses articles IX et X, stipulait nettement, en vue d'un danger sérieux menaçant la sécurité du Canal, que les moyens d'y faire face seraient déterminés d'un commun accord par la Porte et par les Grandes Puissances. Il ne fallait donc y introduire aucune stipulation qui put affaiblir cet accord ; et il sautait aux yeux, qu'en prévoyant dans le Traité un cas où il serait pourvu, en dehors de cet accord, à la sécurité du Canal, on introduirait dans l'acte officiel un germe de méfiance qui l'affaiblirait singulièrement. La liberté et la sécurité du Canal seraient infiniment mieux garanties par l'action commune ou l'abstention des Puissances que par l'action indépendante d'une d'entre elles, même agissant au nom de la Porte ou du Khédive et comme leur alliée.

Par toutes ces raisons, le Gouvernement français ne pouvait admettre que la Porte ou le Khédive eussent besoin d'alliés spéciaux pour la défense du Canal. En cette matière, ils avaient pour alliés toutes les

Puissances signataires du Traité, sans exception, et il n'y avait pas lieu de faire de distinction entre elles.

Dans toutes les considérations invoquées par lui, le Gouvernement français n'entendait parler, bien entendu, que du Canal ou, plutôt, de la région du Canal, c'est-à-dire du Canal avec ses approches maritimes et terrestres. Les limites de cette région, du côté de terre, seraient donc à définir comme cela avait déjà été fait du côté de la mer. L'attention du Cabinet anglais avait déjà été appelée sur ce point dans une note précédente et le Gouvernement français lui exprimait le désir de connaître ses vues à ce sujet.

En réponse à la communication qui précède, le Ministre des Affaires Etrangères de la Grande-Bretagne, par dépêche du 19 août, présenta les observations suivantes :

Les dangers pouvant menacer la sécurité du Canal pouvaient être divisés en deux catégories : ceux qui surviendraient à la suite de troubles locaux, et ceux qui proviendraient de l'attaque de l'une des Grandes Puissances signataires de la Convention.

En ce qui concernait ce dernier danger, qui était de beaucoup le plus redoutable des deux, le Ministre se disait heureux de constater que la discussion avait amené sur ce point l'accord entre les deux Cabinets. Le Cabinet français admettait, en effet, qu'en pareil cas « la Convention serait une feuille de papier sans valeur », opinion qui différait à peine de celle exprimée par le Cabinet anglais qui, dans sa communication du 18 juillet, avait dit que « la Convention serait alors nulle et brisée et que toutes les Puissances reprendraient leur liberté d'action. » La question de savoir si le Khédive devrait faire appel à ses alliés se présenterait très probablement à ce moment, mais la solution de la question ne serait pas affectée par les stipulations d'une Convention qui aurait cessé d'exister.

L'attention des deux Cabinets pouvait donc porter uniquement sur l'autre danger, celui qui résulterait de troubles locaux.

Le Ministre avouait franchement qu'il avait très peu de confiance dans la garantie que l'on proposait de fournir par le Traité dans le cas où le Khédive se trouverait dans l'impossibilité de faire face aux dangers avec ses propres forces et sans assistance. On proposait qu'il en pelât à la Sublime Porte, qui aurait à se concerter avec les six autres Puissances signataires en vue de régler d'un commun accord les mesures à prendre. Or, quelque fût le but de destruction que pourrait se proposer un chef insurrectionnel, il aurait eu plus que le temps nécessaire de le remplir avant que le mécanisme défensif qui dépendait d'un accord entre la Porte et les six Puissances fût mis en opération. Mais le Ministre reconnaissait en même temps la difficulté sur laquelle insistait le Cabinet français, d'attribuer à une seule des Puissances le soin de prendre des mesures pour la sécurité du Canal dont le caractère international avait été si solennellement affirmé. Il fallait aussi admettre, croyait-il, qu'en ce qui concernait le Canal même, le danger contre lequel on avait à se prémunir n'était pas très redoutable. En face d'un mouvement insurrectionnel, en effet, le Canal resterait, comme auparavant, ouvert à toutes les Puissances, et quoique la défense d'y exercer aucun droit de belligérant pût les empêcher de défendre le Canal, elle leur laisserait pleine liberté de protéger ceux de leurs navires qui viendraient à y passer. Il était évident, toutefois, que cette question était étroitement liée à la définition de ce que le Cabinet français désignait sous le nom de *Région du Canal* et qu'il appelait le Cabinet anglais à discuter. Cette restriction prenait un aspect très différent si, comme le Cabinet français semblait porté à le croire, le mot *Canal*, d'après l'interprétation à lui donner, signifiait non seulement la portion de terre couverte par l'eau, mais encore une bande de terre ferme sur chaque rive. Si, en effet, il devait y avoir de chaque côté du Canal un espace plus ou moins large auquel s'appliqueraient les stipulations à l'étude, de très sérieuses difficultés se présenteraient. Il faudrait soumettre ces régions à une espèce de neutralité foncièrement différente de celle qu'on devrait organiser pour le Canal même. Si on leur appliquait la formule qu'elles devraient être ouvertes en tout temps, à toutes les Puissances, il était évident que ces régions seraient plutôt terrain indivis que territoire neutre : chacune des Puissances serait libre d'y envoyer en tout temps des forces militaires en aussi grand nombre qu'il lui plairait. Si, d'autre part, ces régions étaient l'objet d'une neutralisation dans le sens le plus ordinaire de ce mot, et si, au lieu de permettre à chacune des Puissances de les traverser en tout temps, il était convenu qu'aucune Puissance ne pourrait le faire en aucun temps, il était évident que l'on tracerait ainsi, dans les possessions du Sultan, une bande de territoire où il ne serait pas libre d'entrer, même à la requête du Khédive, et qui se trouverait à la merci du premier mouvement insurrectionnel local qui viendrait à se produire. En fait, si une bande de terre devait se trouver ainsi fermée au Souverain du territoire sur lequel elle serait placée, elle se trouverait dans une position sans précédent dans le droit international et dans la pratique : ce serait une partie de l'Empire ottoman garantie par le Traité de Paris, mais le Sultan aurait défense d'y exercer aucun droit de souveraineté ou de suzeraineté. On ne pouvait compter que la Porte acceptât une pareille proposition.

Le Ministre ajoutait qu'il ne trouvait ni dans la Circulaire originelle de Lord Granville du 3 janvier 1883, ni dans la déclaration du 18 mars 1885 signée de lui et de l'Ambassadeur de France, aucune suggestion liant l'une des parties contractantes à l'opinion que le Canal comprenait autre chose que la terre couverte par les eaux. Il se déclarait prêt, en terminant, à proposer, comme moyen de mettre fin à la controverse à ce sujet entre les deux Gouvernements, que le plan de défense indiqué par le Cabinet français, et dont l'exécution serait confiée, en premier lieu, au Khédive, et, à son défaut, aux sept Puissances, fût adopté pour le Canal même, mais, qu'en même temps, on renonçât à comprendre dans la définition du Canal toute terre non couverte par les eaux.

En réponse à la proposition d'arrangement faite par le Cabinet anglais en vue de hâter la conclusion des longues négociations engagées entre les deux Gouvernements, l'Ambassadeur de France, par dépêche du 3 septembre, exprima au Ministre des Affaires Étrangères de la Grande-Bretagne la satisfaction que faisait éprouver au Gouvernement français la conviction d'arriver désormais promptement à un accord sur toutes les questions visées dans le projet de Convention.

En effet, la renonciation du Cabinet anglais à l'idée de faire intervenir une tierce Puissance pour la défense du Canal, placé sous la garantie collective de l'Europe, paraissait au Cabinet français rendre moins nécessaire la délimitation géographique de la région du Canal, délimitation dont l'idée s'était naturellement produite au cours de la discussion et qui, dans sa pensée, avait surtout pour objet de déterminer sur chacune des deux rives une certaine zone dans laquelle le Gouvernement khédivial et la Porte, suzeraine, contrairement aux principes applicables jusqu'à nouvel ordre au reste de l'Egypte, renonceraient à opérer militairement avec des alliés. Le Cabinet français n'insisterait donc pas sur la délimitation précise de la zone du Canal dont il avait été question. Il n'était jamais entré dans ses vues que les rives du Canal pussent, en aucun cas, être considérées comme « un territoire commun ouvert à tous », où une Puissance étrangère quelconque aurait le droit de débarquer des troupes ou de faire transiter une force armée. S'il avait jugé qu'il y avait un intérêt général à les considérer comme une dépendance de la ligne d'eau, c'était au point de vue seulement de l'obligation qu'auraient le Khédive et la Porte, d'abord, et les Puissances, ensuite, d'y faire respecter, dans les formes prévues par la Convention, les garanties jugées nécessaires au libre passage par le Canal proprement dit. Cette manière d'envisager la question n'impliquait en aucune façon que l'accès de la zone latérale dût être interdit au Souverain territorial. Ce qui importait — et ce point de vue ne serait sans doute pas contesté par le Cabinet anglais — c'était que les dispositions internationales prises pour assurer la libre circulation dans le lit même du Canal eussent, en vertu du Traité, l'efficacité suffisante pour empêcher que le territoire avoisinant pût être utilisé dans le but de rendre illusoire les garanties stipulées pour la partie recouverte par les eaux.

Si le Cabinet anglais admettait ce principe, il jugerait sans doute préférable, comme le Cabinet français, de l'énoncer dans une formule générale plutôt que d'en restreindre l'application à une zone kilométrique.

L'Ambassadeur estimait que ce but pourrait être atteint par une nouvelle rédaction qu'il proposait pour l'article VIII, qui lui semblait devoir donner satisfaction à tous les intérêts internationaux et pour laquelle il espérait l'approbation du Cabinet anglais.

Finalement, dans le projet définitif de Convention proposé le 21 octobre 1887 par le Ministre des Affaires étrangères de la Grande-Bretagne et qui reçut l'adhésion du Gouvernement français :

D'une part, le texte de l'article VIII (1er et 3e paragraphes) se trouva effectivement conforme à la nouvelle rédaction proposée par le Cabinet français ;

D'autre part, le texte de l'article X reproduisit exactement celui du projet de la Commission internationale (pour le maintien duquel avait si constamment insisté le Cabinet français) sauf l'adjonction, aux derniers mots du second paragraphe : « en seraient avisés », des mots suivants : « par le Gouvernement Impérial ottoman ».

CONVENTION DU 5 DÉCEMBRE 1891

RÉGLANT LES CONDITIONS DES OCCUPATIONS DE TERRAINS DU DOMAINE COMMUN PAR LE GOUVERNEMENT ÉGYPTIEN

Pour bien faire comprendre le but et la portée de cette Convention, il est utile de rappeler d'abord sommairement les précédents de la question générale des occupations de terrains du Domaine commun.

Comme on l'a vu précédemment, la Sentence impériale du 6 juillet 1884, portant règlement des différends existant alors entre la Compagnie et le Gouvernement égyptien avait, entre autres conclusions, fixé à une superficie totale de 12.264 hectares l'étendue des terrains dont la jouissance devait être définitivement attribuée à la Compagnie « comme nécessaire à l'établissement, l'exploitation et la conservation du Canal maritime ».

Une Convention conforme à la Sentence impériale devait être conclue entre le Vice-Roi et le Président de la Compagnie pour être soumise ensuite à la sanction du Sultan.

La Sublime Porte ayant objecté, au sujet des terrains attribués à la Compagnie, que la Sentence n'avait stipulé aucunes réserves au point de vue des intérêts et des droits du Gouvernement égyptien, ces réserves, en même temps que des stipulations relatives aux occupations par des particuliers des terrains de la Compagnie, furent introduites dans une première Convention intervenue entre le Vice-Roi et le Président de la Compagnie à la date du 30 janvier 1866.

La délimitation des terrains réservés à la Compagnie fut faite le 19 février suivant. La superficie de ces terrains se trouva définitivement fixée à 12.214 hectares.

Finalement, fut conclue entre le Vice-Roi et le Président de la Compagnie, la Convention du 22 février 1866, reproduisant toutes les conditions arrêtés d'un commun accord, et qui reçut l'approbation du Sultan par le Firman du 16 mars suivant.

Notamment, les réserves et autres dispositions relatives aux terrains de la Compagnie, déjà stipulées dans la Convention de janvier 1866 furent reproduites dans la Convention de février où elles firent l'objet des articles ci-dessous.

« Art. 10. — Le Gouvernement égyptien occupera, dans le périmètre des terrains réservés comme dépendances du Canal maritime, toute position ou tout point stratégique qu'il jugera nécessaire à la défense du pays. Cette occupation ne devra pas faire obstacle à la navigation et respectera les servitudes attachées aux francs-bords du Canal.

« Art. 11. — Le Gouvernement égyptien, sous les mêmes réserves, pourra occuper pour ses services administratifs (poste, douane, casernes, etc.), tout emplacement disponible qu'il jugera convenable, en tenant compte des nécessités de l'exploitation des services de la Compagnie; dans ce cas, le Gouvernement remboursera, quand il y aura lieu, à la Compagnie les sommes que celle-ci aura dépensées pour créer ou approprier les terrains dont il voudra disposer.

« Art. 12. — Dans l'intérêt du commerce, de l'industrie ou de la prospère exploitation du Canal, tout particulier aura la faculté, moyennant l'autorisation préalable du Gouvernement et en se soumettant aux règlements administratifs ou municipaux de l'autorité locale, ainsi qu'aux lois, usages et impôts du pays, de s'établir, soit le long du Canal maritime, soit dans les villes élevées sur son parcours, réserve faite des francs-bords, berges et chemins de halage, ces derniers devant rester ouverts à la libre circulation, sous l'empire des règlements qui en détermineront l'usage.

« Ces établissements, du reste, ne pourront avoir lieu que sur les emplacements que les ingénieurs de la Compagnie reconnaîtront n'être pas nécessaires aux services de l'exploitation, et à charge par les bénéficiaires de rembourser à la

Compagnie les sommes dépensées par elle pour la création et l'appropriation desdits emplacements. »

Par une nouvelle Convention datée du 23 avril 1869, le Gouvernement et la Compagnie s'entendirent pour constituer en fonds commun ceux des terrains dont la Compagnie avait la jouissance par la Convention du 22 février 1866 et qui ne se trouveraient à aucune époque nécessaires à l'exploitation du Canal maritime. Par cette Convention, la Compagnie apportait au fonds commun les terrains disponibles de ses 10.214 hectares ; le Gouvernement apportait, de son côté, d'une part, le droit de vente des terrains mis en commun, terrains dont la Compagnie n'avait primitivement que la jouissance; d'autre part, un complément de 500 hectares de terrain, dont 300 hectares à Port-Saïd et 200 hectares à Ismaïlia, en compensation des surfaces délaissées par la mer et par le lac Timsah et réclamées antérieurement par la Compagnie.

Une seconde Convention, datée du même jour, 23 avril 1869, organisa l'exploitation du Domaine commun.

Rappelons de suite que la Commission du Domaine commun ne fut constituée qu'à la fin de l'année 1884, et que, jusqu'à cette époque, ce fut la Compagnie qui géra pour le compte des deux parties le Domaine commun.

Les deux Conventions de 1869 stipulaient explicitement que le Domaine commun ne serait formé que des terrains autres que ceux nécessaires à l'exploitation du Canal maritime et ne contenaient aucune réserve analogue au sujet des terrains que le Gouvernement viendrait à considérer comme nécessaires à ses services publics. Le Gouvernement ne jouissait donc d'aucun privilège spécial en ce qui était des occupations de terrains pour ses services publics.

Pendant les années qui suivirent la signature des Conventions de 1869, les terrains nécessaires au Gouvernement lui furent remis sans règlement immédiat des sommes dues par lui. Il était entendu que la régularisation pécuniaire de ces occupations de terrains aurait lieu au moment de la délimitation effective du domaine commun, délimitation qui devait être faite par deux représentants du Gouvernement et deux représentants de la Compagnie constituant une Commission spéciale pour la gestion du Domaine commun. La Compagnie avait d'ailleurs fait connaître au Gouvernement que, s'il le demandait, il pourrait se libérer en remettant au Domaine commun en compensation des surfaces occupées par ses services, d'autres surfaces de valeur équivalente.

C'est dans ces conditions que le Gouvernement occupa, de 1869 à 1875, une superficie totale du Domaine commun de 11^{ha},46^{a}.50, dont 2^{ha},23^{a},30 à Port-Saïd, et 9^{h},23^{a},20 à Ismaïliai

Plus tard, jusqu'en 1885, d'autres occupations de terrains eurent encore lieu. Tantôt le Gouvernement en paya la valeur au prix cadastral ; tantôt les surfaces occupées furent portées à un inventaire spécial des occupations destinées à être régularisées ultérieurement ; tantôt, enfin, le Gouvernement donna au Domaine commun d'autres terrains en échange.

Dans une seule circonstance, à propos d'une demande de terrain à Port-Saïd, pour la construction d'une caserne, en novembre 1883, le Gouvernement contesta le prix cadastral, prétendant que, d'après l'article 11 de la Convention du 22 février 1866, il n'était tenu à payer que le montant des dépenses qui avaient été faites par la Compagnie pour l'appropriation du terrain en question. En réponse à cette prétention, la Compagnie fit remarquer que les Conventions d'avril 1869 avaient eu précisément pour effet de substituer d'une manière générale la fixation d'un prix cadastral au mode antérieur d'évaluation des terrains d'après les frais d'appropriation, frais très difficiles à apprécier, et dans lesquels, d'ailleurs, on devait équitablement comprendre la part des dépenses de construction du Canal applicable à ces terrains qui tiraient précisément toute leur valeur de la proximité du Canal; que le Gouvernement, à l'égard du prix de cession, n'avait pas d'autres droits que les particuliers. A la suite de cette communication, le Gouvernement avait retiré sa demande.

En 1885, le Gouvernement émit pour la première fois, d'une manière officielle, la prétention d'occuper gratuitement les terrains dont il aurait besoin pour ses services publics, prétention qu'il renouvela ensuite à l'occasion de diverses demandes d'occupations de terrains et qui fut constamment repoussée par la Compagnie.

Un pareil désaccord avait pour conséquence inévitable d'obliger le Gouvernement à retarder indéfiniment les installations de services publics qu'il jugeait utiles. Aussi, finit-il par prendre l'initiative de conférences pour tâcher d'y mettre fin.

En dernière analyse, le 1er février 1889, fut accepté, par la Compagnie, un projet d'accord, proposé par le Gouvernement lui-même, d'après lequel il serait autorisé à occuper gratuitement, au fur et à mesure de ses besoins, un maximum total de 10 hectares de terrains pour les deux villes de Port-Saïd et d'Ismaïlia (Le projet primitif proposé par le Gouvernement comprenait Port-Tewfik dans la répartition de 10 hectares. Mais, sur l'observation de la Compagnie qu'elle n'avait à Port-Tewfik qu'une surface très restreinte, alors que le Gouvernement jouissait, au contraire, à proximité, d'une grande étendue de terrains à Port-Ibrahim, Port-Tewfik fut laissé en dehors, en même temps que l'on maintînt, pourtant, la superficie totale de 10 hectares).

Le projet d'accord dont il vient d'être parlé ne reçut, alors, aucune suite, le Gouvernement, bien que ce projet émanât de lui, étant revenu, après nouvel examen, à ses précédentes prétentions, constamment soutenues par ses délégués dans la Commission du Domaine commun, d'occuper gratuitement tous les terrains du Domaine commun nécessaires à ses services publics, au même titre — disait-il — que, sans opposition de sa part, la Compagnie prenait les terrains nécessaires à ses services administratifs. Les Commissaires de la Compagnie ne cessèrent, de leur côté, de combattre ces prétentions, faisant observer que le droit de la Compagnie était, non pas de prendre les terrains dont elle avait besoin, mais de conserver ces terrains qui ne cessaient jamais de lui appartenir tant qu'ils n'étaient pas vendus, attendu qu'elle avait péremptoirement le droit de s'opposer à leur mise en vente lorsqu'elle jugeait qu'ils pouvaient être ultérieurement nécessaires à son exploitation.

Le différend persista ainsi pendant un certain temps encore, continuant d'entraver les installations du Gouvernement.

Pour en finir, le Gouvernement se décida à proposer à la Compagnie d'en revenir à l'accord de 1889, ce qui fut accepté.

De là, la Convention ci-après, du 5 décembre 1891.

Texte de la Convention du 5 décembre 1891

Entre le Gouvernement égyptien représenté par S. E. Moustapha Pacha Fehmy, aux termes d'une délibération du Conseil des Ministres en date du 3 *décembre* 1891, *d'une part,*

Et la Compagnie Universelle du Canal maritime de Suez, représentée par M. R. Roualle de Rouville, son agent supérieur en Égypte, agissant en vertu de pouvoirs à lui conférés par le Conseil d'administration, dans sa séance du 1er *décembre* 1891, *d'autre part.*

Il a été exposé et convenu ce qui suit :

Le Gouvernement soutient, qu'aux termes de l'article 11 *de la Convention du* 22 *février* 1866, *il a le droit d'occuper gratuitement, pour ses services administratifs (Postes,*

Douanes, Casernes, etc.) les terrains à sa convenance dépendant du Domaine commun;

La Compagnie, de son côté, soutient que si, aux termes des articles 11 et 12 de la Convention du 22 février 1866, le Gouvernement n'était tenu que de rembourser les frais de création et d'appropriation des terrains, il est tenu actuellement, aux termes des articles 1 et 2 de la deuxième Convention du 23 avril 1869, de rembourser au Domaine commun le prix cadastral des terrains par lui occupés pour ses services administratifs.

Pour mettre fin à tout différend, il a été, entre les parties, convenu ce qui suit:

Article premier. — *Le Gouvernement égyptien aura le droit d'occuper gratuitement, pour les besoins de ses services publics, des terrains faisant partie actuellement du Domaine commun, sans que, pendant toute la durée de la Concession la surface totale des terrains ainsi occupés gratuitement puisse dépasser dix hectares, dont sept hectares à Port-Saïd et trois hectares à Ismaïlia.*

Art. 2. — *En outre, les prix moyens des terrains du Domaine commun étant actuellement de 41 francs le mètre pour Port-Saïd et 7 fr. 80 à Ismaïlia, les terrains ainsi occupés par le Gouvernement à Port-Saïd ne devront jamais dépasser une valeur de 2.870.000 francs, représentant la valeur moyenne actuelle de 7 hectares à Port-Saïd; de même, la valeur des terrains occupés gratuitement à Ismaïlia ne pourra dépasser 234.000 francs, valeur moyenne actuelle de 3 hectares à Ismaïlia.*

Quelle que soit la valeur des terrains au moment de la prise de possession, cette valeur sera calculée, à toute époque, d'après le prix cadastral en vigueur au 31 décembre 1888, qui a servi de base à l'établissement des prix moyens ci-dessus.

Art. 3. — *En conformité des articles qui précèdent, il est spécifié que, si les terrains occupés par le Gouvernement sont d'une valeur inférieure au prix moyen ci-dessus fixé, il ne pourra pas pour cela occuper une superficie plus considérable que 7 hectares à Port-Saïd et 3 hectares à Ismaïlia.*

Si, au contraire, ces terrains, dans leur ensemble, présentaient une valeur supérieure au prix moyen ci-dessus indiqué, les surfaces pouvant être occupées gratuitement se trouveraient réduites au-dessous de 7 hectares à Port-Saïd et de 3 hectares à Ismaïlia, de manière que les valeurs totales n'excèdent jamais les limites fixées à l'article 2.

Art. 4. — *Il est expressément convenu que si le Gouvernement voulait occuper des parcelles de terrains du Domaine commun excédant les superficies fixées par l'article 1er, ou d'une valeur supérieure à la valeur fixée à l'article 2, il devra payer au Domaine commun les terrains complémentaires ou les excédents de terrains suivant le prix cadastral réel desdits terrains applicable aux particuliers au cas où des acquisitions seraient faites.*

Art. 5. — *Le Gouvernement pourra occuper toute parcelle disponible, mais en tenant compte des nécessités de l'exploitation des services de la Compagnie.*

Art. 6. — *Le Gouvernement s'engage formellement à ne réclamer l'occupation gratuite d'aucune parcelle du Domaine commun à Port-Tewfik.*

Art. 7. — *Les acquisitions de terrains du Domaine commun faites jusqu'à ce jour par le Gouvernement ne pourront, en aucun cas, motiver de sa part une demande en répétition du prix qui a été payé.*

Art. 8. — *Toutes les fois que le Gouvernement voudra occuper un terrain dépendant du Domaine commun, il devra en faire la demande à la Commission du Domaine commun; il sera dressé un contrat indiquant la destination du terrain, son emplacement, sa superficie, sa valeur d'après le prix cadastral en vigueur au 31 décembre 1888.*

Art. 9. — *Toutes les fois que le Gouvernement cessera d'avoir besoin d'un terrain par lui occupé gratuitement, il en prononcera la désaffection. Ce terrain sera remis au Domaine commun chargé d'en réaliser la vente.*

Sur le produit de cette vente, il sera prélevé le prix d'estimation de toutes les constructions y élevées pour être versé directement au Gouvernement.

Il sera procédé de même toutes les fois que la Compagnie déclarera ne plus vouloir occuper un terrain utilisé par elle.

Il demeure bien entendu que, dans le cas de restitution de terrains prévu par le présent article, il sera toujours loisible au Gouvernement de redemander ultérieurement des terrains d'une superficie et d'une valeur égale à celle des terrains restitués, toujours, bien entendu, dans les limites établies aux articles 1 et 2 des présentes.

CONVENTIONS DU 5 DÉCEMBRE 1891 ET DES 2-17 MAI 1896

SUR LE FONCTIONNEMENT DU TRAMWAY A VAPEUR DE PORT-SAÏD A ISMAÏLIA [1]

L'idée de l'établissement, entre Port-Saïd et Ismaïlia, d'une voie de fer de service destinée à améliorer les conditions d'exploitation du Canal maritime en le débarrassant le plus possible de la petite navigation locale, faisait partie des projets d'avenir de la Compagnie.

Par suite des circonstances suivantes la question fut mise sérieusement à l'étude à la fin de l'année 1887 :

On a vu précédemment que la Compagnie, à la suite de l'arrangement intervenu les 11 et 13 décembre 1884 entre elle et le Gouvernement égyptien, avait commencé, dans les derniers mois de 1887, la construction du Canal d'alimentation destiné à conduire jusqu'à Port-Saïd l'eau douce dérivée du canal Ismaïlieh à Ismaïlia. Ce canal d'alimentation, en partant d'Ismaïlia, s'enfonçait dans le désert, restant ainsi éloigné de tout centre d'habitation et de ravitaillement jusqu'au point où il rejoignait la berge du Canal maritime, à Kantara. On se trouvait donc obligé, au fur et à mesure de l'avancement du Canal, d'apporter d'Ismaïlia l'eau, les vivres et tous les approvisionnements nécessaires aux ouvriers, ainsi que les outils et les matériaux de construction des ouvrages d'art. Les Ingénieurs avaient, en conséquence,

---

1. Par une nouvelle Convention en date du 1er février 1902, — dont le texte est donné plus loin, — la Compagnie, à la demande du Gouvernement égyptien, a accepté :

D'une part, de transformer à ses frais la voie, à écartement de $0^{m},75$, du tramway, en une ligne à l'écartement normal de $1^{m},45$, et de raccorder cette ligne avec le réseau des chemins de fer de l'Etat, à Ismaïlia ;

D'autre part, de louer au Gouvernement, pour toute la durée restant à courir de sa concession, la ligne d'Ismaïlia à Port-Saïd ainsi transformée, dont le Gouvernement se chargeait d'assurer l'exploitation à ses frais, risques et périls.

prévu dans le devis du Canal, l'installation et le fonctionnement d'un petit tramway à vapeur destiné à ravitailler et à approvisionner les chantiers depuis Ismaïlia jusqu'à Kantara : Ce tramway devait être constitué par un matériel Decauville à voie de $0^{m},60$ d'écartement. Dix kilomètres environ de cette voie provisoire furent effectivement installées.

La question se posa alors de savoir s'il ne serait pas possible de conserver ce petit tramway — en le prolongeant, à partir de Kantara, le long de la berge du Canal maritime, jusqu'à Port-Saïd — pour en faire une voie de service définitive « destinée à relier les gares et chantiers du Canal maritime aux bureaux, ateliers, magasins et hôpitaux de Port-Saïd et d'Ismaïlia. »

La création de cette voie de service était considérée comme devant procurer les avantages suivants :

Au point de vue de l'amélioration des conditions de la navigation de transit :

Suppression, dans le Canal, d'un certain nombre de barques arabes et grecques faisant le commerce entre Port-Saïd et Ismaïlia et les chantiers de travaux et les gares, lesdites barques ne devant plus avoir d'éléments de trafic suffisants, si un train circulait deux fois par jour le long du Canal ;

Suppression du canot à vapeur de service faisant chaque jour, dans un sens ou dans l'autre, un voyage entre Port-Saïd et Ismaïlia pour le ravitaillement des gares et chantiers ;

Suppression probable du canot à vapeur de la Poste égyptienne ;

Suppression de la plus grande partie des voyages des canots à vapeur des Agences et du Bureau central employés, les uns et les autres, au service des communications avec les gares, ou, suivant les besoins, au transport des pilotes envoyés aux Agences sur le point d'en manquer ;

Au point de vue de la régularité du service :

Les pilotes qui, actuellement, étaient pendant la moitié du temps hors de leur résidence (aux frais du service), la rejoindraient chaque jour à leur arrivée au port de débarquement; en outre, l'on n'aurait plus à envoyer, comme on était quelquefois obligé de le faire, des pilotes d'une ligne sur l'autre, ce qui était un inconvénient;

Les déplacements des agents envoyés en service seraient plus rapides et plus faciles, et les affaires y gagneraient comme rapidité d'exécution. Il y avait lieu, d'ailleurs, de remarquer à ce sujet, que la suppression du canot à vapeur de service, dont les voyages étaient relativement longs — de 6 à 7 heures — et réellement fatigants, serait tout à l'avantage du bien-être et de la santé du personnel marin; c'était ainsi que les pilotes de la ligne de Suez considéraient cette ligne comme bien préférable à celle de Port-Saïd, précisément en raison du chemin de fer d'Ismaïlia à Suez;

Enfin, les marchandises légères du Magasin général se trouveraient, de même, transportées plus rapidement.

Indépendamment des avantages à attendre d'une voie de service au double point de vue qui vient d'être indiqué, il y avait lieu de considérer encore que l'achat, l'entretien et le service de bord des canots à vapeur de service se traduisaient par de notables dépenses. Il était évidemment de bonne administration de chercher à déplacer ces dépenses dans l'intérêt du transit universel en même temps que dans l'intérêt des services d'exploitation qui avaient beaucoup à souffrir de la lenteur des communications[1].

La question de possibilité d'utilisation ultérieure de la

1. On estimait, alors, qu'avec un seul train montant et un train descendant, la dépense annuelle d'exploitation de la voie de service ne dépasserait pas 120.000 francs. Par contre, les économies réalisées par la suppression notamment du canot de service ne seraient pas moindres de 68.000 francs; de telle sorte que l'excédent de dépense annuelle ne dépasserait pas 50.000 francs. Une très grande amélioration se trouverait donc réalisée au point de vue du service comme au point de vue humanitaire avec un accroissement de charges modéré.

voie provisoire affectée à l'exécution des travaux du canal d'eau douce, comme voie définitive de service, fut donc, comme il est dit plus haut, mise à l'étude.

Il était d'ailleurs entendu que la voie de service projetée ne devait avoir à satisfaire qu'aux besoins des services de la Compagnie.

Même dans ces conditions restreintes, lorsque l'on en vint à étudier de près la question d'utilisation de la voie provisoire, se présentèrent des difficultés d'une double nature, les unes se rapportant au tracé, les autres à l'insuffisance de la voie Decauville de 0m,60.

En ce qui était du tracé, on reconnut que, pour éviter à ce sujet des difficultés avec le Gouvernement égyptien, l'assiette de la voie de service définitive devait se trouver tout entière sur les terrains de la Compagnie, et, par conséquent ne pouvait suivre le tracé du Canal d'eau douce; cette dernière solution eût d'ailleurs présenté des difficultés techniques au double point de vue d'un bon établissement de la voie et des conditions d'entretien; enfin, la voie établie le long du canal d'eau douce se serait trouvée passer à plus de 5 kilomètres de distance des gares des kilomètres 54 et 64 du Canal maritime, et, par suite, n'eût pas satisfait au but que l'on voulait atteindre.

Au sujet de la contexture et de la largeur de la voie, on se rendit compte qu'avec la voie Decauville de 0m,60, la vitesse de marche des trains resterait inférieure à 18 ou 20 kilomètres à l'heure, alors que, sans exagération, l'on devait chercher à réaliser une vitesse de 30 à 35 kilomètres. En vue d'obtenir sûrement ce résultat, en même temps que dans des vues d'avenir, c'est-à-dire en prévision d'une exploitation publique éventuelle, la voie de 1 mètre — à défaut de la voie normale qui eut été trop ambitieuse et trop coûteuse, sans parler même de l'opposition du Gouvernement égyptien — semblait indiquée, et elle avait été effectivement adoptée d'abord en principe (fin 1888), par la

Compagnie. Mais, en dernière analyse, toujours pour éviter des difficultés avec le Gouvernement égyptien et bien montrer qu'elle n'avait en vue qu'une voie de service pour ses propres besoins, la Compagnie adopta définitivement la voie de $0^{m},75$.

Ainsi, en résumé, d'une part, la Compagnie avait dû renoncer à l'idée qu'elle avait eue d'abord d'utiliser la voie provisoire affectée aux travaux du canal d'eau douce pour en faire une voie de service définitive; mais, d'autre part reconnaissant néanmoins les avantages multiples d'une voie de service, elle en avait quand même décidé l'établissement dans les conditions ci-dessus indiquées.

A partir du moment où le projet d'établissement d'une voie de service avait été adopté en principe par la Compagnie, jusqu'à celui où un programme définitif en fixa les conditions d'établissement, l'étude et la mise en train du dit projet suivirent un cours régulier en dehors des questions que soulevèrent bientôt les intentions manifestées par la Compagnie.

Le Gouvernement égyptien s'était ému dès qu'il avait appris que la Compagnie se proposait de laisser subsister dans l'avenir la voie ferrée déjà établie sur une certaine longueur pour l'approvisionnement des chantiers du canal d'eau douce. Néanmoins, pendant les deux années 1889 et 1890, où s'exécutaient les travaux de la voie de service, son attitude fut toute d'expectative. La Compagnie n'avait eu connaissance de ses préoccupations que par des avis officieux; et, en attendant les événements, elle avait poussé ses travaux avec toute l'activité possible. Ce ne fut que vers la fin de l'année 1890 que le Gouvernement, à la suite d'une visite des travaux de la voie de service par un de ses ingénieurs, fit connaître officiellement à la Compagnie son désir « de savoir exactement dans quel but la Compagnie entendait construire la voie en question, sur quel terrain elle serait établie et si c'était une voie temporaire destinée à disparaître après l'achèvement de certains, travaux ou si la Compagnie entendait, au contraire, la maintenir à titre définitif; le Gouvernement se réservait dans tous les cas d'examiner si la Compagnie n'excédait pas les droits résultant pour elle, soit de l'acte de concession, soit des actes postérieurs. »

En réponse aux préoccupations manifestées par le Gouvernement égyptien, la Compagnie s'empressa de lui exposer les raisons de droit et de fait qui l'avaient décidée « à entreprendre, dans un intérêt général et uniquement en vue des besoins de son exploitation, l'exécution purement onéreuse de la voie de service ». Les raisons invoquées par la Compagnie étaient les suivantes :

La Compagnie faisait observer tout d'abord que la voie de service était établie sur les terrains qui lui avaient été concédés ou qu'elle avait acquis du Gouvernement égyptien, en décembre 1886, au prix de 2 millions de francs. Or, la Compagnie était seule juge de l'emploi à faire de ses terrains pour les besoins de son exploitation ; son droit à ce sujet avait été reconnu par toutes les Conventions; la seule restriction qui lui était imposée était de ne pouvoir pas en tirer personnellement profit; les parties disponibles des terrains en question étaient seules attribuées au Domaine commun à mesure que la Compagnie en déclarait expressément la disponibilité.

La Compagnie n'avait donc pas excédé son droit en décidant l'établissement de la voie de service.

Elle tenait, néanmoins, à faire connaître au Gouvernement les considérations d'ordre supérieur auxquelles elle avait obéi en s'imposant une charge nouvelle dont elle ne devait tirer aucun profit.

Après avoir rappelé, à ce sujet, que, soucieuse de rester à la hauteur de la mission qui lui avait été confiée par le Gouvernement, elle n'avait pas hésité, depuis l'inauguration du Canal, en vue de le maintenir constamment en état de répondre au développement du trafic et d'augmenter la rapidité et la sécurité de la navigation, à s'imposer de très lourdes charges (travaux d'amélioration et d'agrandissement du Canal et coûteuses installations pour la navigation de nuit), la Compagnie faisait observer que l'établissement de la voie de service rentrait dans l'ordre des dépenses qu'elle avait acceptées ; que cette voie de service, d'ailleurs, permettait d'empêcher le retour d'événements malheureux survenus dans le Canal dans le cours des dernières années et au sujet desquels la Compagnie donnait les renseignements suivants :

Au début de l'exploitation du Canal — disait-elle — alors qu'un petit nombre de navires, de faibles dimensions d'ailleurs, transitaient, la Compagnie laissait librement circuler jour et nuit les barques naviguant entre Ismaïlia et Port-Saïd; et les barques de service de la Compagnie elles-mêmes circulaient pour ses besoins sans inconvénient.

Mais, quand augmentèrent le nombre et la dimension des navires, on ne tarda pas à s'apercevoir du trouble que cette liberté de navigation causait aux grands navires et des risques que les barques et canots couraient dans le Canal fréquenté par des vapeurs de plus en plus nombreux. De graves accidents s'y produisirent, en effet, dans le courant des années 1885 à 1889 : barques arabes et canots de la Compagnie coulés par des vapeurs, avec pertes de vies humaines et blessures; échouement d'un vapeur pour éviter de couler une barque arabe, et qui aurait pu avoir pour conséquence de bloquer plus ou moins longtemps le Canal.

L'établissement et le fonctionnement de la navigation de nuit eut gravement augmenté ces accidents s'il n'avait été promptement apporté un premier remède : le danger était apparu en effet des plus sérieux lorsqu'il futconstaté que le projecteur électrique des navires transitant de nuit répandait à une grande distance une lumière assez vive pour aveugler l'équipage des canots ou barques venant en sens contraire et empêcher ainsi, par l'impossibilité d'une appréciation des distances, la correction des manœuvres; en outre, la présence dans le Canal de feux mobiles au milieu des feux fixes indiquant le chenal, pouvait donner lieu à de funestes erreurs.

La Direction de la Poste égyptienne avait dû, d'elle-même, en présence du danger signalé, modifier l'horaire de son service entre Ismaïlia et Port-Saïd, de manière à ce que ses canots n'eussent pas à naviguer de nuit.

La Compagnie, de son côté, avait dû introduire dans son règlement de navigation une disposition interdisant entièrement la navigation de nuit des navires et barques à voiles.

Mais l'interdiction que la Compagnie s'était trouvée obligée d'imposer aux tiers, elle n'avait pu l'accepter pour elle-même par la raison que les mouvements de ses canots et de ses appareils dans le Canal étaient nécessaires à toute heure pour les besoins du service. La Compagnie se trouvait donc obligée de gêner la marche des grands navires et de mettre ses agents en danger toutes les fois qu'elle faisait circuler la nuit ses appareils ou canots. Il lui devenait, évidemment, de devoir strict de se conformer, autant qu'il lui serait possible, aux règles imposées aux autres, et de faire cesser, ou au moins de restreindre au minimum la circulation de son personnel sur le Canal.

Il n'y avait qu'un seul moyen de résoudre la difficulté : c'était de débarrasser le Canal, la voie maritime, de ce qui était gênant et dangereux sur l'eau, et d'effectuer les transports et les mouvements indispensables de la Compagnie, sur terre, au moyen d'un tramway à vapeur construit à proximité du Canal, desservant les gares et les mettant en communication avec les bureaux, les magasins, les ateliers et les hôpitaux de Port-Saïd.

La Compagnie rappelait que, dans sa réunion de 1889, la Commission technique internationale, composée d'ingénieurs et de marins appartenant aux diverses Puissances européennes et que la Compagnie réunit chaque année pour avoir son avis sur les procédés d'exécution de ses travaux, consultée au sujet de la voie de service projetée, avait reconnu à l'unanimité « l'utilité incontestable de cette voie de service dans l'intérêt du transit du Canal maritime. »

La Compagnie, en terminant, insistait sur ces considérations : qu'après l'achèvement de la voie de service, projetée à une largeur de voie de $0^m,75$ seulement et destinée uniquement aux besoins exclusifs de la Compagnie, le Canal maritime se trouverait enfin dégagé, au grand avantage des navires en transit, des chances d'accidents de la nature de ceux qu'elle avait signalés; que les mouvements inévitables du personnel allant porter secours aux navires en cas d'échouage seraient plus sûrs et plus rapides ; que la Compagnie, sans accroître inutilement le nombre de ses pilotes, pourrait satisfaire à un passage plus nombreux de navires; qu'elle aurait enfin, entre Ismaïlia et Port-Saïd, les avantages de sécurité et de rapidité que lui donnait, d'Ismaïlia à Suez, le chemin de fer égyptien sur lequel ses agents n'effectuaient pas moins de 2.500 voyages par an.

La Compagnie, n'hésitant pas à accepter les charges qui avaient pour but de donner à ses clients des satisfactions de jour en jour croissantes, exprimait finalement l'espoir que les nouveaux efforts qu'elle faisait dans ce sens, au prix de réels sacrifices, loin d'être entravés, seraient appréciés par le Gouvernement égyptien comme ils l'étaient par les marins de toutes les nations maritimes fréquentant le Canal.

Au sujet de nouvelles préoccupations formulées un peu plus tard par le Gouvernement égyptien, et portant sur les deux points suivants : la Convention de 1869 et les accords relatifs au Domaine commun, la Compagnie fut amenée à fournir les nouvelles explications ci-dessous :

Sur le premier point, la Compagnie affirmait son ferme désir de ne cesser de prouver par son attitude dans l'avenir, comme elle l'avait toujours fait dans le passé, qu'elle n'entendait pas étendre les privilèges qui lui avaient été concédés. Elle faisait observer que la Convention du 28 avril 1869 avait visé des exploitations spéciales, qui étaient productrices ou qui pourraient le devenir, telles que la poste, le télégraphe, la pêche; et que la voie de service n'entrait nullement dans cette catégorie, puisqu'elle n'était destinée qu'aux besoins exclusifs de la Compagnie, qu'elle n'était pas par elle-même une exploitation; qu'elle n'était qu'un moyen d'améliorer l'exploitation du Canal maritime en exonérant cette exploitation d'une cause d'embarras susceptibles de nuire à la rapidité du transit des navires.

Quant aux rapports de la Compagnie avec le Gouvernement égyptien en tant qu'associés du Domaine commun, la Compagnie faisait observer que la voie de service ne saurait porter atteinte au principe de cette association. Le Gouvernement alléguait que cette voie empruntait une partie du Domaine commun : il s'agissait sans doute, uniquement, des terrains des villes d'Ismaïlia et de Port-Saïd où se trouvaient les terminus de la voie. Or, il ne pouvait y avoir le moindre désaccord au sujet de ces terrains entre les vues de la Compagnie et celles du Gouvernement. La Compagnie n'avait pas besoin de rappeler que chaque fois qu'elle avait eu besoin pour son exploitation d'un terrain dans les zones susceptibles d'être vendues, elle en prévenait l'administration du Domaine commun. C'était ainsi que l'Ingénieur en chef des travaux avait déjà fait connaître au Domaine commun, en se conformant aux précédents, les terrains qu'il retenait à Port-Saïd pour la voie de service. S'il n'avait pas fait en même temps, une communication semblable au sujet d'Ismaïlia, c'est que la Compagnie ne considérait pas les terrains sur lesquels passait la voie, en bordure de la ville, comme faisant partie de la ville proprement dite ; mais la Compagnie ne discuterait pas ce point si le Gouvernement ne partageait pas sa manière de voir, et elle était toute disposée à faire au Domaine commun, pour le passage de la voie de service sur ces terrains d'Ismaïlia, la même communication qu'elle avait faite pour ceux de Port-Saïd.

La Compagnie se proposait, d'autre part, alors que les travaux de la voie de service seraient plus avancés, de rechercher avec le Tanzim, ainsi que cela avait eu lieu pour le tramway d'Ismaïlia à Saint-Vincent, qui suit une voie publique, une entente pour le passage de la voie de service sur quelques rues de Port-Saïd avant son arrivée aux ateliers de la Compagnie. Elle rechercherait volontiers de suite cette entente afin de témoigner au Gouvernement de son désir de ne pas se départir d'une déférence qu'elle avait toujours considérée comme son devoir.

Le Gouvernement qui, ainsi qu'on vient de l'expliquer, s'était montré d'abord si peu favorable[1] aux projets de la

---

1. Le motif pour lequel le Gouvernement égyptien se montra d'abord peu favorable à la concession d'une ligne ferrée de Port-Saïd à Ismaïlia semble

Compagnie relatifs à la voie de service, laissa finalement entendre qu'il consentirait à s'associer à l'œuvre commencée moyennant certaines conditions à débattre. Les pourparlers engagés à ce sujet finirent heureusement par aboutir à une première Convention du 5 décembre 1891 — dont le texte est donné ci-après — portant autorisation, par le Gouvernement, de l'établissement du « tramway de service à vapeur de Port-Saïd à Ismaïlia », et fixant les conditions de son fonctionnement.

Une seconde Convention — dont le texte se trouve également ci-après — est intervenue à la date du 2-17 mai 1896, apportant certaines modifications dans les conditions de fonctionnement du tramway.

---

avoir été la crainte de créer ainsi une concurrence sérieuse au port d'Alexandrie et au chemin de fer d'Alexandrie au Caire, seule voie offerte jusque-là aux voyageurs et marchandises de provenances d'Europe et de l'Asie Mineure pour l'Egypte et *vice versâ*. (Il y avait bien encore, il est vrai, la voie nouvelle du Canal maritime qui, par son contact avec les chemins de fer et les canaux égyptiens, aurait pu détourner une partie du mouvement, mais ne l'avait fait, en réalité, que dans une mesure extrêmement restreinte).

Il ne sera pas sans intérêt de faire remarquer, à ce sujet, que le port d'Alexandrie n'est plus guère fréquenté, depuis l'ouverture du Canal maritime, comme navires à voyageurs, que par des navires de construction déjà ancienne et médiocres marcheurs, tandis qu'à Port-Saïd arrivent tous les nouveaux navires à grande vitesse des grandes Compagnies maritimes. On peut dire que le Canal de Suez exerce une attraction spéciale sur le mouvement de la navigation vers l'Egypte. Si, à ces conditions avantageuses pour les transports rapides, Port-Saïd avait pu ajouter une ligne ferrée pénétrant au cœur de l'Egypte et pouvant se prêter aux transports des produits du sol égyptien (cotons, sucres, etc.), et aux importations des marchandises européennes pondéreuses (charbons, etc.), il est évident que le port d'Alexandrie aurait perdu une partie de sa clientèle.

Ainsi s'explique que le Gouvernement égyptien ait tenu — à cette époque, du moins, — à n'autoriser qu'un simple tramway à vapeur à voie étroite et à imposer même à la Compagnie certaines restrictions dans les conditions d'exploitation de ce tramway.

C'est ainsi, notamment que, dans la rédaction de l'article 2 du nouvel accord du 2-17 mai 1896 (Voir plus loin), le Gouvernement a exigé l'insertion — non prévue d'abord — des mots « uniquement pour assurer l'approvisionnement du pays », au sujet des denrées que la Compagnie était autorisée à transporter au tarif de petite vitesse, et ce, afin de ne pas encourir le reproche « de favoriser le développement du commerce d'importation et d'exportation par voie de Port-Saïd ».

Texte de l'accord du 5 décembre 1891 sur le tramway de service à vapeur de Port-Saïd à Ismaïlia.

(Cet accord, entre le Gouvernement égyptien et la Compagnie a été conclu par l'échange des lettres suivantes :)

Lettre datée du Caire, du 5 décembre 1891, de M. R. Roualle de Rouville, Agent supérieur de la Compagnie en Égypte, à S. E. Moustapha Pacha Fehmy Président du Conseil des Ministres.

Excellence, pour assurer, sans attendre l'achèvement des travaux d'amélioration du Canal, de nouvelles facilités aux navires transitants et dégager le plus tôt possible, dans ce but, la voie maritime entre Port-Saïd et Ismaïlia du mouvement des canots à vapeur, barques, embarcations, etc., — service nécessité par l'obligation de desservir et approvisionner de jour et de nuit les gares du Canal maritime, — la Compagnie a entrepris, après accord avec le Gouvernement égyptien, la construction entre Port-Saïd et Ismaïlia d'un tramway de service à vapeur n'ayant que 0^{m},75 d'écartement de rails, voie exclusivement destinée à relier les gares et chantiers du Canal maritime aux bureaux, ateliers, magasins et hôpitaux de Port-Saïd et d'Ismaïlia.

En raison de l'accord intervenu, la Compagnie accepte la charge d'utiliser cette petite voie de service, dans la mesure du possible, dans l'intérêt des services postaux du Gouvernement de Son Altesse, des voyageurs et des habitants de Port-Saïd et d'Ismaïlia. En conséquence, la Compagnie s'engage à transporter, aux conditions énumérées ci-après, par la dite voie de service, et cela jusqu'au jour où Port-Saïd sera relié au réseau des chemins de fer égyptiens, les malles postales, les voyageurs, de Port-Saïd à Ismaïlia et vice versa.

La Compagnie remettra au Gouvernement de Son Altesse un plan général de la voie de service à l'échelle de 1 milli-

mètre pour mètre; des profils en travers types et d'autres relevés sur le terrain en nombre suffisant; un mémoire descriptif fixant très exactement les dispositions de la voie; des états indiquant les pentes, rampes et paliers, les courbes avec leurs rayons et les alignements droits, l'importance des gares et haltes, les traversées de routes, canaux, les ouvrages d'art et passages à niveau; l'écartement et le poids de la voie, les traverses, la nature du ballast; les plans des stations et haltes; le matériel, etc.

L'autorisation d'exploiter ladite voie de service sera subordonnée à la remise de ces plans et à la constatation, par le Gouvernement de Son Altesse, que la construction de la voie et le matériel, conformes aux plans remis, donnera toute sécurité.

Il sera prélevé, au bénéfice du Gouvernement égyptien, 8 0/0 *sur les recettes brutes provenant du transport des malles et des voyageurs et des colis en grande vitesse, étant entendu que tous les transports effectués pour le service de la Compagnie ne donnant lieu à aucune recette effective ne seront pas compris dans le relevé des recettes brutes servant de base au prélèvement de* 8 0/0.

Pour le contrôle de ce prélèvement les livres de la comptabilité seront toujours à la disposition des Agents du Gouvernement pour être vérifiés.

Le Gouvernement de Son Altesse, à toutes époques, et aussi souvent qu'il le jugera nécessaire, pourra faire inspecter la voie et le matériel, qui devront être maintenus en bon état par la Compagnie. Les Agents du Gouvernement désignés pour l'examen de l'entretien de la voie et du matériel et la vérification de la comptabilité seront transportés gratuitement sur la voie de service.

La Compagnie ne pourra transporter sur sa voie de service aucune marchandise de petite vitesse, mais seulement les voyageurs avec leurs bagages et les colis en grande vitesse.

Les dépêches postales, les colis postaux et les transports de finances seront faits par l'Administration des Postes, dans le wagon spécial dont elle disposera, sans droit de transport ni de péage par la Compagnie, et sans que la Compagnie puisse encourir aucune responsabilité.

La Compagnie s'engage à respecter le monopole réservé à la Poste du transport des corespondances et du numéraire sur les chemins de fer de l'Etat, tel qu'il est établi par les Règlements, étant bien entendu que cet engagement ne vise pas les plis de service de la Compagnie et le numéraire expédié dans les campements, gares et chantiers où il n'y a pas de bureaux postaux.

Le service des Postes du Gouvernement égyptien sur la voie de service ne sera soumis à aucune taxe de transport, et, dans ce but, la Compagnie fera construire un wagon spécial qui sera attaché à tous les trains ordinaires. Ce wagon recevra la Poste et tous les Agents l'accompagnant.

Le wagon spécial sera aménagé d'accord avec le service des Postes de Son Altesse.

Dans le cas où le wagon-poste serait insuffisant pour le transport des dépêches, numéraire et colis postaux, la Compagnie aura à fournir gratuitement le nombre de fourgons supplémentaires qui seront nécessaires jusqu'à concurrence de deux fourgons.

Toutes les fois qu'en cas de retard dans l'arrivée d'un bateau postal quelconque, l'Administration des Postes égyptiennes demandera un train spécial, la Compagnie devra faire gratuitement ce train, jusqu'à concurrence de douze trains spéciaux par an. Pour tout train spécial au-delà de ce nombre, l'Administration des Postes paiera à la Compagnie le même tarif qu'elle paie pour les trains spéciaux à l'Administration des chemins de fer de l'Etat.

Le Gouverneur du Canal, le Sous-Gouverneur et le Commandant de la Police seront transportés gratuitement sur tout le réseau et en 1re classe.

Les Agents du Gouvernement en uniforme, ainsi que les

fonctionnaires ou employés en service seront transportés avec une réduction de 50 0/0 sur les prix du tarif[1].

Des concordances de tarif avec les chemins de fer égyptiens seront établies de telle sorte que les voyageurs et les expéditions de colis en grande vitesse puissent, à Port-Saïd, prendre des billets pour toutes les villes et localités desservies par les chemins de fer égyptiens[2].

La Compagnie, à toute réquisition parvenue en temps utile, mettra à la disposition du Gouvernement, un ou plusieurs compartiments de 3e classe pour le transport des prévenus,

---

1. Pendant que se préparait la mise en exploitation du tramway, il a été décidé, d'accord avec le Gouvernement, que ses agents, même en uniforme, et les fonctionnaires ou employés en service — à l'exception des soldats en troupe — devraient, pour être admis à bénéficier du transport à demi-tarif sur la voie de service, présenter une pièce de service telle que feuille de route ou demande d'une administration compétente.

2. Les concordances de tarif avec le réseau égyptien n'ont pas été établies dès le commencement de l'exploitation du tramway.

Le livret-règlement que la Compagnie avait préparé en vue de l'exploitation, et qu'elle eut à soumettre à l'approbation préalable du Gouvernement en lui demandant l'autorisation de commencer cette exploitation, ne contenait aucune disposition concernant la pénétration des deux services. Aussi, le Gouvernement, tout en approuvant le livret-règlement, fit-il toute réserve au sujet de la non-pénétration, signalant à la Compagnie la nécessité pour elle de remplir ses engagements à cet égard. Le Gouvernement invitait en même temps la Compagnie, pour éviter des retards, à correspondre à l'avenir avec l'Administration des chemins de fer pour toutes les questions se référant aux accords déjà établis au sujet du tramway.

L'Administration des chemins de fer, après la reconnaissance de la voie et du matériel du tramway par ses ingénieurs, se déclara favorable à la mise immédiate en exploitation moyennant l'engagement que prendrait la Compagnie d'étudier la mise en pratique du système de pénétration.

L'autorisation officielle d'exploitation fut finalement donnée par le Gouvernement à la Compagnie le 28 octobre 1893, et le service public fut inauguré le 3 décembre suivant.

Après de longues études et négociations, un premier accord est intervenu, en mars 1895, entre la Compagnie et l'Administration des chemins de fer, réglant toutes les conditions de fonctionnement d'un service commun entre Port-Saïd et les six gares suivantes du réseau des Chemins de fer de l'Etat : Zagazig, Mansourah, le Caire, Tanta, Suez et Alexandrie. Ce nouveau service a commencé à fonctionner le 1er mai 1895.

Plus tard, en octobre 1898, sur des demandes successives de l'Administration des Chemins de fer, la Compagnie a consenti à étendre le service de pénétration à de nouvelles gares du réseau de l'Etat, savoir :

A sept gares de la Haute-Egypte : Fayoum, Beni-Souef, Bibeh, Magagah, Minieh, Assiout et Ghirgheh ; et à six gares de la Basse-Egypte : Mahsama, Gassasine, Tel-el-Kebir, Abou-Hammad, Abou-el-Akhdar et Benah.

accusés ou condamnés et de leurs gardiens. Les frais de ce transport seront payés, au prix du tarif, par le Gouvernement égyptien, sauf les réductions de tarif stipulées en faveur des gardiens.

A Ismaïlia, la voie de service aboutira à la gare actuelle du chemin de fer égyptien de telle sorte que le transbordement puisse se faire facilement.

La Compagnie organisera des trains spéciaux pour Son Altesse et sa famille, ou mettra des voitures du train ordinaire à la gratuite disposition de Son Altesse le Khédive et de sa famille, toutes les fois qu'elle en sera requise en temps utile.

Dans le cas où ladite voie de service existerait encore à l'expiration de la concession du Canal maritime, la voie, les bâtiments, le matériel, etc., tels qu'ils seront, se trouveraient soumis aux mêmes obligations et destinées que le Canal maritime, les bâtiments et le matériel, conformément à l'article 16 *de l'acte de concession du* 15 *janvier* 1856.

P.-S. — Il est bien entendu que les colis en grande vitesse ne pourront excéder, comme poids et dimensions, les poids et dimensions que pourront ransporter les fourgons et wagons de la voie de service.

Règlement

1. — *Le prix maximum des places est fixé ainsi qu'il suit de Port-Saïd à Ismaïlia et d'Ismaïlia à Port-Saïd :*

	Francs	Livre égyptienne
1re *classe*.............	12..............	0,463
2e *classe*.............	9..............	0,347
3e *classe*.............	6..............	0,231

Le prix pour stations ou haltes intermédiaires, s'il y en a, sera proportionnel aux taxes ci-dessus et au nombre de kilomètres.

2. — *Un compartiment pour femmes voyageant seules sera réservé à chaque train ordinaire.*

3. — *Les tarifs des trains spéciaux ainsi que ceux des transports pour les bagages et les colis de grande vitesse seront toujours les mêmes que les tarifs des chemins de fer égyptiens.*

4. — *Il y aura sur la ligne de Port-Saïd à Ismaïlia au moins un train*

dans chaque sens par jour pour les trois classes de voyageurs; il correspondra aux trains ordinaires de jour du réseau de l'Etat.

5. — *La Compagnie mettra à la disposition des voyageurs, à chaque train ordinaire quotidien, et, si cela est nécessaire, le total des voitures de toutes classes disponibles en gare de départ, jusqu'à la limite de traction de la ou des locomotives disponibles. Dans tous les cas, elle devra être en mesure de transporter jusqu'au chiffre maximum de 200 voyageurs de toutes classes et leurs bagages.*

Réponse datée du Caire, du 5 décembre 1891, du Président du Conseil des Ministres à l'Agent supérieur de la Compagnie

Monsieur l'Agent supérieur, j'ai l'honneur de vous informer que par décision en date du jeudi 3 décembre courant, le Conseil des Ministres a approuvé la construction et l'exploitation, par la Compagnie universelle du Canal maritime de Suez, d'un tramway de service à vapeur entre Port-Saïd et Ismaïlia, aux clauses et conditions contenues dans la lettre que vous m'avez adressée à ce sujet sous la date d'aujourd'hui[1].

Texte du nouvel accord, du 2-17 mai 1896, sur le fonctionnement du tramway à vapeur[2]

(Cet accord entre le Gouvernement égyptien et la Compagnie a été conclu par l'échange des deux lettres suivantes) :

Lettre datée du Caire du 2 mai 1896, de M. de Sérionne, Agent supérieur de la Compagnie en Egypte, à S. E. Moustapha Pacha Fehmy, Président du Conseil des Ministres.

Excellence, aux termes de la Convention intervenue entre le Gouvernement de Son Altesse et notre Compagnie, le 5 *décembre* 1891, *il avait été entendu que la Compagnie ne pourrait transporter sur sa voie de service aucune marchandise de petite vitesse, mais seulement les voyageurs avec leurs bagages et les colis en grande vitesse.*

---

1. Le tramway à vapeur a été inauguré par S. A. le Khédive le 2 décembre 1893, et le service public a commencé dès le lendemain 3 décembre.
2. Voir la note de la page 254.

A la suite de nombreuses réclamations qui se sont produites dans le public sur cette limitation des transports, la Compagnie a examiné la question; elle s'est montrée disposée à faire droit, dans les limites compatibles avec la nature spéciale de son exploitation, aux desiderata dont elle recueillait l'écho de toute part, et elle a pensé à proposer au Gouvernement d'admettre sur son tramway, au tarif de la petite vitesse, les animaux vivants et toutes les denrées solides ou liquides, destinées à servir directement à l'alimentation et dont la liste est ci-jointe.

D'autre part, le Gouvernement a, à diverses reprises, fait connaître au représentant de la Compagnie son désir de voir établir entre Ismaïlia et Port-Saïd un second train quotidien dans chaque sens.

Notre Compagnie, désireuse de témoigner sa sollicitude pour toutes les questions touchant à l'intérêt général de l'Egypte a accepté le principe de cette charge nouvelle, en faisant observer que ce train pourrait ne répondre à un besoin public que pendant une partie de l'année, et qu'il pourrait, dans ce cas, être suspendu sans inconvénient pendant la saison d'été, comme cela se pratique sur diverses lignes de chemins de fer en Europe, notamment pour les trains desservant en France et en Italie le littoral de la Méditerranée.

Dans ces conditions, l'autorisation relative au transport de certaines marchandises au tarif de la petite vitesse a été de la part du Gouvernement une compensation au sacrifice que la Compagnie consentait sur sa demande.

C'est dans ce double ordre d'idées qu'il a été convenu que :

1° *La Compagnie établira entre Ismaïlia et Port-Saïd un second train quotidien dans chaque sens; toutefois, elle aura la faculté de suspendre ce train supplémentaire pendant la période comprise entre le 1er juillet et le 1er octobre.*

2° *La Compagnie, uniquement pour assurer l'approvisionnement du pays, est autorisée à transporter sur sa voie de service, au tarif de la petite vitesse des Chemins de fer égyptiens et d'après les droits respectifs afférents dans ledit tarif à chacun des articles autorisés, les animaux vivants et toutes les denrées solides ou liquides destinées à servir directement à l'alimentation, dont la liste se se trouve ci-annexée et qui pourra être modifiée, s'il y a lieu, après accord intervenu entre l'Administration des Chemins de fer de l'Etat et la Compagnie.*

Mais il est bien entendu que, quoiqu'un seul et même tarif soit appliqué sur le réseau de l'Etat et sur le tramway de la Compagnie, la gare d'Ismaïlia sera considérée comme un point terminus au point de vue de l'application du tarif, et, qu'en conséquence, les expéditions des articles précités seront l'objet de deux taxations distinctes, à savoir : l'une, pour le transport d'une gare quelconque du réseau de l'Etat à Ismaïlia, ou vice versâ; l'autre d'Ismaïlia à Port-Saïd, ou vice versâ.

Il demeure bien entendu que la Compagnie n'aura pas à se préoccuper de la spécification des marchandises, s'en tenant à la déclaration des expéditeurs, et que sa responsabilité ne pourra jamais se trouver engagée sur ce point.

Lettre du 17 mai 1896, de S. E. *Moustapha Pacha Fehmy, Président du Conseil des Ministres, à l'Agent supérieur de la Compagnie.*

Monsieur l'Agent supérieur, j'ai l'honneur d'accuser réception de la lettre que vous m'avez adressée sous la date du 2 mai courant, relativement à la création d'un second train quotidien sur la ligne du tramway à vapeur de Port-Saïd à Ismaïlia.

En réponse, je m'empresse de vous faire connaître que le Gouvernement est entièrement d'accord avec vous sur tous les points.

Il est donc convenu que :

(Suit la reproduction textuelle de la partie correspondante de la lettre de l'Agent supérieur[1].)

---

1. Le second train quotidien a commencé à fonctionner le 1er novembre 1896.

Plaque commémorative en bronze scellée sur la face ouest du piédestal du monument de Lesseps, à Port-Saïd.

CANAL DE SUEZ.

CONSTRUIT
SOUS LES RÈGNES DE S. A. SAÏD PACHA ET DE S. A. ISMAÏL PACHA,
VICE-ROIS D'ÉGYPTE,
PAR FERDINAND DE LESSEPS

ACTES DE CONCESSION : 30 NOVEMBRE 1854 ET 5 JANVIER 1856.
FIRMAN DE SA MAJESTÉ IMPÉRIALE LE SULTAN : 19 MARS 1866.

PREMIER COUP DE PIOCHE A PORT-SAÏD, PAR FERDINAND DE LESSEPS,
LE 25 AVRIL 1859,
OUVERTURE DU CANAL A LA GRANDE NAVIGATION LE 17 NOVEMBRE 1869,
PAR S. A. LE KHÉDIVE ISMAÏL,
EN PRÉSENCE DE S. M. L'IMPÉRATRICE EUGÉNIE, S. M. L'EMPEREUR D'AUTRICHE,
ETC., ETC.

AUTEURS DE L'AVANT-PROJET (20 MARS 1855) : LINANT BEY ET MOUGEL BEY.

CONSTRUCTION DU CANAL

AGENTS SUPÉRIEURS DE LA COMPAGNIE EN ÉGYPTE : RUYSSENAERS, GÉRARDIN;
INSPECTEUR GÉNÉRAL EN ÉGYPTE : COMTE SALA;
DIRECTION GÉNÉRALE DES TRAVAUX : MOUGEL BEY, VOISIN BEY;
INGÉNIEURS DIVISIONNAIRES : GIOIA, LAROCHE, LAROUSSE;
ORGANISATION DU TRANSIT : JULES GUICHARD;
ENTREPRENEURS : BOREL ET LAVALLEY, COUVREUX, DUSSAUD, HARDON.

CE MONUMENT,
TÉMOIGNAGE DE RECONNAISSANCE DES ACTIONNAIRES DU CANAL
POUR LE FONDATEUR DE L'ŒUVRE,
A ÉTÉ INAUGURÉ LE 17 NOVEMBRE 1899,
EN PRÉSENCE DE S. A. ABBAS HILMI, KHÉDIVE D'ÉGYPTE,
PAR LE PRINCE AUGUSTE D'ARENBERG
PRÉSIDENT DE LA COMPAGNIE
ASSISTÉ
DE MM. LE GÉNÉRAL SIR JOHN STOKES, H. BOUCARD, J. CHARLES-ROUX,
VICE-PRÉSIDENTS,
DES MEMBRES DU CONSEIL D'ADMINISTRATION,
DES MEMBRES DE LA COMMISSION CONSULTATIVE DES TRAVAUX,
DU COMTE CHARLES DE LESSEPS ET DE TOUTE LA FAMILLE DE LESSEPS.

DIRECTEUR DE LA COMPAGNIE : R. DE ROUVILLE;
AGENT SUPÉRIEUR DE LA COMPAGNIE EN ÉGYPTE : COMTE DE SÉRIONNE;
INGÉNIEUR EN CHEF : E. QUELLENNEC;
CHEF DU TRANSIT : L. TILLIER;
CHEF DES EXPLOITATIONS ACCESSOIRES : E. THÉVENET.

INAUGURATION DE LA STATUE DE FERDINAND DE LESSEPS A PORT-SAID

(17 novembre 1899)

Le projet d'édification à Port-Saïd d'un monument à la mémoire du Créateur du Canal avait été soumis par le Président de la Compagnie, M. le Prince Auguste d'Arenberg, à l'approbation de l'Assemblée générale des actionnaires dans sa réunion du 9 juin 1897.

Le Président, dans son Rapport à l'Assemblée s'exprimait à ce sujet dans les termes suivants :

Les circonstances ne nous ont pas permis jusqu'ici de vous entretenir d'un projet dont nous désirons ardemment la réalisation : Ferdinand de Lesseps n'a pas encore un monument proportionné aux services rendus par lui au commerce du monde entier. Le siècle qui a vu s'ouvrir le Canal de Suez, l'œuvre la plus grandiose et la plus fructueuse des temps modernes, ne doit pas arriver à son terme sans que l'acte de reconnaissance et de justice que nous vous proposons soit accompli.

Votre Conseil, pensant que l'hommage serait plus grand encore s'il émanait des actionnaires plutôt que de leurs mandataires, n'avait pas voulu, jusqu'à présent, en prendre l'initiative. Plusieurs d'entre vous nous ayant manifesté le désir de voir une résolution dans ce sens mise à l'ordre du jour de l'Assemblée générale, nous avons, sans vouloir préjuger votre décision, fait préparer des études pour l'édification d'un monument digne de Ferdinand de Lesseps.

A Port-Saïd, à l'entrée même du Canal, il est un endroit où la statue de Ferdinand de Lesseps se détachera toujours sur le ciel éternellement pur de l'Égypte, et nul, dans les époques futures, ne pourra s'engager dans le Canal de Suez sans avoir devant les yeux l'image de celui qui, par son génie et son indomptable énergie, a modifié les relations entre les peuples et complété l'œuvre de la nature, en abrégeant les distances pour le plus grand bien de l'humanité.

Nous vous demandons, en conséquence, d'autoriser votre Conseil à affecter une somme d'environ 250.000 francs à la réalisation de ce temoignage de gratitude.

La proposition avait été approuvée à mains levées par l'Assemblée.

La statue de Ferdinand de Lesseps est l'œuvre de l'éminent sculpteur Frémiet qui a arrêté également toutes les dispositions de l'ensemble du monument.

La date choisie pour l'inauguration de la statue fut celle du 17 novembre 1899, jour anniversaire et premier trentenaire de l'inauguration de l'ouverture du Canal à la navigation.

Le Conseil d'administration a pris à sa charge toutes les dépenses que devaient entraîner les fêtes de l'inauguration du monument; et, tenant à donner le plus d'éclat possible à la grande manifestation qui se préparait, il a nolisé à la Compagnie des Messageries maritimes le magnifique paquebot *l'Indus*, à bord duquel prirent place au nombre de 118 passagers les Administrateurs et leurs invités.

Nous empruntons au journal *le Phare de Port-Saïd*, le récit de la cérémonie d'inauguration du monument.

Inauguration du Monument de Ferdinand de Lesseps

(EXTRAIT DU *Phare de Port-Saïd* DU 18 NOVEMBRE 1899)

Depuis deux jours le temps était menaçant et l'on pouvait redouter que le 17 novembre ne fut pas favorable pour la cérémonie d'inauguration de la statue érigée à Ferdinand de Lesseps par la Compagnie du Canal de Suez. La veille, une légère pluie avait dissipé le vent et, hier matin, un soleil radieux éclairait de ses rayons éblouissants la fête qui allait se célébrer à la mémoire de celui qui, par son génie, sa persévérance, son entrain et sa belle humeur qui le faisaient tant aimer de tous ses collaborateurs grands et petits, a immortalisé son nom en créant l'œuvre la plus féconde du siècle et qui lui a valu avec la gloire immortelle attachée à son œuvre le surnom si justement mérité de Grand Français.

Dès la veille, toute la ville était pavoisée, le boulevard du Port, la rue du Commerce, le quai Eugénie et les bâtiments de la Compagnie du Canal disparaissaient sous les drapeaux aux couleurs de toutes les nations et les décorations de feuillage.

Bien que la cérémonie ne dût commencer qu'à 9 heures du matin, depuis 7 heures la jetée-promenade qui conduit au monument était déjà envahie par la foule des invités auxquels un service d'ordre dirigé par le kaimakan Schalch bey, commandant de la police, en facilitait l'entrée.

Les navires de guerre *Cassard*, français, *le Rupert* et *le Nachville*, anglais, *l'Atlante*, italien, *le Walkyrien*, danois, avaient arboré leur grand pavois.

L'Indus, des Messageries Maritimes, amarré en face de la statue de Lesseps et sur lequel sont venus les invités de la Compagnie du Canal, avait, en dehors du grand pavois et à l'occasion du bal qui devait y être donné le soir, une décoration intérieure splendide.

Entre la jetée et *l'Indus*, la Compagnie du Canal avait fait placer un énorme ponton avec tribune installé sur chalands et recouvert par des tentes égyptiennes et pouvant contenir 4.000 personnes.

Tout était disposé de manière à ce qu'il n'y eut aucune confusion. Les places réservées pour les invités de marque comprenaient cinq rangées de sièges.

A huit heures, *l'Indus* commence à tirer quelques coups de canon. Puis les musiques *l'Internationale* et *la Lyre* font entendre alternativement les morceaux les plus entraînants de leur répertoire.

Vers neuf heures, la batterie égyptienne, installée sur la plage, tire une salve de 21 coups au moment où S. A. le Khédive quitte son yacht *le Mahroussa* pour se diriger sur le ponton où il débarque à l'escalier d'honneur qui lui a été préparé et sur les marches duquel se tiennent des gardes de police.

Sur la jetée, à la droite de la statue, se tient la musique de la garde qui joue l'hymne khédivial sur le passage de l'embarcation du Souverain, qui est reçu à l'escalier d'honneur par M. le prince d'Arenberg, Président et MM. les Administrateurs de la Compagnie du Canal, les Ministres, le Gouverneur général du Canal, le Sous-Gouverneur de Port-Saïd, etc.

La fanfare des sapeurs-pompiers rangée sur le prolongement de la jetée à la gauche du monument, sous le commandement de leur capitaine, M. Simon, sonne aux champs et la musique *Internationale* entonne à son tour l'hymne khédivial.

S. A. le Khédive est conduit à la place qui lui a été réservée et s'entretient un instant avec la comtesse de Lesseps et quelques personnages présents.

A ce moment le coup d'œil est grandiose. Toutes les places sont occupées et chacun attend avec anxiété le commencement de la cérémonie.

Nous profitons de ce calme pour nous rendre compte de la manière dont sont placés les invités et de l'effet que produit la réunion de tant de personnalités venues pour assister à cette solennité qui nous remémore celle qui eut lieu il y a 30 ans, alors que M. Ferdinand de Lesseps montrait aux souverains de l'Europe ou à leurs représentants, ce que peuvent la volonté et la persévérance réunies en exécutant cette œuvre colossale qui rapprochait de 3.000 lieues les peuples de l'Extrême-Orient de ceux de la vieille Europe.

Placé au centre de l'estrade, entre *l'Indus* et la jetée, nous avons en face de nous la statue de Ferdinand de Lesseps recouverte d'un voile ; au pied du socle se tient M. Lefteri, chef-manœuvre, un des plus anciens ouvriers de la Compagnie.

Sur l'estrade se trouvent rassemblés, aux côtés du Souverain, S. A. R. le prince Valdemar de Danemark, les Ministres, le Conseil d'administration du Canal de Suez, la famille de Lesseps, les membres du Corps diplomatique et du Corps consulaire, les hauts fonctionnaires et les invités venus d'Europe. Puis, le personnel de la Compagnie, les notabilités du commerce Port-Saïdien, les états-majors des navires de guerre présents dans le port, le personnel ouvrier de la Compagnie, des délégations du pensionnat du Bon Pasteur, de l'Asile Couvreux, des frères des Écoles Chrétiennes, des écoles italienne et hellénique.

A droite, sur des gradins, la fanfare *l'Internationale* et à gauche la fanfare *la Lyre de Port-Saïd*.

A quelque distance, en avant et à droite du Souverain, est élevée une tribune élégamment décorée, réservée aux orateurs.

Près de la tribune sont rangés les fils de M. Ferdinand de Lesseps [1].

Voici la disposition des places : Son Altesse le Khédive a à sa droite le Prince Valdemar et à sa gauche le Prince d'Arenberg.

Sur le même côté droit, au premier rang [2] : *Comtesse de Lesseps*, Mouktar Pacha, *Charles de Lesseps*, Mme Alex. de Zogheb, Mustapha Pacha Fehmy, *comtesse Ch. de Lesseps*, Lord Cromer, *Mme Bompard*, Van der Jos de Villebois, *baronne de Lagrange*, Koyander, Ibrahim Fouad Pacha,

---

1. *MM. Mathieu, Bertrand, Paul, Robert et Jacques de Lesseps.*

2. Dans la liste donnée ici des personnes ayant assisté à la cérémonie d'inauguration, les noms en italique sont ceux de passagers de *l'Indus*.

Il y a lieu d'ajouter à cette liste les noms de ceux des passagers de *l'Indus* qu'elle a omis de citer :

MM. Auberge, Bourgeois, Bunau-Varilla, Caillot, Canaple, Caron, Champetier-de-Ribes, Chaumelin, de Clercq, Coulon, comte Delaborde, Delamalle, Dr Delbet, Demaison, Fréville, comte de Froidefond des Forges, de la Fuye, Maurice Herbette, Hervieu, de Jonquières, baron de la Grange, de Lafaulotte, Lapauze, Lavessière, Le Dentu, Levasseur, Ch. V. de Lesseps, Edm. V. de Lesseps, Dr Lortet, Maitre, Marcel, Mouchez, Mercet, Petit de Meurville, Mévil, comte de Miramon, M. G. de Miramon, colonel vicomte de Moucheron, Hérot, Parys, Pernot, Pierre, Sallès, Savouillan, Scott, comte du Tillet, Uzanne, Alb. Viellard, Vieussa, Henry de Voguë, Wolfe Barry.

Mlle Solange de Lesseps, Mlle Ghiselle de Lesseps, Abani Pacha, chevalier Tugini, Alex. de Zogheb, Delany-Hunter.

A gauche : le commandeur M. Tugini, Prince Omar Toussoum, *de Voguë*, baron de Trattenberg, prince Aziz, *Mme Victor de Lesseps*, Boutros Ghali Pacha, *comtesse de Miramon*, Mazloum Pacha, *Mme Couvreux*, Debbane, *Mlle Hélène de Lesseps*, Gryparis, Cogordan, de Muller, de Calemberg, le Gouverneur général.

Au deuxième rang se tenaient, à droite : *lieut.-gén. Sir J. Stokes*, Miss Gorst, *Sir Henry Bergne*, lieut.-gén. Talbot, *Mlle Baignères*, Mahmoud Choukry Pacha, *Mme Oppermann, M. le vicomte de Bresson*, Mme Borghgrevich, *M. Voisin Bey, Mlle Micard*, Mme Plate, *M. Vergé, M. Cambefort*, Lady Zohrab, Sir W. Garstin, *M. X. Charmes, M. et Mlle Guichard.*

A gauche : *M. J. Charle-Roux, Lady Charles Fremantle, Sir Charles Fremantle, M. Bompard, vicomtesse de Bresson, Mlle de Bresson, M. Lefèvre-Pontalis, Mme Laveissière*, baron Trattenberg, Mme Scassy, *Sir Edwyn Dawes, Mme Guichard, M. Darier*, princesse Véra Galitzine, M. Gorst, Mme Gorst, Mme Barois, *M. Le Chevalier*, M. Plate.

Au troisième rang, à droite : trois aides de camp du Khédive, *Mme de Lafaulotte*, Sir Edw. Zohrab Pacha, Mme J. Negrèponte, M. Michel Innès, *Mlle Conrad, M. Conrad, Mlles Ivana et Lina Bouët-Wuillaumez, Mme de Traz, M. Micard, M. Gioia, Mlles Chabrières*, M. Bronn, Mme de la Corte, M. Iona, Mme Papadakis, M. Macdonald.

A gauche : deux aides de camp du Khédive, Tigrane Pacha, Mme Gérard, Yacoub Pacha Artin, Mme M. Negreponte, *Sir John Scott, Sir Charles Hartley*, Mme Royle, *Sir John W. Barry, Mme Girod*, M. de la Corte, Mme Guillou, M. Summaripa, Mme Bertrand, Mlle Bertrand, M. Cameron, Mme Summaripa, M. Papadakis, Mme Macdonald.

Au quatrième rang, à droite : M. Crillanovich, le commandant Guillou, *Mme Mercet*, M. Barois, *Mme Ch. Canaple*, Scander Pacha, *Mme Duchateau*, Commandant de *l'Atlante*, Mme Legrand, M. Borchgrevink, *Mme de Régny bey, Mlle Sohlmann*, M. Broadbent, Mme Riche, *M. Chatoney, M. Bérenger.*

A gauche : *M. Oppermann, Mlle Oppermann, M. Karl Rasch*, Capitaine de frégate Revers, M. Johnston, Ct. Loftus Tottenham, Mlle Dixon bey, Commandant Grenfell, Commandant Rogers, *Mad. J. Maitre*, Commandant Duchateau, Mad. Broadbent, M. Riche, Saba Pacha, Abatte Pacha.

Ce pendant la chorale *l'Orphéon de Port-Saïd*, sous la direction de M. Dalouze, chante le *Salut au Souverain*, qui est vivement applaudi.

Alors, sur un signe de M. le prince Auguste d'Arenberg le voile qui recouvre le monument tombe et la statue monumentale de Ferdinand de Lesseps est découverte aux applaudissements frénétiques de toute l'assistance.

S. A. le Khédive prononce alors, au milieu du plus grand silence, les paroles suivantes :

Discours de S. A. le Khédive

« Messieurs,

« Vous connaissez tous l'histoire du percement de l'isthme de Suez et les avantages multiples que le monde entier en a retirés.

Il y a maintenant trente ans, Ferdinand de Lesseps arrivait, grâce à sa haute intelligence et à son infatigable activité, à mettre dans le domaine des réalités, un rêve caressé longtemps avant lui, celui de relier la mer Méditerranée à la mer Rouge.

Dans une fête dont l'éclat et la splendeur sont encore présents à toutes les mémoires, Ferdinand de Lesseps recevait les félicitations et les remerciements du monde civilisé. C'était une digne apothéose d'une si grande œuvre. Néanmoins, après sa mort, on lui devait d'honorer sa mémoire en transmettant ses traits à la postérité.

Je suis heureux de voir que la Compagnie du Canal de Suez s'est acquittée de ce devoir, et je remercie Messieurs les Administrateurs de m'avoir donné l'occasion, en m'invitant à cette cérémonie, de continuer, envers ce grand homme, les traditions de mes illustres aïeux en venant personnellement m'associer aux hommages que vous êtes venus rendre à sa mémoire en lui élevant ce monument. »

M. le prince d'Arenberg, prend place sur la tribune et prononce le discours que nous reproduisons ci-dessous :

Discours de M. le Prince Auguste d'Arenberg

« Messieurs,

« En terminant le beau discours prononcé à l'Académie française, M. Anatole France disait : « Ferdinand de Lesseps acheva de mourir le « 7 décembre 1894... ce qu'il a fait est immense et bon. A l'Occident « resserré dans des limites trop étroites, il a ouvert une issue. Il a « frayé aux énergies des voies nouvelles, donné aux volontés des « causes d'agir utilement dans la concorde et l'harmonie. Un tel « homme n'a qu'un juge : l'Univers. Il a servi les intérêts de l'huma- « nité, l'humanité reconnaissante lui gardera le nom de bienfaiteur et « d'ami. Et son image dressée à Suez sur les berges du Canal sera « saluée à travers les siècles par les pavillons des Nations. »

L'image prévue et annoncée dans ces termes éloquents est aujourd'hui devant vous, et elle est le monument élevé par la reconnaissance et par l'admiration à l'homme qui a su accomplir l'une des œuvres les plus utiles et les plus considérables dont le monde civilisé garde le souvenir.

Ferdinand de Lesseps naquit à Versailles en 1805, et il serait facile de retrouver chez ses ancêtres quelques-unes des qualités dont il devait faire lui-même un si noble usage et qui ont illustré son nom. En feuilletant l'histoire de ceux qui l'ont précédé, on rencontre à chaque page les preuves du dévouement et de l'énergie de ces Commissaires et de ces Consuls qui depuis plus de deux siècles représentaient les intérêts de la France et qui portaient le nom de Lesseps. Sans remonter plus haut qu'une génération, le père de Ferdinand, M. Mathieu de Lesseps débutait à dix-neuf ans dans la carrière des consulats. Il passe du Maroc à Tripoli, à Cadix, au Caire, à Livourne, à Corfou, à Philadelphie et à Alep, et il meurt à l'âge de cinquante-huit ans, après avoir rendu partout où il a été envoyé des services nombreux et après y avoir laissé des traces que le temps n'a pas encore effacées. Je ne retiendrai de cette carrière si bien remplie que deux faits qui se rattachent à celle de son fils. Mathieu de Lesseps était à peine âgé de vingt ans lorsqu'i écrivait un rapport daté de Tanger dans lequel il faisait ressortir d'un manière saisissante le grand intérêt que l'Europe avait dans la pénétration de l'Afrique. A l'époque des René Caillé et des Mungo Park, il avait jeté un clair regard sur ce que les Livingstone, les Monteil, les Binger et tant d'autres devaient accomplir un siècle plus tard, et il montrait Tombouctou comme un centre si important qu'il fallait à tout prix y établir des relations. Qui aurait pu prévoir alors que le moment n'était plus éloigné où le drapeau français flotterait sur les murs de la Cité sainte? Son fils, lui aussi, sera l'un des plus ardents à favoriser par tous les moyens dont il dispose la découverte du continent noir et, parmi les premiers, il affirmera la nécessité de la conquête.

Une autre partie de la carrière de Mathieu de Lesseps a exercé une influence sur l'avenir de son fils et sur le grand rôle que celui-ci a été appelé à jouer. Les troupes françaises venaient de se retirer de l'Egypte en 1804, lorsque l'Empereur nomma un Commissaire général avec mission de combattre l'influence des Mamelouks. Avec une rare sagacité, Mathieu de Lesseps eut vite découvert le jeune colonel qui devait être le fondateur de la dynastie égyptienne et il a été l'un des principaux instruments de l'élévation de Méhémet-Ali. Ce grand prince ne l'oublia jamais.

L'histoire de Ferdinand de Lesseps a été résumée d'une façon merveilleuse par M. Anatole France, et nul mieux que lui n'a retracé l'existence de ce conquérant d'un genre si particulier.

Si les bruits de guerre et si les chants de victoire donnent aux hommes un renom qu'atteignent rarement les autres célébrités, est-il un guerrier fameux ou un chef militaire victorieux dont le nom sera aussi souvent prononcé et mieux conservé à travers les siècles que celui de Ferdinand de Lesseps?

C'est pendant une quarantaine imposée dans le lazaret d'Alexandrie que l'idée de réunir la Méditerranée à la mer Rouge a surgi dans son esprit, en lisant le rapport écrit par Lepère, sur l'ordre de Monge, après l'expédition d'Egypte. Le Canal avait existé jadis, non pas sous la forme actuelle, mais en utilisant les eaux du Nil. La suite des siècles l'a si bien fait disparaître que l'on n'en retrouve que difficilement les traces. A partir du moment où son projet a été conçu, Lesseps ne s'arrêtera plus jusqu'au jour où les bateaux des flottes européennes passeront d'une mer à l'autre par la voie qu'il leur a tracée. Au Caire, Méhémet-Ali lui dit, lors de leur première entrevue : « C'est ton père qui m'a fait ce que je suis, rappelle-toi qu'en toutes circonstances tu peux compter sur moi. » Les jeunes princes de la famille connurent cette réception et les paroles qui y furent prononcées parvinrent à l'un d'eux qui les grava dans son esprit et qui, à partir de ce moment, voua à M. Ferdinand de Lesseps une amitié qui a été inaltérable. De l'union du génie de l'un, et de la puissance de l'autre, devait résulter l'œuvre mémorable qui protégera leurs noms contre l'oubli. M. de Lesseps devint le compagnon du prince Saïd en Egypte et à Paris, et ils vécurent dans une étroite intimité. Les événements se précipitent. Consul général à Alexandrie, M. de Lesseps rend des services de tous genres aux Français et aux chrétiens. Il se marie en 1837 et la compagne charmante et distinguée qu'il avait choisie lui donnait le bonheur que la mort devait interrompre au bout de trop peu d'années.

En Espagne, où il séjourna à plusieurs reprises, les révolutions qui éclatent à Malaga et à Barcelone lui fournissent l'occasion de déployer sa valeur et, au péril de sa vie, il protège ses nationaux dont la reconnaissance se traduit par de véritables ovations. La Chambre de Commerce de Marseille se joignait à cet enthousiasme et lui fit une chaleureuse réception lorsqu'il passa dans cette ville. Dans un grand banquet, le poète Méry lui disait des vers parmi lesquels je me souviens de ceux-ci :

Barcelone tressa le chêne à votre tête,
Et Marseille, sa sœur, redit l'hymne de fête
De l'autre côté de la mer.
La France à l'étranger vous bénira souvent,
Vous êtes son drapeau vivant.

En 1848, Lamartine crut qu'il ne pouvait pas trouver de meilleur représentant de notre pays en Espagne, et, en effet, Madrid faisait fête à M. de Lesseps. Et cet homme avait le bonheur d'arracher de nombreuses existences à la mort partout où il passait. De même qu'il avait sauvé les chrétiens de Bethléem pendant qu'il était à Alexandrie, des Français et des Espagnols pendant les troubles de Malaga et de Barcelone, cette fois l'ambassadeur de France obtint le salut de onze condamnés à mort. La grâce fut accordée par un ministre qui ménageait si peu ses ennemis, qu'à la fin de sa vie, il croyait n'en pas avoir, les ayant tous fait disparaître. Il avait oublié les protégés de M. de Lesseps.

Sa mission à Rome fut la dernière de sa carrière diplomatique et nous devons nous réjouir des difficultés qui le rappelèrent brusquement. Le reproche adressé par le ministre des Affaires Étrangères d'alors auquel l'ambassadeur disait : « J'ai suivi toutes vos instructions », mérite d'être rappelé. Il lui répondit : « C'est vrai, vous avez accompli fidèlement mes ordres, mais vous n'avez pas su lire entre les lignes. » Cette ignorance dans l'art de la lecture nous vaudra le Canal de Suez.

M. Renan, dans son discours de réception à l'Académie, disait : « Que vous avez bien fait, Monsieur, de placer le centre de gravité de votre vie au-dessus de ces navrantes incertitudes de la politique qui ne laissent bien souvent que le choix entre deux fautes. » Ah ! Messieurs, combien Renan avait raison !

Sa belle-mère, Mme Delamalle, une femme d'une rare distinction et qu'il aimait comme un fils dévoué, venait d'acheter une propriété en Berry. L'ancien diplomate s'y consacrait, cherchant à l'améliorer et à la faire valoir, mais ayant toujours un regard tourné vers l'Egypte et en pensant à l'isthme de Suez. Un jour, pendant qu'il était sur un échafaudage, en train de réparer le vieux manoir où la tradition veut qu'Agnès Sorel ait vécu, il reçoit une lettre annonçant la mort d'Abbas-Pacha et l'avènement de Mohamed Saïd. Son parti fut vite pris. Les préparatifs de voyage de M. de Lesseps étaient courts et ses bagages ne l'encombraient jamais, par la raison qu'il n'en avait pas.

Il se dirige vers Alexandrie, et il y débarque au mois de novembre 1854 ; et alors commence cette véritable épopée qui se terminait il y a trente ans par l'ouverture de la grande route qui relie l'Orient à l'Occident. Le nouveau Vice-Roi accueille avec bonheur son compagnon d'enfance, l'ami des mauvais jours. Sans plus tarder, Ferdinand de Lesseps expose le projet qu'il étudie et dont il recherche l'accomplissement depuis longtemps. Pendant le voyage d'Alexandrie au Caire, il éblouit et il charme tout le monde. Il n'y avait d'ailleurs qu'une seule personne à convaincre. Au Conseil des ministres, quand le Vice-Roi avait parlé, son entourage se contentait de porter la main au front et de s'incliner avec respect. C'était peut-être pour éviter les crises ministérielles.

Les négociations ne furent pas longues, car Mohamed Saïd avait compris la grandeur de l'Œuvre, la gloire qui pouvait en rejaillir sur lui, et le bien qui devait en résulter pour son pays. En arrivant au Caire, il faisait part au Corps Consulaire, venu pour le saluer, de la concession qu'il venait d'accorder. Dans un de ses livres où il relate l'histoire des négociations qui ont précédé l'ouverture du Canal, M. de Lesseps rappelle le plaisir qu'il éprouva, lorsqu'en sortant d'une des conversations qu'il avait quotidiennement avec le Vice-Roi, il aperçut un magnifique arc-en-ciel. Nous savions déjà que Noé, en sortant de l'Arche, n'avait été très rassuré que lorsque l'Arc de sept couleurs, reliant le Ciel et la Terre, lui était apparu. Je me figure que l'habile négociateur éprouva le même enchantement que le vieux patriarche, mais pour des raisons différentes, et la parole qui venait de lui être donnée le ravissait encore plus que l'arc-en-ciel. En tous les cas, jamais plus ferme espérance ne pénétra dans le cœur d'un homme.

Si j'ai passé rapidement sur les événements que je viens de rappeler, je ne ferai pas davantage l'histoire détaillée de la construction du Canal. Ferdinand de Lesseps l'a écrite lui-même et elle vient d'être reprise avec le grand talent et la haute compétence qui distinguent notre éminent collègue M. Jules Charles-Roux.

Aux ingénieurs qui prétendent que les niveaux de la Méditerranée et de la mer Rouge sont différents, M. de Lesseps oppose les études de Linant Bey, de Mougel Bey et de Bourdaloue. Puis M. Larousse est appelé, et il désigne la plage de Péluse pour y fonder le port auquel on donnera bientôt le nom de Port-Saïd. C'est à ce moment que l'opposition de Lord Palmerston et de Lord Stafford de Ratcliff devint de plus en plus violente et de plus en plus agressive. Quelle que soit la valeur de ces hommes d'Etat, on est obligé de leur refuser le don de prophétie et rien de ce qu'ils ont annoncé à propos du Canal de Suez ne s'est vérifié. Un quart de siècle ne s'écoulera pas sans que Ferdinand de Lesseps ne soit acclamé par la nation anglaise et sans que le Gouvernement de la Reine ne profite avec une merveilleuse habileté de l'occasion qui lui était offerte pour devenir le principal actionnaire de la Compagnie du Canal de Suez. Une Commission internationale d'ingénieurs est réunie et déclare que le Canal direct de Suez à Péluse est un travail sinon facile, du moins très réalisable. L'émission de l'emprunt nécessaire pour réunir les premiers fonds a lieu et son succès est complet. La période des grands travaux commence et, avec la coopération d'habiles ingénieurs, tels que M. Sciama et d'autres dont je parlerai tout à l'heure, le travail se poursuit d'abord avec le concours de la corvée, puis avec d'autres procédés. M. Hardon fut le premier entrepreneur, puis M. Couvreux trancha le seuil profond d'El Guisr, enfin MM Borel et Levalley inventèrent de nouveaux appareils qui leur permirent d'accomplir leur tâche gigantesque. Leurs noms resteront attachés à l'un des plus beaux ouvrages que le génie des constructeurs aura entrepris.

Pendant qu'ingénieurs et entrepreneurs se consacrent avec dévouement à la mission qui leur est confiée, Ferdinand de Lesseps agit de son côté, et avec quelle force et avec quelle énergie! Il ne lâche pas le Vice-Roi qui est tenté de céder parfois devant les menaces et les agressions dont il est l'objet; il l'accompagne dans un voyage sur le Nil Blanc où Mohamed Saïd voulait affirmer ses droits souverains et procurer un peu de bien-être à cette partie de son peuple.

Il s'adjoint à cette époque M. Barthélémy Saint-Hilaire, puis son fils Charles de Lesseps, et il avait bien choisi ses collaborateurs. M. Charles de Lesseps a le droit de garder pour lui une part des honneurs qui sont rendus aujourd'hui à son père. Rien de ce qui a été fait dans le Canal, à partir de ce moment, n'a été fait sans qu'il y participe. Il est le secrétaire et le conseil de son père et il l'accompagne dans ses excursions et dans ses campagnes. Lorsqu'on connaîtra mieux une autre partie de la vie de M. de Lesseps, on saura quel fils il a eu auprès de lui. Le dévouement, ou plutôt la dévotion, que celui-ci avait pour son père, lui a fait accepter tout ce qui lui était demandé ou imposé par l'autorité paternelle, et cette abnégation de lui-même ira jusqu'au sacrifice absolu de ses opinions et de sa personne. L'amour filial ne peut pas être plus complet car il était chez lui à l'état de passion et la passion ne discute pas : elle adore et elle se sacrifie.

A la mort de Mohamed Saïd, en 1863, la Méditerranée pénétrait dans le lac Timsah, mais une partie seulement de la tâche était accomplie. Ismaïl Pacha, pressé par l'opposition qui ne désarmait pas, ne voulut pas interrompre les travaux ; mais il imposa des conditions nouvelles. Pour sortir d'embarras, il s'en rapporta à l'arbitrage de l'Empereur Napoléon III et la décision du souverain fut le salut de l'Entreprise. Les événements survenus ailleurs ne peuvent pas faire oublier que sans la puissante intervention de l'Empereur et de l'Impératrice, la Compagnie de Suez aurait été gravement compromise et aucune divergence politique ne peut diminuer la reconnaissance qui leur est due.

Des souvenirs personnels de cet hiver de 1862 à 1863 me reviennent en foule. Quelques voyageurs français s'étaient rendus en Egypte et à l'isthme de Suez. Ils y furent accueillis avec cette bienveillance et avec cette bonne grâce que nul ne possédait plus que M. de Lesseps.

En même temps qu'eux, un autre visiteur arrivait de Constantinople. C'était l'ambassadeur d'Angleterre, Sir Henry Bulwer. Il avait un esprit très fin et très cultivé, mais le charme lui faisait défaut et il cherchait rarement à arrondir les angles de sa maigre et petite personne. Il appartenait à cette école de diplomates qui ont plus de confiance dans leur rudesse et dans la crainte qu'ils inspirent que dans le pouvoir de leur séduction. Et le contraste était grand entre ces deux hommes également tenaces, mais dont l'un était aussi brillant et aussi en dehors que l'autre était froid et réservé. Pendant le séjour dans l'isthme, rien ne fut négligé pour ne montrer que ce qu'on voulait laisser apparaître. Les banquets, les fantasias et les fêtes se succédaient, jetant aux yeux de l'hôte mal intentionné la poudre d'or à travers laquelle il était plus difficile d'apercevoir la réalité. Dans cet assaut quotidien, M. de Lesseps avait certainement l'avantage, mais Sir Henry se réservait de rendre les coups lorsqu'il serait rentré dans le calme de son ambassade et il ne s'en est pas privé.

L'un des témoins de cette pittoresque et curieuse tournée ne se doutait guère que son voyage serait suivi de beaucoup d'autres dans la même région. Son étonnement aurait été encore plus grand si on lui avait annoncé que les circonstances, à défaut de son mérite, l'appelleraient à présider la solennité qui nous réunit aujourd'hui et à redire devant vous la gloire et le génie du créateur du Canal de Suez.

Quoique l'on fût bien loin encore de la fin des travaux, M. de Lesseps commençait à lancer des invitations pour l'inauguration du Canal. Son indomptable volonté avait décidé que toutes les difficultés seraient évitées et que tous les obstacles seraient surmontés à la fin de 1869. Il était toujours attiré par ce qui semblait impossible aux autres.

Il y a aujourd'hui trente ans, la rade de Port-Saïd abritait une flotte comme jamais aucun port n'en a contenue. Chaque bateau avait pour passagers des Souverains, des Princes et les hommes les plus renommés de toutes les contrées de l'Univers. La munificence du Vice-Roi Ismaïl les recevait au milieu d'un appareil de fêtes qui furent un long éblouissement. En présence de cette illustre compagnie, les prières musulmanes et les prières chrétiennes montaient ensemble vers le Ciel et, sous une forme différente, s'unissaient dans un même élan de joie et de reconnaissance. Le lendemain, l'Impératrice Eugénie, avec l'éclat de sa beauté, précédait une escorte de 80 navires. Les berges du Canal étaient couvertes d'une foule accourue de l'intérieur du pays, acclamant les Souverains et surtout celui qui dans sa marche triomphale était le héros du jour.

Au milieu de ce rayonnement de gloire qui attire sur M. de Lesseps les regards du monde entier, nos yeux ne peuvent pas se détourner de ceux qui avaient été choisis pour collaborer à la gigantesque entreprise. J'ai déjà prononcé quelques noms, mais il en est qui ont droit à une mention spéciale. Et en première ligne, il me faut rappeler que le confident et le conseil de tous les instants, depuis le début jusqu'à la fin a été M. Ruyssenaërs, le Consul général des Pays-Bas à Alexandrie. Pendant les longues négociations et pendant les absences de M. de Lesseps, M. Ruyssenaërs était toujours sur la brèche, prévenait des difficultés qui survenaient, parait les coups que l'on cherchait à porter, contribuait par son esprit délié à résoudre les problèmes et à détruire les obstacles. Aucun agent ne pouvait rendre plus de services qu'il n'en a rendu et aucun n'aura contribué d'une façon plus complète au succès définitif.

M. Voisin Bey a été le Directeur de tous les travaux. Bien préparé à sa lourde tâche par de remarquables études et par une expérience acquise dans les services publics, il peut dire que le creusement du Canal a été son œuvre et il mérite l'hommage que l'on rend à ceux qui ont fait des chefs-d'œuvre. L'art de l'ingénieur n'en avait pas encore accompli de semblables et, pendant longtemps, ce qu'il a fait servira de modèle à ceux qui entreprendront des travaux analogues. Il a eu près de lui M. Gioia, qui donnait aux chantiers l'activité et l'entrain que sa nature énergique savait communiquer à ceux qu'il avait sous ses ordres. M. Laroche a été de même le dévoué collègue de M. Voisin Bey, et au jour des difficultés et des menaces, il a su montrer que les qualités techniques étaient doublées chez lui d'un courage et d'une résolution qui ont protégé et sauvé les travaux à une des époques les plus critiques qu'ils aient traversées.

Dans les vastes conceptions de M. de Lesseps n'entrait pas seulement le désir de fournir au commerce et à l'activité humaine les moyens de se développer et de prendre des chemins nouveaux. S'il déchirait des continents, c'était aussi et peut-être surtout pour améliorer le sort des hommes en leur procurant avec plus de richesses un peu plus de bonheur. Lorsqu'il amenait les eaux du Nil dans les parties desséchées de l'isthme de Suez, il rêvait de rendre cette terre féconde et de faire revivre la culture et l'abondance dont les légendes bibliques entretiennent le souvenir. Pour donner un exemple, il pria un de ses jeunes collègues, M. Jules Guichard, de prendre la direction d'un vaste domaine qui lui avait été concédé. En quelques années, les sables du désert étaient couverts de magnifiques récoltes et l'exploitation de l'Ouady montre ce qui peut être obtenu dans ces contrées, par l'intelligence et par la volonté. Ainsi que le rappelait dans un de ses remarquables articles M. Charles-Roux, l'on pourrait citer également cette mise en valeur de la terre d'Afrique comme un type de colonisation. Il y a peu de temps, lorsque nous inaugurions le monument élevé à la mémoire de M. Jules Guichard, nous avons vu accourir, de tous les côtés du désert, des Arabes et des Bédouins. Ils tenaient à montrer le respect et la reconnaissance qu'ils avaient conservés pour leur ancien chef et que plus de vingt années écoulées n'avaient pu ni détruire ni diminuer.

Ceux qui s'établiront pendant le siècle qui va s'ouvrir sur le sol africain, — et le nombre en sera grand, — feront bien de relire les pages écrites par M. Jules Guichard sur la colonisation de l'Ouady. Ils ne trouveront nulle part un conseiller meilleur et un guide plus sûr. Après avoir si bien rempli la mission qui lui avait été confiée, M. Guichard organisa, avec non moins de bonheur, le Service du Transit et son esprit était si précis, et son jugement était si bon, que la plupart des règlements rédigés par lui sont encore appliqués aujourd'hui malgré les modifications introduites dans le Canal et dans la construction des navires. Lorsque M. de Lesseps mourut, ce fut M. Guichard qui le remplaça et, par les services qu'il avait rendus et par les connaissances qu'il possédait, il réunissait tous les titres pour prendre la place du glorieux fondateur de la Compagnie.

Parmi les grandes qualités de M. de Lesseps, était celle de savoir s'entourer. Il avait confiance dans la bonté humaine et il pensait que les mauvaises natures sont plus rares qu'on ne le suppose généralement. Il a été bien servi par cet optimisme et il a eu rarement à le regretter. Dans cette foule qui encombrait les chantiers du Canal pendant la construction, il y avait un singulier mélange de toutes les races et de toutes les nationalités. Un jour débarqua une bande de condamnés échappée d'un pénitencier des bords de l'Adriatique. On leur donna de l'ouvrage et ils devinrent de bons ouvriers. Je ne doute pas qu'ils ne soient devenus de bons électeurs.

Je me souviens que pendant une de nos chevauchées à travers les endroits où passent aujourd'hui les navires, M. de Lesseps me disait, et non sans quelque orgueil: « J'ai parmi mes principaux employés « deux condamnés à mort. Ils avaient, pour être décapités, des raisons « différentes, car l'un a suivi la duchesse de Berry en 1832 et l'autre « avait un goût trop prononcé pour les barricades. Ils s'entendent à « merveille et leur dévouement pour moi ne les ferait reculer devant « aucun sacrifice. Les divergences d'opinions n'ont pas toujours des « racines assez profondes pour qu'un peu de bienveillance et d'affec- « tion ne puissent pas les arracher. »

Ce n'était pas seulement le dévouement que M. de Lesseps savait inspirer, et ceux qui le suivaient avaient en lui une foi ardente. Il exerçait sur eux une véritable magie et le secret de sa puissance n'avait pas d'autre origine que son amour de l'humanité et sa passion pour améliorer le sort des êtres qui habitent la terre.

Au lendemain de l'inauguration du Canal, M. de Lesseps connut les enivrements de tout ce que la gloire peut procurer à ceux qui ont accompli une grande action et qui ont remporté une éclatante victoire. Aucun conquérant, aucun orateur et aucun poète, n'ont été l'objet de plus d'adulations et n'ont été entourés d'un nuage d'encens plus épais et plus embaumé.

A l'ivresse du triomphe, il joignit les joies les plus sûres et plus durables de son foyer reconstitué. Une jeune et ravissante femme apportait le bonheur dans la maison isolée et une famille aussi belle que nombreuse devait pendant quinze années procurer ce que ni la gloire, ni les triomphes ne peuvent donner. Elle devait devenir aussi la consolation de bien des tristesses. La célébrité dont jouissait M. de Lesseps faisait affluer vers lui les demandes et les propositions. Ceux qui songeaient à créer un grand lac en arrière de la Régence de Tunis, ceux qui voulaient relier l'Asie Mineure au Golfe Persique par un chemin de fer, ceux qui voulaient couper l'isthme de Corinthe, tous demandaient au créateur du Canal de Suez de les aider de ses conseils et de son expérience. Il leur accorda ses lumières et ses avis, mais il ne voulut prendre une part directe à aucun de ces travaux.

Il ne sut ou il ne put pas résister aux sollicitations des congrès réunis et auxquels prirent part des représentants de toutes les nations qui le suppliaient d'entreprendre le percement du Canal de Panama, de cette œuvre analogue à celle de Suez, et que Leibnitz, Gœthe, Humboldt, et les Saint-Simoniens avaient signalée comme l'un des plus grands services que l'on pourrait rendre à la civilisation humaine. Il se mit à l'œuvre avec l'énergie et l'activité que l'âge n'avait pas encore pu diminuer; mais je ne ferai pas le récit de ce qui devait aboutir à des désastres et à des ruines. Cette histoire sera mieux écrite par ceux qui seront moins rapprochés que nous d'une catastrophe qui anéantit en quelques jours tout ce qui avait été accompli, qui jeta un voile de deuil sur la France entière et qui porta à M. de Lesseps le coup fatal dont il ne devait plus se relever. Dans quelques années, le Canal de Panama sera probablement achevé ; il le sera peut-être par ceux qui s'y étaient d'abord le plus opposés et qui se chargeront de démontrer que l'entreprise était bonne et n'était pas chimérique. Les flottes et le commerce de la jeune nation qui prend une place nouvelle pour influer sur les destinées du monde, vogueront peut-être bientôt à travers un Canal qui deviendra l'élément le plus efficace de sa force et de sa puissance. Gœthe avait désiré vivre pour être témoin du percement des isthmes de Panama et de Suez. M. de Lesseps, qui en aura été l'initiateur, est mort après n'avoir accompli que la moitié de sa tâche. Mais cette part est assez large et assez belle pour que peu d'autres puissent lui être comparées.

L'ancienne maison d'Agnès Sorel a abrité le vieillard mourant de déception et de tristesse. Il s'est condamné à un silence que ses yeux grands ouverts et qui semblaient interroger rendaient encore plus sinistre. Les siens veillaient sur lui avec de tendres soins qui ne parvenaient pas à rompre la muette inquiétude que trahissaient ses regards. Son fils Charles, sur les conseils d'un ami aussi clairvoyant que délicat, s'approcha un jour de lui et lui dit : « Ne sois pas troublé, mon « père, tu peux être rassuré et être paisible, car ton honneur est « intact et chacun te respecte. » Un éclair de joie traversa la physionomie du vieillard qui se souleva à demi, se précipita sur les mains de son fils qu'il arrosa de ses larmes et lui dit : « Tu es un bon fils, tu es un excellent fils, et je te bénis. » Ce furent presque ses dernières paroles.

Et maintenant, reprenant la pensée exprimée par M. Anatole France, les actionnaires de la Compagnie de Suez, ont décidé, par un vote unanime, qu'un monument, élevé à l'entrée du Canal, rappellerait aux générations qui nous suivront l'image de celui qui fut le fondateur de l'œuvre utile et féconde dont ils ont si largement bénéficié. L'image n'était pas nécessaire pour sauver son nom de l'oubli, mais elle sera le témoignage de notre admiration et de notre reconnaissance.

La statue qui est debout devant nous a été exécutée par l'un des maîtres qui honorent le plus par leur talent l'admirable Ecole de sculpture dont notre pays a le droit de s'enorgueillir. M. Frémiet devait comprendre la grandeur et le prestige de celui qu'il voulait représenter. Lui qui avait su faire revivre cette Jeanne d'Arc, « pleine de poésie comme le lys de la rosée », la Jeanne d'Arc d'Orléans et de Reims « Jeanne la libératrice », a su aussi reproduire et rappeler les traits du grand entrepreneur « des tâches vastes et pacifiques », du grand libérateur des Mers.

Lorsque le soleil émergeant de l'horizon oriental se lèvera pour inonder de ses paillettes d'or les sables du désert, il enveloppera d'une éblouissante clarté la figure qui se dresse devant lui ; le bronze reflétera ses rayons lumineux qui seront aussi des rayons de gloire, d'une gloire si bien méritée et que nous avons voulu perpétuer.

Les pavillons des nations en pénétrant dans le Canal de Suez s'abaisseront devant la statue de M. Ferdinand de Lesseps et ils salueront son immortalité. »

A son tour, M. le vicomte Melchior de Vogüé, membre de l'Académie française, s'exprime en ces termes :

Discours de M. le Vicomte de Vogüé

« Monseigneur,
« Mesdames, Messieurs,

« Vous êtes venus, sur ces mers rassemblées, honorer l'homme qui leur commanda de servir son rêve, et qui fut obéi par les mers. J'ai charge de lui apporter le salut fraternel de la grande famille qui le réclame à un double titre, l'Institut de France. Au nom de l'Académie française, au nom de l'Académie des Sciences, je viens commémorer notre illustre confrère devant la statue qui le figure, dans le lieu où Ferdinand de Lesseps est présent, tout entier, pour les siècles. Son corps périt ailleurs; son âme vit ici, sur le chantier de travail que sa pensée ne quitta jamais, sur le Canal où cette pensée obstinée s'est faite œuvre vivante.

Pourquoi donc était-il dans nos Compagnies de savants et d'écrivains, ce confrère actif qui ne se piquait ni de science — parce qu'il devinait ce que la science étudie — ni de littérature, parce qu'il écrivait sur son grand livre, la planète ? Ferdinand de Lesseps, entrepreneur : ainsi le qualifient les actes commerciaux où son nom est mentionné. Réfléchissons, Messieurs, au sens premier et à la beauté intérieure de ce mot : pris à une certaine hauteur, il définit la profession de tous les génies hors cadres qui ont conçu, osé, réalisé une entreprise extraordinaire ; il désigne à nos suffrages tous les poètes de la pensée ou de l'action, quel que soit leur outil, qui modelèrent le monde sur la forme de leur rêve. Lesseps était des nôtres au même titre qu'un autre confrère, un autre entrepreneur, qui le précéda sur cette terre d'Egypte où il donna à l'Institut de France des lettres de grande naturalisation ; celui-là s'appelait Napoléon Bonaparte ! Lesseps a ramassé une des idées de Bonaparte ; et de la graine jetée au vent du désert par ce génie prodigue, il a fait germer et croître cette forêt de mâts qui relie l'Orient à l'Occident.

Idée ancienne, d'ailleurs, vieille comme l'audace des navigateurs. Vous savez tous — on vous le rappelait tout à l'heure — comment le mirage des mers réunies a plané sur le désert pendant des milliers d'années, depuis l'aube des temps historiques ; chimère toujours tentatrice, toujours irréalisable pour les grands esprits, pour les maîtres puissants qui la caressèrent un instant et ne surent pas la féconder. Il semble qu'avant de faire sur l'œuvre du Créateur cette retouche essentielle, l'esprit humain ait dû procéder comme la nature dans ses formations géologiques ; une gestation séculaire, une lente accumulation de petits efforts prépare tous les changements durables dans la structure de notre globe. Laissez-moi croire, dans l'ordre spirituel comme dans l'ordre cosmique, à cette force de la tradition, à ce lien d'aide mutuelle entre les générations, qui fait qu'un désir ancien de l'humanité, longtemps inefficace, aboutit enfin et se réalise après qu'il a mûri dans beaucoup de cœurs. Désirs des vieux Pharaons, des conquérants romains, des khalifes arabes, du conquérant français et de ses savants confrères, désirs de Sésostris et d'Alexandre, de César et de Bonaparte, il n'a pas fallu moins que toutes ces velléités pour forger enfin la volonté que nous avons vu vivre et vaincre dans la personne de Ferdinand de Lesseps.

Une volonté ! C'était tout l'homme. On a tout dit de lui quand on a prononcé ce mot. Concentré sur une idée juste, ce vouloir exclusif et passionné l'a conçue, portée, nourrie, défendue et développée à toutes les périodes de la croissance, comme fait la mère pour le fruit de ses entrailles. Qu'était-ce que les travaux du fabuleux Hercule, en comparaison des difficultés dont Lesseps a triomphé ? Elles étaient innombrables, elles paraissaient invincibles. M. Charles-Roux vient de les retracer dans une belle page d'histoire ; mais nul récit n'en peut donner idée à ceux qui n'ont pas suivi de près la genèse et la pénible enfance du Canal. Résistances de la matière, résistances pires de l'ignorance et des préjugés, appuyés sur une science trompeuse ; panique des capitaux timides, ligues des intérêts contraires ; force d'inertie des uns, oppositions violentes des autres, rien ne fut épargné à Lesseps.

Il allait quand même, il écartait les mauvais desseins des hommes comme il déblayait les sables de ses tranchées. Les difficultés revenaient, le Khamsin ramenait les sables ; il ne se troublait pas, il creusait plus avant, tel ce Néhémias qui rebâtissait le temple la truelle dans une main, le bouclier sur l'autre.

Elle apparut vraiment grande, la volonté individuelle, isolée, quand elle sortit victorieuse du combat contre cette volonté faite peuple, l'Angleterre. On peut le proclamer aujourd'hui, car c'est rendre un équitable hommage à l'Angleterre : le caractère d'un homme ne reçoit la dernière trempe et la consécration suprême qu'après qu'il s'est mesuré avec les modernes héritiers de la volonté romaine. Lesseps a triomphé d'eux comme il faut toujours triompher, en ouvrant les yeux de ses adversaires sur leurs véritables intérêts. A force de courage et de raison, il a réduit et séduit cette énergie de la nature qui s'appelle dans l'histoire la nation anglaise. Si précieux que soient les services matériels dont la civilisation est redevable à notre glorieux ami, il mérite mieux encore la reconnaissance du penseur et du moraliste, Messieurs, parce qu'il a donné l'exemple salutaire, nécessaire entre tous, l'exemple d'une volonté ferme toujours appliquée sur le même objet. Nul n'a mieux justifié la définition de Buffon : le génie, c'est la patience.

Souffrez que je fasse ici une amende honorable. Il y a un quart de siècle, un dîner hebdomadaire réunissait chaque dimanche quelques Français du Caire dans le beau jardin de l'Ezbékieh. Des esprits distingués se rencontraient là, des explorateurs qui venaient de fouiller l'Afrique, des diplomates, des artistes éminents comme Paul Baudry, des savants respectueusement groupés autour du bon maître, de ce Mariette Bey dont la parole ardente évoquait les dieux et les hommes de la première histoire. On causait, on échangeait des aperçus sur toutes choses... Pardonnez-moi de m'attarder avec ces ombres : je les aimais ; toutes ont fui, déjà... Quand Lesseps était des nôtres, il prenait peu de part à l'entretien ; il paraissait absent, indifférent aux questions, aux livres qui nous intéressaient ; mais, dès qu'un mot lui en fournissait l'occasion, il faisait dévier la conversation sur le Canal de Suez : problèmes africains, histoire de la primitive Egypte, politique européenne, mouvement général des idées et des affaires dans l'univers, il ramenait tout à sa pensée tyrannique. Ce n'était point faiblesse sénile : jamais l'étonnant vieillard n'avait été plus jeune. Un soir, en sortant de la réunion, quelques étourdis — ils commençaient de vivre, et c'était leur excuse — hasardèrent ces propos que j'ose répéter : « Quel homme étrange, ce grand Lesseps ! Quelles lacunes dans son « intelligence ! »

Depuis lors, un quart de siècle a passé. J'ai réfléchi, j'ai vu la vie, et combien elle est pauvre, quand elle n'est riche que d'intelligence, si l'on entend par là cette curiosité subtile et dispersée qui jouit de tout comprendre, qui languit impuissante à créer. Que de fois j'ai rougi de notre jugement téméraire, en rendant justice à l'homme qui m'avait montré la forme rare et supérieure de l'intelligence, celle que rien ne distrait de son opération créatrice !

Cette volonté infrangible n'était ni dure, ni brutale; elle savait se faire souple, insinuante, preneuse d'hommes. Et les hommes la suivaient comme un aimant; comme ils suivent toujours les optimistes, les grands marchands d'espoir. Vous vous rappelez la fine réponse de Gœthe à Eckermann, qui lui demandait par quel pouvoir secret Napoléon s'attachait tant de dévouements : « Il donnait, dit le poète, il donnait à tous les hommes la conviction qu'il les conduisait au but particulier que chacun d'eux s'était assigné. » — Ce fut aussi le secret des réussites de Lesseps dans son apostolat. Avec ses amis, ses proches, ses enfants, ce grand volontaire était bon jusqu'à la faiblesse. Parmi ses nombreux intimes — les intimes de Lesseps, c'était le quart, peut-être le tiers des habitants du globe — qui ne se souvient du modeste appartement de la rue Saint-Florentin, et de la cheminée légendaire où il nous montrait, après dîner, avec tant d'aimable bonhomie, la joyeuse rangée de petits souliers au-dessus des berceaux? Les petits souliers se sont élargis; ils foulent aujourd'hui les berges du Canal. Les enfants qui dormaient dans les berceaux m'écoutent parler du père aimé, avec le regret de ne plus le trouver dans son chalet d'Ismaïlia, avec l'orgueil de voir son image dressée dans la gloire. Ils vous diront que ce rude briseur d'obstacles ne froissa jamais un de leurs petits cœurs. Je veux oublier le léger désagrément dont il fut responsable; on m'a conté — ce doit être une calomnie — qu'un jour, à l'examen de géographie, une de ces enfants répondit fort mal : on la reprenait, elle s'écria : « Comment voulez-vous que je sache votre géographie ? Papa l'a toute changée ! »

Si exceptionnel que fût ce génie, il eût peut-être échoué, sans la désignation providentielle qui le fit apparaître dans le lieu et dans le temps où il trouvait son emploi naturel.

Il était adapté au lieu. L'Orient, terre des miracles et piédestal des immenses destins, l'Orient où les grandes choses semblent plus faciles et plus prestigieuses; l'Egypte, qui enseigne à chaque pas les œuvres colossales faites pour l'éternité, c'était bien le théâtre prédestiné à l'imagination prophétique, à l'action intrépide et somptueuse d'un Lesseps. On peut dire qu'il avait l'Egypte dans le sang, puisque son père y avait vécu; lui-même, il y forma de bonne heure sa jeune pensée, il y mûrit un de ces desseins dont l'esprit s'effraierait partout ailleurs qu'au pied des Pyramides. Bossuet a deviné l'ancienne Egypte dans une phrase exacte et forte du *Discours sur l'Histoire universelle :* « La température toujours uniforme du pays y faisait les esprits solides et constants. » Lesseps respira cette constance dans l'air de la vallée du Nil.

Par bien des côtés, c'était un homme de la Bible, un contemporain des Patriarches. Cette parenté nous frappait, quand il nous expliquait les antiques traditions par des exemples empruntés à ses propres aventures. A l'entendre, tout devenait clair et facile dans les prodiges que rapporte l'Ecriture : il avait recueilli la manne et fait jaillir l'eau du rocher; le pouvoir de Joseph, il l'avait conquis chez un nouveau Pharaon, les ruses de Samson, il s'en était servi, les Bédouins de la horde de David, il les domptait et les attachait à sa fortune comme le fils d'Isaïe.

Il avait de l'Oriental l'endurance physique, la sobriété de vie, l'audace tranquille, les vues simples et intuitives, le fatalisme et les superstitions, la foi aveugle dans l'assistance supérieure qui ne manque jamais aux vaillants; il tenait aux pasteurs du désert par son humeur nomade, par le sens des grandes migrations, des courants qui les déterminent et des travaux qui les facilitent. Aux objections peureuses des statisticiens et des armateurs, il répondait sérieusement en dressant le bilan des échanges entre le roi Salomon, le sultan d'Ophir et la reine de Saba.

Je crois bien que rien ne l'étonnait ni ne lui déplaisait dans la vie surabondante du roi Salomon !

Battu du vent contraire et près de sombrer en Europe, il retrouvait des forces neuves en touchant sa terre de prédilection. A chevaucher près de lui sur cette terre, on avait le sentiment qu'il ne pouvait être malheureux qu'ailleurs. Hélas! que n'eût-il lui-même ce sentiment! La prédestination s'accuse jusque dans cette gigantesque effigie : la place en était marquée sur le sol égyptien, et là seulement. Un jour, dans le recul des siècles, quelque savant brouillera les époques et la confondra avec les statues des Hycsos ou des rois thébains; il dira à ses élèves: « C'était un des souverains de cette race et de ce pays. » Jamais peut-être l'archéologue ne sera tombé si juste !

Ce génie était merveilleusement approprié à notre temps. Il y a des génies qui viennent trop tôt ou trop tard, et périssent inutiles par ce défaut de concordance avec le siècle. Les uns, prophètes mal écoutés, devancent douloureusement leur époque et n'auront d'audience que dans les âges à venir. D'autres, attardés dans le passé, offrent vainement à leurs contemporains des forces admirables, qui n'ont plus d'emploi dans le présent. Lesseps fut par excellence l'homme représentatif et le serviteur nécessaire de notre XIXe siècle. Le caractère essentiel et le grand titre d'honneur de ce siècle, nous les apercevons clairement à l'heure où il s'achève ; c'est le rapprochement de toutes les parties du globe par les découvertes et les applications pratiques de la science ; c'est la fusion des peuples et des intérêts, leur compénétration mutuelle par les courants économiques ; c'est la victoire des hommes réunis sur la nature, l'obstacle, l'espace.

Lesseps eut l'intuition de ces métamorphoses à l'heure où une divination du génie pouvait seule les pressentir ; il en fut le principal promoteur et le plus efficace artisan. Son œuvre est si bien liée au mouvement général du siècle, elle apparaît avec une telle évidence, à la fois cause et effet de ce mouvement, que l'historien ne conçoit pas le XIXe siècle sans l'esprit de Lesseps, ou l'esprit de Lesseps hors du XIXe siècle. Il y eut vraiment une intention mystérieuse dans le décret divin qui fit naître cet homme à l'aurore, qui le conduisit presque au déclin de la période qu'il symbolise. Il a disparu, le siècle va mourir : ne pensez-vous pas, Messieurs, que ces coïncidences nous invitent à envelopper le siècle et son homme dans le même jugement? C'était l'usage ancien dans ce pays d'Egypte, vous le savez, de soumettre au libre jugement des peuples le règne et le roi qui venaient de descendre, comme dit le Rituel d'Osiris, dans l'ombre de la Vallée de la Mort.

Il fut grand et inégal, ce siècle d'où nous sortons. Il donna aux hommes des espérances infinies et n'en réalisa qu'une part. Il acquit des forces magnétiques, il n'en voulut pas connaître la limite. Courageux jusqu'à la témérité, il aborda plus de problèmes qu'il n'en pouvait résoudre. Et sur le tard, ployant sous la fatigue de trop d'entreprises, il languit, incertain, accablé : un voile noir semble parfois s'épaissir sur les âmes de ses fils. Les cœurs chagrins oublient les œuvres qu'il édifia sur tant de ruines; les cœurs meurtris l'accusent d'avoir détruit leurs paisibles asiles, alors que son ambition présomptueuse n'avait pas le pouvoir de leur en assurer de nouveaux.

Est-ce du siècle que je parle, est-ce de Lesseps? Je ne sais : nous avons vu qu'ils se confondaient si étroitement!

Plus tard, d'une vue plus calme et plus lointaine, on regardera notre siècle avec plus d'indulgence. On appréciera mieux son immense labeur, cette communication de lumières et de services établie entre tous les hommes, les barrières naturelles aplanies et les abîmes de l'ignorance comblés, le souci de grouper et de protéger les faibles, d'élever leur humble vie en y mettant plus de bien-être, de douceur et de dignité.

Ici, je sais que je parle pour le siècle et pour Lesseps. Oui, si jamais le premier rayon du soleil d'Egypte doit tirer de cette statue les paroles qu'il arrachait, disent les anciens, au colosse de Memnon, les navigateurs ne recueilleront de l'oracle que ces mots : « Ouverture toujours plus large de toute la terre à toutes les nations! Rivalité féconde dans le travail! Paix aux hommes de toute race dans leurs œuvres pacifiques! » Le siècle futur, n'en faisons pas doute, reconnaîtra dans ce langage ce qui fut toute l'âme, toute la passion et toute l'action de Lesseps; et il achèvera de lever respectueusement, comme nous venons de le faire, le voile de deuil qui cacha quelques instants, avant le matin de la pleine gloire, ce front d'airain attristé naguère, rasséréné aujourd'hui par la splendeur croissante de son bienfait.

Séparons-nous, Messieurs, sur un autre acte de foi. L'humanité peut hésiter un moment devant les tâches rationnelles et nécessaires :

armée du pouvoir souverain que la science lui a conféré, elle ne balancera pas longtemps à les accomplir. Le jour est prochain, peut-être, le jour viendra certainement où un navire passera au pied de cette vigie anxieuse, qui l'attend : il aura fait le tour abrégé du monde en franchissant, dans les deux hémisphères, les deux canaux interocéaniques. Ah ! que le Dieu juste l'amène vite, le vaisseau consolateur qui cicatrisera l'ancienne blessure, le messager de la revanche qui apportera cette complète réparation ! Laissez-moi faire un dernier souhait : puisse-t-il battre les couleurs de France, ce navire annonciateur de la bonne nouvelle ! Elle sera plus douce au vieil ami, quand les hourras unanimes de l'équipage le salueront, dans la langue maternelle, d'un nom deux fois mérité ; du nom que notre peuple donnait à Lesseps durant toute ma jeunesse ; de ce nom que je n'ai pas su désapprendre et que l'univers ne désapprendra pas : Le Grand Français ! »

Les discours de M. le prince d'Arenberg et de M. de Vogüé sont souvent interrompus par des salves nourries d'applaudissements.

M. Charles de Lesseps prend à son tour possession de la tribune et, dominant à peine son émotion, il répond comme suit aux discours que nous venons d'entendre :

Discours de M. le Comte Charles de Lesseps

« MESSIEURS,

« Parmi les paroles de mon père constamment présentes à mon esprit, et qui plus d'une fois furent mon appui, il en est qui m'ont aidé à dominer l'émotion dont j'étais envahi à l'approche de cette solennité. Un jour de mon enfance je lui confiais la tristesse de mes pensées se reportant vers des êtres aimés qui n'étaient plus et que, tous deux, nous pleurions. Mon père, avec cette douceur communicative qui excellait à soulager la souffrance et à réchauffer le cœur, me dit qu'il fallait se faire un soutien dans la vie du souvenir de ceux qui nous avaient quittés, qu'on devait penser à eux toujours, sans amertume, en évoquant leur sourire. C'est ainsi qu'en ce moment je vois revivre mon père et que m'apparaît son âme. N'est-ce pas elle que vous saluez en face du monument qu'un grand artiste a modelé avec une si noble inspiration ?

Ceux nombreux encore, ici présents, qui ont approché mon père se rappellent l'amour passionné de l'humanité qui le possédait lorsqu'il menait à la conquête du désert des armées pacifiques de travailleurs. Ils ont ressenti cette joie de le servir qui a rempli ma vie et qui suffisait à récompenser de toutes les peines. Rapprocher les peuples en leur ouvrant la terre, les rendre meilleurs en les faisant se connaître davantage, combattre l'erreur, la haine et la guerre, telles étaient ses préoccupations.

Vous assistiez, Prince, à ses luttes des premiers temps. Nul mieux que vous ne pouvait en rendre l'impression et nous la montrer avec plus d'éloquence. Vous aviez si bien pénétré cette nature faite de bonté et de foi inébranlable que vous deviez saisir combien avaient été poignantes les douleurs qui ont d'autant plus affligé ses dernières années que lui et les siens n'étaient pas seuls à les supporter. Vous aviez aussi connu ses triomphes, dont l'un des plus précieux pour lui avait été l'accueil reçu de l'illustre assemblée dont le Vicomte de Voguë s'est fait aujourd'hui l'interprète dans des termes de la plus vibrante élévation.

Si l'on doutait qu'une loi supérieure conduit le monde dans la voie du progrès, on devrait se demander quelle force mystérieuse vous a amené dans l'itshme il y a quarante ans, pour vous préparer à être le continuateur de l'œuvre de mon père. Vous étiez marqué pour cette mission : la nature vous avait accordé les dons propres aux chefs nés pour diriger les hommes et s'en faire aimer.

Ne me reprochez pas de me laisser entraîner par mon admiration pour votre caractère, par la certitude que, vous à la tête du Canal, l'esprit bienfaisant et universel de cette route libre pour tous s'affirmera chaque jour davantage au profit de ses serviteurs, de ses actionnaires, de toutes les marines.

Autour de vous tout concourt d'ailleurs à perpétuer les traditions de la Compagnie : les personnalités de ses trois Vice-Présidents, Sir John Stokes, MM. Boucard et Charles-Roux, rappellent les phases principales de son existence. M. Charles-Roux a été l'un des croyants de la première heure : délégué par la Chambre de Commerce de Marseille pour visiter les travaux en 1865, il brava les sarcasmes des sceptiques, qui le traitaient de jeune homme crédule, en proclamant sa confiance dans l'achèvement du Canal. L'entrée de Sir John Stokes dans le Conseil a marqué la fin des difficultés politiques non les moins grandes de la Compagnie : négociateur d'une entente établie pour le bien de tous, sur le terrain commercial, il a conclu avec mon père cette alliance fructueuse des intérêts anglais et français engagés dans l'entreprise, qui a eu pour base la loyauté. M. Boucard, arrivé au milieu de nous dans la période des perfectionnements de la voie ouverte, y apportait une science dont les améliorations du Canal ont largement bénéficié.

A côté de ces sentiments, il en est d'autres que j'éprouve bien vifs aussi. Comment oublier ces protecteurs qui, en France du haut du trône, ont fait franchir à mon père des obstacles réputés insurmontables, et ces collaborateurs dont l'énergie, l'intelligence, le dévouement ont assuré son succès ? L'histoire retiendra leurs noms, comme elle honorera, dans la perpétuité des plus illustres Pharaons, la dynastie de Méhémet-Ali qui a été en Egypte l'avant-garde de la civilisation s'épanouissant au-delà du vieux monde.

Mon père a été l'instrument de la grande race dont vous êtes, Monseigneur, le représentant et à laquelle il était attaché par des liens traditionnels dans notre famille. C'est l'œuvre des Vôtres, des Saïd, des Ismaïl, que les nations acclament.

Au nom des miens, je joins ma voix au concert qui s'élève pour glorifier les héritiers de Méhémet-Ali, et je viens manifester notre gratitude envers ceux qui, par leur initiative, leur présence à cette cérémonie ou leurs magnifiques discours, ont voulu rendre à la mémoire de mon père un touchant et grandiose hommage. »

Les applaudissements éclatent. S. A. le Khédive serre affectueusement les mains de M. Charles de Lesseps, salue Mme de Lesseps et sa famille et, prenant congé, est reconduit à son embarcation avec le même cérémonial qu'à l'arrivée. Les musiques attaquent l'hymne khédivial et la fanfare des sapeurs-pompiers sonne aux champs. La cérémonie est terminée. La silhouette du créateur du Canal de Suez, que la gloire a de longue date déjà immortalisé, se dresse géante à l'entrée de Port-Saïd, le bras droit tendu vers ce Canal qui fut son œuvre et semblant répéter encore, du haut de son piédestal, à la génération présente et aux générations futures, cette phrase qui est gravée sur le socle du monument :

Aperire Terram Gentibus

Nous compléterons ce récit de la cérémonie d'inauguration du monument, en mentionnant sommairement les fêtes qui l'ont suivie sur les principaux points du Canal [1].

A Port-Saïd :

Le 17, dans la soirée, banquet offert par les Administrateurs aux principaux personnages d'Égypte qui avaient assisté à la cérémonie d'inauguration, à leurs invités de *l'Indus* et aux fonctionnaires et employés de la Compagnie ; fête vénitienne sur le port, illuminations de la ville et feu d'artifice ; bal à bord de *l'Indus*.

Le 18, repas offerts aux ouvriers européens et aux ouvriers indigènes.

A Ismaïlia :

Le 19, arrivée de *l'Indus* parti le matin de Port-Saïd ; le soir représentation théâtrale à l'ancien palais khédivial.

Le 20, dans la matinée, service religieux à l'église d'Ismaïlia, célébré par les Pères de Terre-Sainte à la mémoire de Ferdinand de Lesseps ; dans l'après-midi, excursions dans les environs.

---

1. Après la cérémonie d'inauguration, S. A. le Khédive a invité à un déjeuner à bord de son yacht le *Maroussah*, la famille de Lesseps, ainsi que les Administrateurs et l'Agent supérieur de la Compagnie.

A Port-Tewfik :

Le 21, arrivée de *l'Indus* à Port-Tewfik ; soirée dansante à bord.

Le 22, dans la matinée, excursion, à bord de *l'Indus* dans la rade de Suez et visite aux Fontaines de Moïse; dans l'après-midi, banquet offert au personnel de la Compagnie et repas offerts aux ouvriers européens et aux ouvriers indigènes.

L'Indus a quitté Port-Tewfik dans la matinée du 23 pour son retour en France. Arrivé dans la nuit à Port-Saïd, il en est reparti le 24, à la première heure pour Marseille où il est arrivé le 28. Il avait quitté ce port le 12 dans l'après-midi. Il était donc resté au service de la Compagnie pendant dix-sept jours. Il ne ramenait en France qu'une partie de ses anciens passagers, un assez grand nombre de ceux-ci étant restés pour visiter le Caire et la Haute-Egypte.

AUTORISATION D'UN EMPRUNT DE 25 MILLIONS

POUR LA CONTINUATION DES TRAVAUX D'AMÉLIORATION DU CANAL

(1901)

La demande d'autorisation de contracter un emprunt de 25 millions de francs pour la continuation des travaux d'amélioration du Canal a été présentée par le Président de la Compagnie à l'Assemblée générale des actionnaires dans sa réunion du 4 juin 1901.

Dans son rapport à l'Assemblée, présenté au nom du Conseil d'administration, le Président expliquait et justifiait comme suit la nécessité de cet emprunt en même temps qu'il faisait connaître les conditions dans lesquelles l'emprunt serait réalisé.

Nous vous avons fait connaître, à propos de l'inventaire général, que le reliquat disponible de l'emprunt de 100 millions suffirait pour pourvoir aux travaux d'amélioration à exécuter en 1901, mais qu'il serait totalement épuisé à l'expiration de l'année. Lorsque nous vous avons demandé, en 1885, l'autorisation de contracter cet emprunt, nous nous sommes fondés sur l'avis formulé par la Commission consultative internationale des Travaux, et nous vous avons soumis les résultats des délibérations de cette Commission. Les travaux qu'elle jugeait utiles pour répondre à tous les besoins de l'avenir devaient se diviser en trois phases et comportaient une dépense totale d'environ 200 millions. L'emprunt que vous avez approuvé était destiné à permettre l'accomplissement du programme de la première phase, l'acquisition du matériel nécessaire pour la totalité des travaux prévus par la Commission, et la construction du Canal d'eau douce d'Ismaïlia à Port-Saïd. Il ne constituait donc, en quelque sorte, qu'un acompte, et, suivant nos prévisions, il devait être employé en une période de sept années. Mais l'amélioration considérable qui a été introduite dans l'utilisation du Canal et l'extension donnée à sa capacité de transit par l'ouverture de la navigation de nuit à l'aide de la lumière électrique a modifié profondément les conditions d'exécution du programme primitif. C'est ainsi que la période de réalisation de l'emprunt de 100 millions s'est prolongée sur une période de seize années. D'autre part, grâce à la réduction opérée sur les achats de matériel, dont l'importance était subordonnée à la rapidité des travaux, grâce aussi, dans une certaine mesure, à des économies obtenues sur ces travaux eux-mêmes, il a pu être fait, avec les ressources provenant de l'emprunt, beaucoup plus que ne le comportaient les prévisions du début. Non seulement le programme de la première phase a reçu quelques compléments utiles, mais il a été pourvu à de nombreuses dépenses de premier établissement qui ne se rattachaient pas à ce programme et, en particulier, à la création du Tramway à vapeur de Port-Saïd à Ismaïlia. Il a été, d'autre part, imputé sur les ressources de l'emprunt une somme de 7.660.014 fr. 72 pour couvrir la part des charges d'intérêt et d'amortissement qui affectait le revenu de 90 francs. Enfin, certains travaux ont été exécutés qui rentrent par leur nature dans le programme assigné à la deuxième et à la troisième phase. Les élargissements effectués pour la création des nouvelles gares et la rectification des courbes constituent, notamment, une anticipation sur la deuxième phase; tandis que l'approfondissement au delà de 9 mètres, auquel les dépenses ordinaires d'entretien, ainsi que nous vous l'avons expliqué, ont contribué, pour une certaine part, se rattache à la troisième phase. Le Canal se trouve donc aujourd'hui dans un état beaucoup plus satisfaisant que celui qu'on avait en vue d'obtenir à l'aide des travaux de la première phase, et les résultats, dès aujourd'hui atteints, nous permettent d'entrevoir la possibilité prochaine de porter de 7^{m},80 à 8 mètres le maximum de tirant d'eau imposé aux navires.

Si les progrès déjà accomplis écartent l'éventualité d'une dépense aussi élevée que celle qui devait suivre l'emploi des premiers 100 millions, il n'en résulte pas que le compte des travaux d'amélioration puisse être clos dès aujourd'hui. Alors que l'industrie maritime ne cesse de transformer et de perfectionner son outillage, l'immobilisation du Canal dans sa situation actuelle équivaudrait à un recul. La prospérité même de la Compagnie lui fait une obligation d'accorder aux armateurs, qui lui assurent cette prospérité, toutes les améliorations qu'ils peuvent légitimement attendre. Nous vous avons déjà signalé, et c'est un point sur lequel nous ne saurions trop insister, l'augmentation constante du tonnage des navires et surtout la proportion sans cesse croissante, dans le trafic du Canal, des navires de grandes dimensions, et nous vous avons fait connaître notre intention de créer spécialement à leur usage une nouvelle série de gares élargies. Il reste aussi à parfaire l'approfondissement à 9^{m},50. Enfin d'autres travaux, sans présenter un même degré d'urgence, deviendront sans doute nécessaire dans un avenir rapproché. Il ne saurait être question d'en arrêter aujourd'hui le programme définitif; nous nous bornerons à mentionner ceux qui auront pour objet d'effectuer, dans la région des seuils, un élargissement suffisant pour y rendre la navigation plus facile, et ceux qui pourront nous être imposés par le développement des opérations commerciales dans le port de Port-Saïd.

La continuation des travaux d'amélioration étant considérée comme indispensable, devions-nous prélever chaque année, sur les revenus de l'exploitation, les dépenses qu'ils entraineront, ou couvrir ces dépenses par l'émission d'un nouvel emprunt? Nous n'avons pas hésité à vous proposer d'adopter cette seconde solution, et voici les raisons qui nous ont déterminés. Par suite de la durée relativement brève des premiers emprunts contractés par la Compagnie, les charges financières pèsent principalement sur la période actuelle, tandis que l'avenir apparaît très dégagé. Nous vous rappellerons que, suivant l'état actuel de nos tableaux d'amortissement, ces charges doivent être réduites de 6 millions et demi à partir de 1922, soit d'environ 40 0/0, et que chaque année ultérieure est appelée à bénéficier d'une nouvelle réduction atteignant en moyenne 300.000 francs. Étant donnée cette situation, il nous semblerait excessif de faire supporter en totalité par les exercices prochains des dépenses qui profiteront à l'avenir aussi bien et plus encore qu'au présent. Nous avons pensé qu'il était, au contraire, absolument juste de recourir à l'emprunt pour en assurer le paiement et, par conséquent, d'en répartir le poids comme on a réparti celui des travaux d'amélioration accomplis dans les années précédentes.

Nous vous demandons donc de nous autoriser à contracter cet emprunt, et d'en fixer le montant à 25 millions de francs. Nous nous sommes arrêtés à ce chiffre, parce qu'il correspond à l'ensemble des dépenses dont nous prévoyons dès à présent la réalisation, et surtout parce qu'il représente le capital dont nous pouvons servir l'intérêt et l'amortissement, au taux actuel de nos emprunts, avec la disponibilité d'un million environ que nous laisse, à partir de 1902, l'expiration des Bons Trentenaires. Ces Bons, dont l'émission a eu lieu en 1871 et a produit un capital de 12 millions, seront en effet parvenus le 1er août prochain au dernier terme de leur amortissement. L'annuité qu'ils exigeaient étant suffisante pour assurer aujourd'hui l'intérêt et l'amortissement d'un emprunt de 25 millions, cet emprunt, si vous en autorisez l'émission, n'aura pas pour effet d'aggraver, par rapport à la situation actuelle, les charges pesant sur notre exploitation. Vous bénéficierez même pendant plusieurs années d'une large partie de l'économie que doit procurer la disparition des Bons Trentenaires : l'emprunt de 25 millions ne sera émis en effet que par fractions échelonnées, et vous pouvez être assurés que, comme nous l'avons fait pour l'emprunt de 100 millions, nous en réglerons l'emploi avec la plus stricte économie.

L'Assemblée, à laquelle assistaient 459 actionnaires représentant 224.189 actions, a adopté, sur la question de l'emprunt qui figurait à l'ordre du jour de ses délibérations, la résolution suivante :

« L'Assemblée

« Donne à l'unanimité tous pouvoirs au Conseil d'admi-
« nistration pour contracter au fur et à mesure des besoins et
« conformément aux indications contenues dans le rapport
« présenté par le Conseil, un emprunt de vingt-cinq millions
« de francs.

« Le Conseil est chargé de déterminer l'époque, le mode
« et les conditions de cette opération.»

CONVENTION DU 1er FÉVRIER 1902

RELATIVE AU CHEMIN DE FER A VOIE NORMALE D'ISMAÏLIA A PORT-SAÏD ET AU PORT DE PORT-SAÏD

Cette Convention, accompagnée de deux lettres lui servant de commentaire échangées entre le Président de la Compagnie et le Président du Conseil des Ministres du Gouvernement égyptien, a été portée par le Président de la Compagnie à la connaissance de l'Assemblée générale des actionnaires dans sa réunion du 10 juin 1902.

Le Président, dans son rapport à l'Assemblée, donna, sur l'objet et les dispositions essentielles de la Convention, les explications suivantes :

Depuis quelques années le Gouvernement Égyptien manifestait le désir de relier Port-Saïd au Caire par une voie normale. Il prévoyait, en effet, que, dans un avenir rapproché, le port d'Alexandrie serait insuffisant pour les besoins du commerce, et il se préoccupait de faciliter l'importation et l'exportation des marchandises par un second port. Port-Saïd, naturellement, devait être ce second port; mais il ne pouvait remplir cet office que si une voie ferrée normale le mettait en communication avec le reste de l'Égypte.

Après avoir étudié un tracé direct à travers le lac Menzaleh, et l'avoir jugé trop coûteux, le Gouvernement a été forcément conduit à envisager la construction d'une ligne parallèle au Canal maritime, et il lui était facile de la réaliser, sans aucune entente avec nous, en plaçant la voie dans le voisinage immédiat, mais hors des limites de notre concession. L'établissement d'une voie normale à quelques dizaines de mètres de la voie de service actuelle créait une perspective tout à fait inadmissible. Nous avions donc intérêt à accueillir les suggestions du Gouvernement et à entrer en négociations avec lui. Aussi bien les pourparlers engagés sur la question du chemin de fer nous permettaient de discuter avec le Gouvernement les conditions dans lesquelles s'effectueraient l'aménagement et l'exploitation du port de Port-Saïd, et il était aussi important pour lui que pour nous que cette seconde question fût réglée par le même accord.

Facilitées par le bon vouloir du Gouvernement et par l'esprit de conciliation dont nous étions nous-mêmes animés, les négociations ont abouti à une entente qui sauvegarde, de la façon la plus équitable, les intérêts des deux parties.

ET PORT DE PORT-SAÏD

Par la Convention du 1er février 1902, dont vous trouverez le texte complet dans les annexes du rapport, la Compagnie s'engage à transformer sa voie de service en une ligne à écartement normal et à la louer au Gouvernement égyptien qui en assurera l'exploitation à ses frais, risques et périls. Les dépenses de transformation seront remboursées à la Compagnie au moyen d'annuités, calculées au taux de 4 0/0, qui lui seront versées par le Gouvernement jusqu'à l'expiration de la concession du Canal.

Une annuité lui sera servie au même taux en représentation des dépenses déjà faites pour la construction de la voie de service telle qu'elle existe actuellement. Ces dépenses s'élèvent, d'après nos écritures, — lesquelles, il est vrai, ne comprennent pas le service de l'emprunt inscrit dans les comptes spéciaux, — à 5.700.000 francs. Mais elles ont déjà été amorties jusqu'à concurrence de 1.700.000 francs. Le solde de 4 millions comprenant pour une forte part la valeur d'un matériel qui cessera d'être utilisé, nous avons accepté que les annuités afférentes aux dépenses anciennes fussent calculées sur un capital limité à 3 millions. En vous soumettant les comptes de 1902, nous vous proposerons les mesures nécessaires pour assurer l'amortissement de la fraction de ces dépenses qui ne sera pas couverte par le paiement des annuités.

La voie qui relie aujourd'hui Port-Saïd à Ismaïlia ayant été exclusivement créée en vue d'assurer le service de la Compagnie, le Gouvernement, qui en assumera désormais l'exploitation, maintient la gratuité dont bénéficiait le transport de nos agents et de notre matériel. Un nouvel avantage nous est même consenti par la Convention : la gratuité du transport est étendue en effet à la ligne de Suez à Ismaïlia, ce qui représente pour nos divers services une économie appréciable.

En ce qui concerne le port de Port-Saïd, la Compagnie a la charge de tous les travaux d'extension qui seront nécessités par la progression du mouvement commercial. Mais elle se réserve de décider seule de la nature, de la disposition et de l'importance de ces travaux, ainsi que du délai de leur exécution. Dans le périmètre du port sera comprise une assez large bande de terre entourant tous les bassins. La Compagnie aura seule le droit de gérer et d'administrer le port ainsi délimité qui formera une zone franche au point de vue douanier ; elle y dirigera toutes les opérations maritimes et commerciales ; elle pourra y louer des emplacements à son profit exclusif ; enfin, tout en continuant à percevoir les droits prévus par les conventions antérieures et de se rémunérer, aux prix de ses tarifs, des services rendus par elle aux navires et aux marchandises, elle est autorisée à étendre ces redevances de manière à obtenir la juste rémunération des services nouveaux que l'exploitation commerciale du port la conduira à assurer.

Enfin le Gouvernement lui accorde la franchise absolue des droits de douane pour tous les appareils et toutes les matières qu'elle emploie pour l'entretien, l'amélioration et l'exploitation du Canal. Ce privilège, qui constitue une faveur unique en Égypte, avait appartenu à la Compagnie jusqu'en 1869. Il lui fût retiré à cette époque dans les conditions que vous connaissez. Il est rétabli aujourd'hui, et vous apprécierez, nous n'en doutons pas, l'avantage moral autant que matériel que comporte ce rétablissement.

Telle est, dans son double objet et dans ses dispositions essentielles, la Convention sur laquelle l'accord s'est fait entre la Compagnie et le Gouvernement. Tant par les économies qui doivent en résulter que par les revenus nouveaux qu'elle nous procure, nous sommes assurés non seulement de pouvoir couvrir largement l'intérêt et l'amortissement des dépenses qu'entraînera l'amélioration du port, mais encore de réaliser dans l'avenir un bénéfice appréciable. Ce bénéfice sera proportionné dans une certaine mesure au développement que recevront le port et la ville de Port-Saïd, et grâce à sa situation exceptionnelle sur la route qui unit l'Orient et l'Occident, Port-Saïd paraît appelé à devenir un centre de plus en plus important.

Texte de la Convention

TITRE PREMIER

Chemin de fer à voie normale d'Ismaïlia à Port-Saïd

ARTICLE PREMIER. — *A la demande du Gouvernement Égyptien, la Compagnie Universelle du Canal Maritime de Suez accepte de transformer, à ses frais, en une ligne à écartement normal de* 1m,45, *la voie de service à écartement réduit de* 0m,75, *par elle construite sur les terrains de sa concession, entre Ismaïlia et Port-Saïd, et de raccorder cette ligne avec le réseau des chemins de fer de l'État à Ismaïlia.*

ART. 2. — *Ladite Compagnie accepte également de louer au Gouvernement Égyptien, pour toute la durée de sa concession, la ligne d'Ismaïlia à Port-Saïd ainsi transformée. Le Gouvernement en assurera l'exploitation à ses frais, risques et périls. A l'expiration de la concession, il deviendra de plein droit propriétaire de la ligne et de ses dépendances.*

Si le Gouvernement chargeait plus tard de cette exploita-

tion une administration ou une société particulière, il resterait responsable vis-à-vis de la Compagnie du Canal de Suez des obligations résultant de la présente Convention.

Art. 3. — *Les travaux à exécuter, à la charge de la Compagnie du Canal de Suez, pour la transformation de sa voie de service en une ligne à écartement normal, comprennent l'infrastructure, la superstructure, les bâtiments et le matériel fixe des gares. Le Gouvernement Égyptien fournira à ses frais le mobilier des gares, l'outillage des ateliers et dépôts et le matériel roulant.*

Art. 4. — *Les conditions d'établissement de la ligne à écartement normal seront les mêmes que celles des lignes du réseau de l'État.*

Les travaux seront exécutés, pour le compte de la Compagnie du Canal de Suez, par le Gouvernement Égyptien. Celui-ci fixera, d'accord avec la Compagnie, le mode d'exécution et les détails de la construction.

Art. 5. — *La Compagnie avancera trimestriellement au Gouvernement Égyptien les sommes nécessaires à la construction. Le compte de ces avances sera régularisé à la fin de chaque trimestre sur la base de décomptes dressés contradictoirement. A l'achèvement de la construction, il sera dressé de la même manière un décompte général définitif.*

Les améliorations ultérieures ne seront entreprises par le Gouvernement Égyptien qu'après accord préalable avec la Compagnie du Canal de Suez. Si ces travaux étaient assez importants pour entraîner le concours financier de la Compagnie, il serait procédé comme pour la construction dont il vient d'être question.

Les terrains nécessaires à l'établissement de la voie et à son exploitation seront délimités par la Compagnie et le Gouvernement. Celui-ci n'établira aucune installation en dehors des limites contradictoirement fixées.

La Compagnie désignera un ou plusieurs commissaires,

chargés de suivre et de vérifier les travaux exécutés pour son compte par le Gouvernement Égyptien.

ART. 6. — *Le Gouvernement Égyptien versera à la Compagnie des annuités établies de manière à éteindre, dans les années de sa concession restant à courir, les dépenses déjà effectuées par elle sur sa voie de service et celles, qu'en vertu de la présente Convention, elle fera à l'avenir sur la ligne à écartement normal.*

Les annuités correspondant aux dépenses déjà faites par la Compagnie sur sa voie de service et à celles qu'elle fera, au cours des cinq premières années après la signature de la présente Convention, pour la transformation de ladite voie en une ligne à écartement normal, seront calculées au taux de 4 0/0, intérêt et amortissement compris.

Pour les dépenses dont la Compagnie accepterait plus tard la charge, le taux des annuités sera fixé d'un commun accord.

Le service des annuités dues à la Compagnie commencera du jour où le Gouvernement prendra livraison de la voie actuelle pour l'exploiter[1].

Le Gouvernement indemnisera la Compagnie pour l'occupation des terrains et de la voie ferrée sous la forme indiquée à l'article 11.

ART. 7. — *Le Gouvernement Égyptien assurera lui-même, pendant la période de la construction de la nouvelle ligne, l'exploitation de la voie de service actuelle.*

ART. 8. — *Le Gouvernement Égyptien fera circuler par jour, entre Ismaïlia et Port-Saïd, au moins deux trains de voyageurs dans chaque sens, dont un s'arrêtant, tant à l'aller qu'au retour, à toutes les gares du Canal Maritime, et, sur demande spéciale de la Compagnie, à la halte de l'hôpital Saint-Vincent-de-Paul.*

Il mettra gratuitement à la disposition de la Compagnie

---

1. La voie de service a été remise au Gouvernement Égyptien le 1er juin 1902.

du Canal de Suez douze trains spéciaux par an, entre Port-Saïd et Ismaïlia ou vice versa.

Art. 9. — *Le Gouvernement Égyptien accordera le passage gratuit par tous les trains réguliers circulant sur les lignes Suez-Ismaïlia et Ismaïlia-Port-Saïd aux personnes munies d'une réquisition en règle de la Compagnie.*

Il transportera dans les mêmes conditions de gratuité, par tous les trains mixtes et de marchandises, les objets et matières qui lui seront présentés avec une réquisition en règle de la Compagnie.

Toutefois ces transports gratuits sont limités annuellement à un maximum de 1.300.000 *voyageurs-kilomètres, de* 40.000 *tonnes-kilomètres et de* 4.000 *petits colis d'un poids inférieur à* 20 *kilogrammes.*

TITRE II

Port de Port-Saïd

Art. 10. — *A la demande du Gouvernement Égyptien, la Compagnie Universelle du Canal Maritime de Suez prend à sa charge tous les travaux d'extension de port nécessités, à Port-Saïd, par la progression du mouvement commercial. Il appartiendra à ladite Compagnie de décider de la nature, de la disposition et de l'importance de ces travaux, ainsi que de l'ordre et des détails d'exécution, mais elle mettra le port en état de suffire aux besoins du commerce, après la signature de la présente Convention, et le développera au fur et à mesure que s'étendront ces besoins.*

Sous les réserves déjà prévues par les conventions antérieures des droits souverains de l'État, la Compagnie est et demeure seule chargée, en vertu des actes constitutifs des 30 *novembre* 1854 *et* 5 *janvier* 1856, *du firman Impérial du* 19 *mars* 1866, *aussi bien que des diverses conventions établissant ses droits et ses obligations, de gérer et d'administrer, pendant toute la durée de sa concession, le port de Port-*

Saïd, partie intégrante du Canal, d'y surveiller et d'y diriger toutes les opérations maritimes et commerciales.

ART. 11. — *Le port de Port-Saïd comprend, non seulement l'étendue d'eau qui forme l'avant-port, le chenal et les bassins, mais encore une bande de terrain longeant ces bassins. Les limites de la zone maritime et terrestre constituant ainsi le port de Port-Saïd sont, pour le présent, arrêtées d'un commun accord telles qu'elles figurent sur le plan ci-joint*[1] *sous la désignation des lettres : A, B, C, D, E, F, G, H, I, J, K, L, M, N, O, P, Q, A', B', C', D', E', F', G', H'.*

La zone ainsi fixée formera une zone franche au point de vue douanier. Les droits de douane ainsi que tous autres droits établis dans l'avenir par le Gouvernement sur les marchandises, ne pourront être perçus qu'à la sortie et à l'entrée de la zone franche. Continueront cependant d'être taxés à l'intérieur de ladite zone les charbons en transit et les matières qui y seront, soit consommées, soit incorporées dans les constructions.

Exception est faite pour les matières consommées sur les navires, aussi bien que pour tous appareils et toutes matières employés par la Compagnie à l'entretien, à l'amélioration et à l'exploitation du Canal Maritime et des ports qui en dépendent.

Cette exonération des droits de douane est accordée par le Gouvernement à la Compagnie, tant comme rémunération à forfait des dépenses mises à sa charge par l'article 10 *de la Convention, que comme indemnité pour l'occupation de la voie ferrée d'Ismaïlia à Port-Saïd et des terrains affectés à l'exploitation de cette voie.*

ART. 12. — *Au sud du point I, sur la rive Afrique, et de la ligne B', C', D', sur la rive Asie, les limites de la zone franche pourront varier dans l'avenir, de manière à suivre les extensions successives du port, et à maintenir le long des*

1. Voir planche IX.

lignes d'eau une bande de terrain dont les dimensions seront fixées chaque fois par la Compagnie, d'accord avec le Gouvernement Égyptien.

La Compagnie réserve d'ores et déjà, pour les besoins de l'exploitation du port et pour ses extensions futures, tous les terrains limités du côté Afrique par la ligne I, V, W, X, Y, Z, et du côté Asie par la ligne B', W', X', Y' Z'. Dans la suite, les limites de la zone franche pourront être peu à peu reculées jusqu'aux lignes I, V, W, X, Y, Z, et B', W', X', Y', Z'.

Art. 13. — *La partie Nord du Bassin des Chalands charbonniers et les deux Bassins Traverses, autrefois creusés aux frais du Domaine Commun, rentrant dans la zone franche, la moitié desdits frais sera remboursée au Gouvernement par la Compagnie qui aura seule désormais et jusqu'à la fin de sa concession, la jouissance desdits Bassins.*

Art. 14. — *La Compagnie rachètera, pour son compte et à ses frais, les propriétés qui se trouveront englobées dans la zone franche et celles qui, dans la zone réservée, seront atteintes par les travaux d'extension du port.*

Au cas où une entente amiable avec les propriétaires ne serait pas possible, l'expropriation aura lieu dans les formes légales, par les soins et aux frais de la Compagnie, en vertu d'une déclaration d'utilité publique prise par le Gouvernement Égyptien à la requête de celle-ci.

La Compagnie continuera de percevoir les droits prévus par les conventions antérieures et de se rémunérer, aux prix de ses tarifs, des services rendus par elle aux navires et à la marchandise, tels que location de chalands et d'appareils divers, etc., etc. Elle sera autorisée à étendre lesdites redevances de manière à se rémunérer aussi des services nouveaux qu'elle pourra rendre aux navires et à la marchandise, tels que chargement et déchargement, mise en dépôt à terre ou sur eau, magasinage dans les magasins et entrepôts construits par elle, etc., etc. Elle aura le droit d'élever dans la zone franche toutes constructions ou hangars, d'y établir toutes installations en vue de l'exploitation du port; elle pourra aussi louer des emplacements à des particuliers pour assurer l'exploitation normale du port et satisfaire aux besoins du commerce. L'affectation à toute autre destination de terrains compris dans la zone franche est formellement interdite sans l'assentiment préalable du Gouvernement.

A l'expiration de la concession, le Gouvernement Égyptien rentrera en possession du port et de ses dépendances dans les conditions fixées par les actes de concession du 30 *novembre* 1854 (*art.* 10) *et du* 5 *janvier* 1856 (*art.* 16).

ART. 15. — *Les voies de fer raccordées au chemin de fer d'Ismaïlia à Port-Saïd, posées à l'intérieur de la zone franche pour desservir le mouvement du port, seront établies aux frais de la Compagnie du Canal de Suez. Le Gouvernement aura la charge de l'exploitation de ces voies, suivant les indications du service du port. Il s'engage à fournir, en temps utile et dans la plus large mesure possible, le matériel roulant que nécessitera le mouvement commercial.*

ART. 16. — *Toutes les dispositions contraires aux stipulations qui précèdent, inscrites dans les conventions passées antérieurement entre le Gouvernement Égytien et la Compagnie, sont et demeurent abrogées.*

Fait au Caire, le 1er *Février* 1902.

Le Président
du Conseil des Ministres,

Sous réserve de l'approbation du Conseil
des Ministres,

Signé : MOUSTAPHA FEHMY.

Le Président
de la Compagnie,

Sous réserve de l'approbation du Conseil
d'Administration de la Compagnie,

Signé : Prince AUGUSTE D'ARENBERG.

Approuvé
par le Conseil des Ministres Égyptien,
le 1er *mars* 1902.

Approuvé
par le Conseil d'Administration
de la Compagnie,
le 3 *mars* 1902.

Lettres échangées servant de commentaire à la Convention

Le Caire, le 1er février 1902.

A Son Excellence Moustapha Pacha Fehmy, Président du Conseil des Ministres, au Caire.

EXCELLENCE,

La Convention qui établit l'accord du Gouvernement Egyptien et de la Compagnie du Canal de Suez au sujet du Chemin de fer d'Ismaïlia à Port-Saïd est en soi fort claire. La brièveté de quelques articles rend cependant utile un commentaire qui en développe le sens et précise certains détails.

Le premier de ces articles est l'article 6. Le chiffre auquel a été limitée la part des dépenses déjà faites par la Compagnie sur sa voie de service, que le Gouvernement doit rembourser au moyen d'annuités au taux de 4 %, n'y est point inscrit. Il a été fixé à trois millions de francs. Le Gouvernement aura ainsi à verser à la Compagnie, à dater du jour où la voie de service lui sera remise conformément à l'article 7[1]*, une annuité de cent vingt mille francs, payable jusqu'à la fin de la concession. En retour, il deviendra propriétaire de tout le matériel fixe et roulant de ladite voie et pourra en disposer à son gré.*

L'article 7 est en lui-même d'une parfaite clarté, mais il ne dit pas et ne pouvait pas dire ce que deviendra le personnel actuellement attaché au service de la voie ferrée. Il a été convenu que, pendant l'exécution des travaux d'établissement de la ligne à écartement normal, tout ce personnel sera mis à la disposition de l'Administration des Chemins de fer de l'Etat, qui s'en servira pour assurer l'exploitation de la voie existante. Ce personnel jouira du traitement et des avantages accessoires dont il bénéficierait s'il restait au service de la Compagnie.

Afin que toute difficulté à cet égard soit évitée, une liste nominative des employés et des ouvriers occupés aujourd'hui par la Compagnie sur sa voie de service sera remise à l'Administration des Chemins de fer de l'Etat, avec l'indication, pour chacun d'eux, des traitement, salaire et autres avantages accessoires auxquels ils ont droit. Les états de paiement seront dressés sur la base de ce document à la fin de chaque mois, par l'Administration des Chemins de fer de l'Etat. Le Gouvernement s'engage d'ores et déjà à conserver, autant que possible, pour le service des Chemins de fer de l'Etat, après l'ouverture de la nouvelle ligne, les employés et ouvriers attachés

---

1. Ainsi qu'il a été dit déjà, dans une note précédente, la voie de service a été remise au Gouvernement Egyptien le 1er juin 1902.

à la voie ferrée de la Compagnie, avec un traitement analogue à celui dont ils jouiront alors, tous accessoires compris. Il fera savoir à la Compagnie, trois mois avant l'ouverture de la voie nouvelle, quels employés et ouvriers il gardera et quels il lui rendra. La Compagnie aura la charge de régler la situation ultérieure des employés et des ouvriers que le Gouvernement ne gardera pas à son service; elle devra aussi liquider, conformément à ses règlements, la situation antérieure des agents qui passeront aux Chemins de fer de l'Etat, de manière que le Gouvernement Egyptien soit garanti contre toute revendication à ce sujet.

L'article 9 de la Convention stipule que le Gouvernement devra transporter gratuitement entre Port-Saïd, Ismaïlia et Suez: 1.300.000 voyageurs-kilomètres qui, d'après les prévisions, se répartissent comme suit entre les trois classes : 40.000 voyageurs-kilomètres de 1re classe, 860.000 voyageurs-kilomètres de 2e classe et 400.000 voyageurs-kilomètres de 3e classe. Cette répartition n'est toutefois pas absolue, en ce sens que si une certaine classe laisse sur les chiffres ci-dessus un excédent disponible, cet excédent pourra être déversé sur les classes inférieures sans que jamais le nombre total des voyageurs-kilomètres puisse dépasser 1.300.000. — Il a été admis aussi que 30 Chefs de service ou Agents d'un grade élevé de la Compagnie recevraient des cartes permanentes de libre circulation en 1re classe entre Port-Saïd et Suez.

Dans la partie de la Convention relative au port, deux articles, l'article 10 et l'article 11, ont seuls à être expliqués:

L'article 10 porte que la Compagnie mettra le port en état de suffire aux besoins du commerce, après la signature de la Convention. Cette rédaction a paru la plus générale et, par là, la meilleure; elle nécessite toutefois une explication importante.

L'agrandissement du Bassin Chérif fait partie des travaux à exécuter en premier lieu; il faut toutefois pour les entreprendre que les expropriations aient été réglées. La Compagnie a entamé des négociations à ce sujet avec les Gouvernements Anglais et Francais et avec les autres occupants; mais l'appui actif du Gouvernement Egyptien peut seul faire aboutir ces négociations dans un court délai.

La stipulation relative à l'exemption des droits de douane entrera en vigueur du jour où la ligne à écartement normal sera ouverte à l'exploitation, à la condition que la Compagnie, ayant entrepris les travaux d'amélioration du port, soit en mesure de satisfaire aux nouveaux besoins du commerce.

Afin que le Gouvernement soit constamment renseigné sur l'état du port, la Compagnie s'empressera de lui remettre le plan détaillé qu'elle en fait dresser chaque année pour éclairer le Conseil d'Administration.

Aucun doute ne peut exister au sujet de l'interprétation de l'article 11. Le droit de police, l'un des droits souverains de l'Etat, ne saurait être limité. Si donc il arrivait jamais que les particuliers, par fraude ou contre-

bande, voulussent étendre à leur profit le sens de l'article 11, jusqu'à prétendre qu'il crée une sorte d'asile, la Compagnie tient à dire qu'elle ne l'admettrait pas plus que le Gouvernement lui-même. Si, par exemple, des exportateurs peu scrupuleux parvenaient à faire pénétrer de la marchandise dans la zone franche sans payer les droits réguliers ils pourraient y être recherchés ; si quelqu'un tentait d'introduire par cette zone une marchandise prohibée, il devrait y être poursuivi. Le port de Port-Saïd forme une zone franche au point de vue douanier, mais il reste soumis, sous tous les autres rapports, aux lois du pays : tous impôts et droits pourront y être perçus comme sur le reste du territoire égyptien, hormis ceux que spécifie l'article 11.

Aucun doute ne peut exister non plus sur la portée limitative de l'exemption des droits de douane accordée à la Compagnie. Il n'est question ici d'aucune faveur pour son personnel, mais uniquement d'une facilité pour les travaux et l'exploitation. Ces travaux et cette exploitation nécessitent des appareils ; ils nécessitent aussi de nombreuses matières, consommées sur ces appareils, dans le port et dans les ateliers, ou déposées dans les magasins. Ces matières et objets divers ne circulent pas d'un atelier à un autre, ou encore d'un magasin à un appareil, sans une lettre de voiture inscrite dans les comptes de la Compagnie, facilement vérifiable et qui fait foi de l'usage auquel ils sont destinés. Les lettres de voiture, les connaissements à l'arrivée en Egypte, etc.. servent aujourd'hui aux vérifications de la douane ; ces mêmes pièces y pourront encore servir sous le régime de l'exemption sans qu'il y ait rien à changer aux habitudes. Toutefois pour ajouter à l'autorité de ces pièces, il est entendu qu'elles devront toujours être certifiées par l'Ingénieur en chef de la Compagnie, ou, à son défaut, par un Chef de section responsable.

Veuillez agréer, Monsieur le Président, l'assurance de ma plus haute considération.

Le Président
de la Compagnie du Canal de Suez,
Signé : Prince Auguste d'Arenberg.

Le Caire, le 1er février 1902.

A Monsieur le Prince Auguste d'Arenberg, Président de la Compagnie Universelle du canal maritime de Suez, au Caire.

Monsieur le Président,

En réponse à la lettre que vous m'avez adressée le 1er février courant, comme commentaire de la Convention relative au Chemin de fer à voie normale d'Ismaïlia à Port-Saïd et au port de Port-Saïd, j'ai l'honneur de vous informer que le Gouvernement Egyptien adhère entièrement à ce document dont les termes sont reproduits textuellement ci-après :

(Suit le texte.)

Veuillez agréer, etc...

Le Président
du Conseil des Ministres,
Signé : MOUSTAPHA FEHMY.

FIN DE L'HISTORIQUE ADMINISTRATIF

ANNEXES

ANNEXE I

ORGANISATION ADMINISTRATIVE DE LA COMPAGNIE EN 1902

CONSEIL D'ADMINISTRATION[1]

Année de la nomination	*Président*[2]	
1893	Prince Auguste d'Arenberg	Ancien député ; Président du Comité de l'Afrique française ; Administrateur à la Compagnie d'Orléans. (Vice-Président à partir du 13 février 1894 ; Président depuis le 3 août 1896.)

1. Liste des nouveaux Membres du Conseil nommés pendant la période de 1870 à 1902 et dont, par suite de démissions et de décès, les noms ne figurent pas sur la liste des Membres du Conseil de 1902.

En 1870	Fréville.	En 1876	Rivers Wilson.	En 1886	E. Prevost.
	Morellet.		James Standen.	En 1887	Cottu.
	Mourette.	En 1878	Victor de Lesseps.	En 1888	Champetier de Ribes.
	de Provença Vieira.	En 1882	J. Herbette.		Cte de Circourt.
De 1871	Cte de Clérembault.	En 1885	Patinot.		C^el de Moucheron.
à 1874	Dauprat.		Bon Poisson.	En 1889	Lord Brassey.
	Jules Guichard.		Sir William Mackinnon.	En 1890	Chabrière-Arlès.
	de Mondésir		Monk.	En 1893	Desbrière.
	Pèghoux.		Sir Ch. Palmer.		Waddington.
	Spément.		John Slagg.	En 1894	Sir H. Calcraft.
En 1875	Merruau.		Bon de Caters.		
En 1876	Abel Corbin de Mangoux.		Sir James Laing.		

2. Prédécesseurs du Prince Auguste d'Arenberg à la Présidence du Conseil d'Administration :

Ferdinand de Lesseps. — Président-Directeur de la Compagnie depuis l'origine jusqu'en 1894, époque à laquelle son grand âge et son état de santé ne lui ont plus permis de diriger les affaires de la Compagnie. A été nommé, alors, Président honoraire.

Jules Guichard. — Nommé membre du Conseil d'administration en 1874 ; Vice-Président du Conseil le 5 juillet 1887 ; Président le 13 février 1894.

Année de la nomination	Vice-Présidents	
1876	Lt Gl Sir John Stokes	Du Corps Royal du Génie (Armée anglaise). (Vice-Président depuis le 11 janvier 1887).
1889	J. Charles-Roux	Ancien député. (Vice-Président depuis le 7 septembre 1896).
1891	H. Boucard	Inspecteur général des Forêts en retraite. (Vice-Président depuis le 4 juillet 1893).
	Membres du Conseil	
1859	Em. Guillaume	Ingénieur civil.
1869	Ch. de Lesseps	Ancien Secrétaire d'ambassade ; ancien Secrétaire du Président-Directeur de la Compagnie. (Vice-Président du Conseil d'administration, de 1872 à 1893.)
1874	Em. Daubrée	Ancien Agent supérieur de la Compagnie en Egypte.
1884	J.-N. Anslyn	Ancien Agent diplomatique et Consul général des Pays-Bas en Egypte.
—	E. Darier	Armateur, à Marseille.
1885	Rt Alexander	Armateur, à Liverpool.
—	Sir Thomas Sutherland	Ancien membre du Parlement; Président de la Compagnie de navigation à vapeur Péninsulaire et Orientale, à Londres.
1888	J. Lefebvre	Ancien Préfet.
1890	R.-S. Donkin	Armateur, à Londres.
1892	Austin Lee	Secrétaire d'ambassade.
1893	Le Chevalier	Ministre Plénipotentiaire honoraire ; ancien Délégué de France à la Commission de la Dette publique en Egypte.
—	A. Viellard	Ancien député; Maître de forges; Administrateur à la Compagnie des Chemins de fer de l'Est.
1893	Voisin Bey	Inspecteur général des Ponts et Chaussées en retraite ; ancien Directeur général des travaux du Canal ; ancien Président de la Commission consultative internationale des travaux.
1894	Sir Edwin Sandys Dawes	Président de la « British India Steam Navigation Company ».
—	C. Vergé	Maître des Requêtes honoraire au Conseil d'Etat; Administrateur à la Compagnie d'Orléans.

Année de la nomination		
1895	Vte de Bresson	Ministre plénipotentiaire ; ancien Président de la Commission de vérification des comptes de la Compagnie.
1896	J. Cambefort	Banquier à Lyon ; Administrateur à la Société des Messageries Maritimes.
—	Lord Rathmore	Ancien Ministre ; Administrateur à la Compagnie du chemin de fer de « London and North Western ».
—	Sir Charles Fremantle	Ancien Directeur général de la Monnaie, à Londres.
1897	Rt Guichard	Administrateur de la Compagnie Parisienne et de la Compagnie Napolitaine du Gaz.
—	Xavier Charmes	Membre de l'Institut ; ancien Directeur au Ministère de l'Instruction Publique.
—	Jonnart	Député ; ancien Ministre des Travaux Publics.
1899	Bon de Courcel	Ancien Ambassadeur ; Membre de l'Institut ; Président du Conseil d'administration de la Compagnie d'Orléans.
—	Vte Melchior de Vogüé	Ancien Secrétaire d'Ambassade ; membre de l'Académie Française.
—	G. Plate	Président du « Nord-Deutscher Lloyd ».
1901	J.-B. Westray	Président de la « General Steam Navigation Company ».
1902	Frederick Green	Gérant de « l'Orient-Line ».
—	Casimir-Perier	»

COMITÉ DE DIRECTION

Membres titulaires

Année de la nomination	
1896	Prince Auguste d'Arenberg, Président.
1888-1891	Daubrée.
1888-1893	Lefebvre.
1891-1894	Austin Lee.
1893-1895	Charles-Roux.

Membres adjoints

Année de la nomination	
1889	Anslyn.
1893	Voisin Bey.
1893	Boucard.
1895	Darier.

Bonnet, Secrétaire général de la Compagnie.
Bertrand, Secrétaire de la Direction.

COMMISSION DE VÉRIFICATION DES COMPTES

1888 — 1894	MICARD, Président. DE SINÇAY. GILBERT-BOUCHER.	1896 1899	CHATONEY. BÉRENGER.

COMMISSAIRE DE S. A. LE KHÉDIVE PRÈS LA COMPAGNIE

1865 | EM. OLLIVIER.

CONSEIL JUDICIAIRE

BARBOUX. — Avocat à la Cour d'Appel, ancien bâtonnier.

CARON. — Ancien agréé près le Tribunal de Commerce de la Seine.

DENORMANDIE. — Avoué près le Tribunal de la Seine.

DEVIN. — Avocat au Conseil d'Etat et à la Cour de Cassation.

MAHOT DE LA QUÉRANTONNAIS. — Notaire.

RIBADEAU DUMAS. — Avoué près la Cour d'Appel.

ANNEXE II

TABLEAU DU PERSONNEL DE LA COMPAGNIE

EN 1902

(FONCTIONNAIRES ET PRINCIPAUX EMPLOYÉS)

I. — ADMINISTRATION CENTRALE, A PARIS

Année de l'entrée au service

DIRECTION

1896 BONNET, secrétaire général.
1894 QUELLENNEC, ingénieur-conseil.
1901 BERTRAND, secrétaire de la direction.
1893 DE FROIDEFOND DES FARGES, chef du cabinet de la direction.
1884 CHARTREY, attaché.
1873 DE BOUVARD —
1892 DAVIN, —
1893 FÉLIX, secrétaire de l'ingénieur-conseil.

SECRÉTARIAT

1867 SAVOUILLAN, chef du secrétariat.

Ordres et Transmissions

1859 NÉROT, chef de bureau.
1890 PARIS, sous-chef de bureau.
— AUFILATRE, commis.

Archives, Expéditions, etc.

1883 DE PELLEPORT, chef de bureau.
1882 DARDELLE, sous-chef de bureau.
1885 CHAPERON, commis.

Année de l'entrée au service

1884 DUBOIS, commis.
1891 DE GORSSE, —

Service intérieur et Economat

1888 DELAUNAY, chef de bureau.
1878 HOUSSAIS, commis principal.
1886 GOBERT, commis.

EXPLOITATION

1886 CHAUMELIN, chef du service.
1871 LAMY, sous-chef.

Transit et Navigation

1879 MOLEY, sous-chef de bureau.
1889 LE FICHANT, commis.
1883 HUGUES, —

Exploitations accessoires

1889 SCHMITT, sous-chef de bureau.
1891 DE ROUVRE, agent technique.

COMPTABILITÉ GÉNÉRALE ET FINANCES

1869 LEVASSEUR, chef du service.
1892 WAGNER, sous-chef.

Année de l'entrée au service

Comptabilité centrale

1873 MASSÉ, chef de bureau.
1873 HOSMALIN, commis principal.
1885 PORCHEZ, —
1871 B. VAN DER VEENE, commis.
1876 LEPERS, —
1888 BLANCHARD, —

Contrôle et Archives

1882 DANIEL, chef de bureau.
1880 DELAVILLE, commis principal au contrôle.
1883 DALLE, commis au contrôle.
1884 VALLET, —
— BLANC, sous-chef de bureau aux archives.
— BOMMARD, commis aux archives.
1887 MAIRIN, —

Correspondants

1883 ADELINE, sous-chef de bureau.

Pensions

1885 LALLEMANT, sous-chef de bureau.

Caisse

1884 LEPENUEN, caissier central.
1876 BROSSIER, 1er sous-caissier.
1882 PESSIN, 2e sous-caissier.

Portefeuille

1880 LEPREUX, chef de bureau.
1891 HENRY, sous-caissier du portefeuille.

CONTENTIEUX

1889 DE LA FUYE, chef du service.
1873 CALVO, sous-chef de service.
1892 WAGNER (Albert), commis.

SERVICE DES TITRES

1884 OBJOIS, chef du service.
1887 FRÉVILLE, sous-chef de service.
1887 LAUZANNE, caissier des titres.

Année de l'entrée au service

Transferts

1880 MALGRAS, sous-chef de bureau.
1889 PELTIER, commis.
1884 FAISANT, —

Actions. Obligations 3 0/0 1re série

1881 JOUSSELIN, sous-chef de bureau.

Consolidés. Obligations 3 0/0 2e série

1881 GODEFROY, sous-chef de bureau.

Obligations 5 0/0. Parts de fondateur

1881 PARENT, sous-chef de bureau.
1884 JOUSSEAU, commis.
1883 AUVINET, —

Correspondants

1877 BROUTTA, sous-chef de bureau.
1881 NOEL (Alexandre), commis.
1882 BARRÉ (Albert), —

Archives des Titres

1888 GAIRAL, commis.
1883 HOMÈRE, —
1881 TOUTAN, —

SERVICE DES TRAVAUX

1881 VIEUSSA, chef du service.
1883 DE CLERCQ, agent technique principal.
1885 LAFRANCE, —
1885 LUGAND, agent technique.
1880 PELTIER, commis principal.
1889 DESPLANQUES, commis.
1887 LEROY, —
1892 BRAULT, —
1885 LEBAS, —

BUREAU DE LONDRES

1884 CHEVASSUS, chef de bureau.
— A. VANDENDRIESCHE, commis.

II. — SERVICES D'ÉGYPTE

Année de l'entrée au service

AGENCE SUPÉRIEURE

1887 DE SÉRIONNE, agent supérieur.

Secrétariat

1883 DESLONGRAIS, chef du Secrétariat.
1885 EKISLER, chef de bureau.
1891 JULLIEN, commis principal.

Comptabilité

1869 J. PATTE, chef de la comptabilité.
1885 BAROZZI, chef de bureau.
1892 BOUDIN, commis principal.

Caisses

1876 F. WATSON, caissier au Caire.
1887 THORN, payeur —
1877 L. PARIS, caissier à Port-Saïd.
1889 MERCIER, payeur —
1881 D. BENVENUTI, caissier à Ismaïlia.
1888 AMIC, payeur —
1887 PACHO, caissier à Port-Tewfik.
1893 R. DE FRANCHIS, payeur —

Contentieux d'Egypte

1887 GOROSTARZU, directeur du Contentieux.
1874 MATCOVICH, premier clerc.
1876 PARLANGE, commis.

Service de Santé

1888 Dr ARBAUD, à Port-Saïd.
1895 Dr CAMBOULIU, —
1886 Dr DAMPEIROU, à Ismaïlia.
1900 Dr PRESSAT, —
1888 Dr HERMANOWICZ, à Port-Tewfik.

1881. CHABROU, Commissaire délégué auprès de l'administration des chemins de fer égyptiens.

Année de l'entrée au service

SERVICE DU DOMAINE COMMUN

1888 DE LAVALETTE-MONTBRUN, directeur des bureaux.

Bureau central

1882 BORNE-BONET, chef du service technique.
1888 ROUCOU, dessinateur.
1881 POGGIOLI, chef comptable.
1887 PERRACHON (Claude), comptable.
1889 LAFON, —

Agence de Port-Saïd

1870 MARIN, agent du cadastre.
1884 RATEL, sous-agent.
1889 LONDOU, comptable.

EXPLOITATIONS ACCESSOIRES

1866 THÉVENET, chef du service.

Bureau central

1884 DOYEN, agent principal.
1889 DELEBECQUE, commis d'ordre.
1873 HÉRIVAUX, chef de la comptabilité.
1883 HONNORÉ, commis principal.
1884 BAL, —
1884 THIRIER, commis comptable.

Domaine particulier

1865 CIPRIOTTI (Aristide), agent à Port-Saïd.
1882 JAILLETTE, agent à Ismaïlia.
1890 ROYER (Paul), commis à Port-Tewfik.

Eaux de Port-Saïd et d'Ismaïlia

1865 CEPECK, agent.
1870 ROYER (Etienne), chef mécanicien.

Année de l'entrée au service

Eaux de Suez

1889 Sobotnicki, agent.

Tramway de Port-Saïd à Ismaïlia

1888 Plum, chef de gare à Port-Saïd.
1885 Watson, chef de gare à Ismaïlia.

SERVICE DU TRANSIT

Direction du Service

1885 Tillier, chef du service.
1872 Ripert (Louis), chef de service adjoint.
1888 Reynaud, contrôleur de la navigation.

Secrétariat

1880 Vabre, chef du secrétariat.
1888 Conseil, commis principal.
1881 Malenfer (Albert), —
1880 Delpuech, commis.

Comptabilité centrale

1872 Colombani, chef de la comptabilité.
1886 Cohen, commis principal.

Poste télégraphique central

1881 Amoric (Francis), agent technique.
1876 Plum, chef du poste.
1870 Valette (Jules), télégraphiste.
1877 Ferrand, —
1877 Cavoura, —
1875 Giranton, —

Section d'Ismaïlia

1882 Cucchi, capitaine de port et d'armement.
1882 Baron, maître de port.
1868 Scotto, chef de gare de première classe, Ballah.

Année de l'entrée au service

1878 Destribois, chef de gare de première classe, El Ferdane.
1876 Daux, chef de gare, Déversoir.

Agence principale de Port-Saïd

1888 Coullaut, agent principal.
1893 Schmitt, sous-agent du Transit.
1872 Padovani, chef de bureau.
1882 Pericchi, capitaine de port.
1881 Simon, commis.
1885 Lemazurier, —
1884 Riche, —
1888 Lota, lieutenant de port.
1891 Cendres, 1er maître de port.
1881 Camugli, capitaine du *Progrès*.
1882 Sesquière, chef du poste télégraphique.
1882 Maisonneuve, commis principal télégraphiste.
1875 Gareng, télégraphiste.
1883 Casanova, —
1872 Manoli (Georges), —
1866 Kerstovich, chef de gare de 1re classe, Raz-el-Ech.
1884 Dominici (Antoine), chef de gare, le Cap.
1867 Dominici (Ange), chef de gare de 1re classe, Kantara.

Agence principale de Port-Tewfik

1885 Dumont, agent principal.
1888 Bougeret (Joseph), sous-agent du Transit.
1876 Cecconi, capitaine de port et d'armement.
1884 Royer, chef de bureau.
1885 Gérin, commis.
1882 Moneglia, maître de port.
1869 Rainouard, —
1877 Cafiero (Michel), capitaine du *Titan*.
1882 Viémont, chef du poste télégraphique.
1869 Karida, chef de gare, Chalouf.

Année de l'entrée au service

ENTRETIEN, MATÉRIEL ET MAGASINS

Direction

1901 Perrier, ingénieur en chef de la Compagnie.
1885 Raynaud, ingénieur en chef adjoint.

Secrétariat et service administratif

1870 Delcourt, chef du secrétariat.
1886 Blanc, rédacteur.
1869 Artola, contrôleur des matières.
1884 Lachiche (Fernand), rédacteur.
1872 Lachiche père, commis principal.
1882 Mataxas - Spiro, commis d'ordre.

Bureau technique

1888 Saugeron, chef de bureau.
— Pussot, conducteur.
1887 Augustin conducteur.
1870 Ginepra, dessinateur.
1887 Gardette, —
1895 Galby, —

Comptabilité centrale

1866 Longue, chef de la comptabilité centrale.
1883 Gouré, sous-chef.
1874 Donbernard, commis principal.
1892 Gœtz, —
1882 Bidon, commis.
1887 Kozierowski, commis.
1888 Boulle (Victor), —
1887 Cottin (Louis), —

Iʳᵉ section (Port-Saïd)

1878 Chevreux, chef de section.
1888 Kœnig, sous-chef.
1870 Prévissich (Jean), conducteur.
1885 Cottin (Maurice), —

Année de l'entrée au service

— Lecocq de La Frémondière père, conducteur.
1887 Mathieu, dessinateur.
1883 Brœns, —
1893 Lecocq de La Frémondière fils, dessinateur.
1882 Servonnat, chef de chantier de dragages.
1885 Morère, chef comptable.
1870 Chefneux, commis comptable.

IIᵉ section (Ismaïlia)

1884 Vandier, chef de section.
1885 de Saint-Pierre de Montzaigle, sous-chef.
1890 Strickler, conducteur.
1875 Rouillet, dessinateur.
1887 Mathieu (Eugène), dessinateur.
1890 Baer, chef d'atelier.
1873 Benvenuti (P.), chef comptable.
1891 Tricardos, commis comptable.
1888 Pietri, —

IIIᵉ section (Port-Tewfik)

1884 Le Dentu (Charles), chef de section.
1885 Avon, sous-chef.
1870 Chiesa, dessinateur.
1888 Pilla, commis.
1889 Lisch, chef d'atelier.
— Levitre, chef comptable.
1887 Costa, commis comptable.
1889 Chiaramonti, —

Section des Ateliers, Matériel et Magasin

1884 Jusserand, chef de section.
1887 Laroche, sous-chef de section.

Ateliers généraux

1890 Dormoy, chef des ateliers généraux.
1866 Cepeck (Edouard), sous-chef.
1885 Geniusz, conducteur.

Année de l'entrée au service	
1883	Kermann, chef d'atelier (chaudronnerie).
«	N..., chef d'atelier (charpente).
1897	Picard, chef d'atelier (ajustage).
1897	Rouvas, chef d'atelier (montage).
1900	Roux (Louis), chef d'atelier (forges).
1882	Borghetti, chef comptable.
1885	Boulle (Anatole), commis principal.
1886	Pupin, commis comptable.
1885	Caplo (Alfred), —
1887	Colombani-Colomban, commis comptable.
1882	Gerbaud, commis comptable.
1887	Dalous, —

Magasin général

Année de l'entrée au service	
1886	Delagenière, chef du magasin général.
1888	Simon-Martin, commis à la 2e section.
1892	Bovy, commis à la 3e section.
1869	Alduy, commis aux ateliers généraux.
—	Sangouard, chef comptable.
1883	Eymeri, commis principal.
1887	Montera, commis comptable.

ANNEXE III

TABLEAU DES PRÉDÉCESSEURS DES CHEFS DE SERVICE ACTUELS DE LA COMPAGNIE

A PARTIR DE L'ANNÉE 1870

NOTA. — Les fonctions mentionnées en petits caractères se rapportent à d'anciens services supprimés.

DÉSIGNATION DES FONCTIONS	ANCIENS TITULAIRES	DATE DE LA NOMINATION	DATE DE LA CESSATION DES FONCTIONS
I. — ADMINISTRATION CENTRALE, A PARIS			
Directeur de la Compagnie	Fonction créée à partir du 1er août 1893 et attribuée à M. de Rouville, d'abord avec le titre de Sous-Directeur, puis, le 6 mars 1894, avec le titre de Directeur. La fonction a été supprimée à la mort du titulaire, le 28 juillet 1901.		
Secrétaire général	MERRUAU	1er janvier 1870	15 mai 1875
	FONTANE	16 mai 1875	30 juin 1893
	DE SAINT MAURICE	1er juillet 1893	20 mai 1900
Chef du Secrétariat	FLEURY	1er janvier 1887	31 décembre 1892
Chef des Services administratifs	DE SAINT MAURICE	1er septembre 1888	30 juin 1893
Chef des Études	SAVOUILLAN	1er janvier 1885	31 décembre 1892
	FLEURY	1er janvier 1893	31 décembre 1894
Chef de l'Exploitation	FONTANE	1er juillet 1873	16 juillet 1884
	FLEURY	17 juillet 1884	31 décembre 1886
Chef de la Comptabilité générale	St-AMAND-MARTIGNON	1er janvier 1870	30 juin 1873
	WAGNER	1er juillet 1873	22 septembre 1896
	BONNET	16 novembre 1896	31 juillet 1901
Chef du Contentieux	LIGNIÈRES	1er janvier 1877	30 septembre 1883
	DES BORDES	1er juillet 1884	30 août 1889

DÉSIGNATION DES FONCTIONS	ANCIENS TITULAIRES	DATE DE LA NOMINATION	DATE DE LA CESSATION DES FONCTIONS
Chef du Service des Titres..............	Le Service des Titres, qui formait précédemment une subdivision de la Comptabilité générale, a été érigé en Service spécial le 1er juillet 1884. M. Objois, le titulaire actuel, est chef de ce service depuis l'origine.		
Chef du Service des Travaux.............	Gaget................	1er janvier 1870	31 décembre 1871
	Dauzats..............	1er janvier 1872	1er septembre 1884
II. — SERVICES D'EGYPTE			
Agence supérieure			
Agent supérieur..........................	Daubrée.............	1er janvier 1870	31 mai 1876
	Victor de Lesseps.....	1er juin 1876	31 décembre 1882
	de Rouville..........	1er janvier 1883	31 juillet 1893
Chef du Secrétariat......................	Lamare...............	1er janvier 1879	16 décembre 1890
Chef de la Comptabilité..................	Lamare...............	1er janvier 1870	16 décembre 1890
	Pacho................	1er janvier 1891	10 octobre 1894
Chef du Contentieux......................	Malenfer.............	1er janvier 1877	9 décembre 1883
	Latour...............	16 février 1884	15 novembre 1888
	Bolle................	14 mars 1889	30 septembre 1893
Service du Domaine commun			
Chef du Domaine..................................	Poilpré..............	1er janvier 1870	22 novembre 1884
	Lors de la retraite du Chef de l'ancien Service spécial des Eaux, M. Pierre, le 30 avril 1881, M. Poilpré a été chargé du double service avec le titre de Chef du Domaine et des Eaux. Ce n'est qu'à partir du 1er janvier 1885, que le Domaine commun a été séparé du Domaine particulier et est devenu un service distinct.		

DÉSIGNATION DES FONCTIONS	ANCIENS TITULAIRES	DATE DE LA NOMINATION	DATE DE LA CESSATION DES FONCTIONS
Chef du Cadastre	Dubois	1er janvier 1870	31 mai 1870
	Verjus	1er janvier 1874	31 décembre 1884
Agent à Port-Saïd	Gérin	1er janvier 1870	31 décembre 1884
Chef de la Comptabilité	Castel	1er janvier 1870	11 septembre 1871
	Brunet	1er janvier 1874	31 décembre 1884
Directeur des bureaux	Gérin	1er janvier 1885	8 juillet 1892
Chef de la Comptabilité	Perrachon, M	1er janvier 1885	8 juillet 1893
	Exploitations accessoires		
Chef du Service des Eaux	Pierre	1er janvier 1870	30 avril 1881
	Poilpré	1er mai 1881	22 novembre 1884
Chef du Domaine particulier et des Eaux	Thévenet	1er janvier 1885	30 juin 1892
Inspecteur	Thévenet	1er juillet 1892	31 décembre 1893
Chef des Exploitations accessoires	Fonction créée à partir du 1er janvier 1894 et attribuée au titulaire actuel M. Thévenet.		
Agent principal	Fonction créée à partir du 1er janvier 1901 et attribuée au titulaire actuel, M. Doyen, précédemment Chef du Bureau central.		
Chef du Bureau Central	Verjus	1er janvier 1885	1er juillet 1887
Chef de la Comptabilité	Brunet	1er janvier 1885	31 décembre 1893
	En 1888, a réuni à ses attributions celles de Chef du Bureau central.		
Agent des Eaux, à Port-Saïd	Ratel	1er janvier 1872	31 décembre 1883
	Toureille	15 mars 1884	31 décembre 1888
	Sobotnicki	1er janvier 1889	31 décembre 1894
Agent des Eaux, à Suez	Brossard	1er juillet 1877	31 décembre 1878
	Roche	1er janvier 1879	31 août 1882
	Cépeck	1er janvier 1884	31 décembre 1894

DÉSIGNATION DES FONCTIONS	ANCIENS TITULAIRES	DATE DE LA NOMINATION	DATE DE LA CESSATION DES FONCTIONS
	Service du Transit		
Chef du Transit et de la Navigation	GUICHARD............	1er janvier 1870	31 décembre 1871
	DE ROUVILLE..........	1er janvier 1872	31 décembre 1882
	DESAVARY...........	1er janvier 1883	31 décembre 1887
Sous-Chef de Service..............................	DE ROUVILLE..........	1er janvier 1870	31 décembre 1871
	THÉVENET...........	13 août 1872	31 décembre 1882
	RUMEAU.............	1er juillet 1885	31 décembre 1887
Agent-Commandant de Marine, à Port-Saïd.........	POINTEL.............	1er janvier 1870	22 février 1870
— , à Port-Tewfik	DE POSSEL...........	—	4 juin 1870
Chef de Service adjoint	Fonction créée à partir du 1er juillet 1897 et attribuée au titulaire actuel, M. Ripert.		
Contrôleur de la Navigation	COULLAUT............	1er janvier 1893	31 décembre 1896
Chef du Secrétariat........................	DESAVARY...........	1er janvier 1870	6 avril 1876
	RUMEAU.............	1er janvier 1883	31 décembre 1884
	RIPERT..............	1er janvier 1885	30 juin 1897
Chef de la Comptabilité.....................	VACHON.............	1er juillet 1870	17 juin 1878
	HÉRAND.............	1er janvier 1879	31 décembre 1897
Agent principal, à Port-Saïd..............	CHARTREY............	1er juillet 1870	30 juin 1871
	BOURQUELOT..........	1er juillet 1871	19 mars 1876
	DESAVARY............	6 avril 1876	31 décembre 1882
	THÉVENET............	1er janvier 1883	31 décembre 1884
	RUMEAU..............	1er janvier 1885	30 juin 1885
	TILLIER..............	2 août 1885	31 décembre 1887
	RUMEAU..............	1er janvier 1888	31 décembre 1896
Agent principal, à Port-Tewfik............	BOURQUELOT..........	1er juillet 1870	30 juin 1871
	CHARTREY............	1er juillet 1871	30 juin 1897

DÉSIGNATION DES FONCTIONS	ANCIENS TITULAIRES	DATE DE LA NOMINATION	DATE DE LA CESSATION DES FONCTIONS
	Service de l'Entretien		
Ingénieur en chef	Blondel	1er janvier 1870	30 juin 1872
	Marcaire	1er juillet 1872	30 juin 1873
	Lemasson	1er juillet 1873	30 septembre 1894
	Quellennec	15 novembre 1894	16 décembre 1901
Sous-Ingénieur en chef	Marcaire	18 février 1870	30 juin 1872
Ingénieur en chef adjoint	Le Dentu (Charles)	1er janvier 1896	23 juillet 1899
	Chabrou	24 juillet 1899	1er mai 1902
Chef du Secrétariat et du Bureau technique	Comboul	1er janvier 1870	15 novembre 1872
	de Mauriac	1er janvier 1873	30 juin 1873
	Lenoir	1er juillet 1873	31 décembre 1875
	Lacroix	1er janvier 1876	31 décembre 1877
	Lassia	1er janvier 1878	31 décembre 1878
	Delavillefromoy	1er janvier 1879	31 décembre 1880
	Le Dentu (Charles)	1er janvier 1881	31 décembre 1895
Chef du Secrétariat	Fonction créée à partir du 1er janvier 1896 et attribuée au titulaire actuel M. Delcourt.		
Chef du Bureau technique	Le Dentu (Charlx)	1er juillet 1895	29 janvier 1899
Chef de la Comptabilité	Kuczewski	1er janvier 1870	30 avril 1871
	Dalligny	1er mai 1871	11 décembre 1882
Chef de la section de Port-Saïd	Marcaire	1er janvier 1870	31 décembre 1870
	Lemasson	1er janvier 1871	30 juin 1873
	Fleury	1er juillet 1873	21 janvier 1875
	Lenoir	1er janvier 1876	11 juillet 1878
	Lacroix	1er août 1878	18 janvier 1880
	Lassia	1er septembre 1880	28 février 1897

DÉSIGNATION DES FONCTIONS	ANCIENS TITULAIRES	DATE DE LA NOMINATION	DATE DE LA CESSATION DES FONCTIONS
Chef de la section d'Ismaïlia	MONTEIL	1er janvier 1870	31 mai 1872
	CHEVALIER	1er juin 1872	30 juin 1873
	LACROIX	1er juillet 1873	31 décembre 1875
	LASSIA	1er janvier 1876	31 décembre 1877
	MONNIER	1er janvier 1878	1er août 1878
	MAUBERT	1er janvier 1879	31 août 1880
	DELAVILLEFROMOY	1er septembre 1880	3 mai 1894
	LECELLIER	1er janvier 1895	31 mars 1897
	CHABROU	1er avril 1897	23 juillet 1899
Chef de la section de Port-Tewfik	LEMASSON	1er janvier 1870	31 décembre 1870
	BIEDERMANN	1er janvier 1871	31 mai 1872
	FLEURY	1er juin 1872	30 juin 1873
	DE MAURIAC	1er juillet 1873	26 octobre 1877
	LACROIX	1er janvier 1878	31 juillet 1878
	LASSIA	1er août 1878	31 août 1880
	MAUBERT	1er septembre 1880	21 mai 1895
	CHABROU	1er juillet 1895	31 mars 1897
	LECELLIER	1er avril 1897	29 janvier 1899
	VANDIER	30 janvier 1899	23 juillet 1899
Chef de section des ateliers et magasins	SAVIGNAC	1er juillet 1873	16 avril 1890
	BOURGEY	1er juillet 1890	30 juin 1895
	CHEVREUX	1er juillet 1895	28 février 1897
Chef de section du canal d'eau douce	LECELLIER	1er janvier 1887	31 décembre 1894

FIN DU TOME III

TABLE DES MATIÈRES

ANNEXES

TOURS
IMPRIMERIE DESLIS FRÈRES
6, rue Gambetta, 6

Des eaux comme moyen de transport. — Navigation fluviale et maritime, par A. Debauve, ingénieur en chef des ponts et chaussées.

1re *partie.* **Rivières.** 1 vol. gr. in-8° et atlas de 26 planches. . . 16 fr.
2e *partie.* **Canaux.** — 32 — . . . 18 »
3e *partie.* **Ports maritimes.** — 71 — . . . 26 »
Les trois parties réunies coûtent. . . . . 55 »

La première partie traite de la navigation en général, régime des fleuves, inondations, torrents, amélioration des rivières.

La deuxième partie comprend la construction et l'alimentation des canaux, des écluses, digues, réservoirs et l'exposé des voies navigables de la France.

Enfin la troisième partie est consacrée à l'étude de la mer et de ses mouvements, des ouvrages extérieurs et intérieurs des ports, des phares et des balises, et contient en plus une note sur les canaux maritimes.

Les ports maritimes de l'Amérique du Nord sur l'Atlantique. Tome I. **Les Ports canadiens,** par le baron Quinette de Rochemont, inspecteur général des ponts et chaussées, et Vétillart, ingénieur en chef des ponts et chaussées. In-8° avec un atlas de 13 grandes planches en couleurs . . . . 18 fr.

Les Travaux souterrains de Paris, par Belgrand, membre de l'Institut, inspecteur général des ponts et chaussées, directeur des eaux et égouts de Paris.

Tome I. **La Seine.** — Etudes hydrologiques. — Régime de la pluie, des sources, des eaux courantes; applications à l'agriculture. 1 fort vol. in-8° avec figures et 1 atlas. . . . . 40 fr.

Tome II. **Les Aqueducs romains.** — Distribution d'eau en Égypte, en Grèce, à Rome. — Sources. — Détails de construction des aqueducs romains; leur reconstruction par les papes. — Aqueduc romain de Sens. 1 vol. in-8° avec fig. et 1 atlas . . . . 30 fr.

Tome III. **Les anciennes eaux.** — Puits. — Anciens aqueducs. — Pompes. — Machines hydrauliques. — Distribution des anciennes eaux. — Fontaines publiques. 1 fort vol. gr. in-8° avec fig. et 1 atlas. . 70 fr.

Tome IV. **Les eaux nouvelles.** — Canaux de Paris; pompes à feu. — Usines hydrauliques. — Dérivation de la Dhuis et de la Vanne. — Réservoirs et Puits artésiens. 1 fort vol. gr. in-8° avec fig. et 1 atlas. . . 55 fr.

Tome V. **Les Égouts et les Vidanges.** — Période ancienne, période actuelle, tracé, exécution et matériel des égouts. — Vidanges, fosses, extraction, voirie, améliorations à faire, assainissement de Paris. 1 fort vol. gr. in-8° avec figures. 50 fr.

Tours, imprimerie Deslis Frères, 6, rue Gambetta.

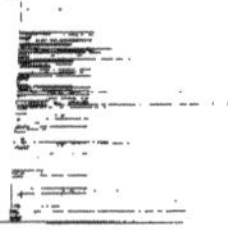

www.ingramcontent.com/pod-product-compliance
Ingram Content Group UK Ltd.
Pitfield, Milton Keynes, MK11 3LW, UK
UKHW020603230726
13926UKWH00005B/2175

9 782013 432979